湖南省重点学科(机械工程)建设项目资助

机械工程测试技术

胡耀斌　李　胜　谢　静　编著

李必文　主审

北京理工大学出版社

BEIJING INSTITUTE OF TECHNOLOGY PRESS

内 容 提 要

本书内容结合了作者二十多年的教学经验和科研成果,注重基本概念融入工程应用的阐述,重点突出、条理清晰,并确保了一定的理论应用于实践的实例内容。

全书包括测试系统基础知识、信号分析基础、电阻式传感器、电感式传感器、电容式传感器、压电式传感器、光电式传感器、热电式传感器、磁电式传感器、辐射式传感器、光纤传感器、数字式传感器、现代测试技术共 13 章内容。

本书可作为高等学校机械类和相近专业本科生教材,也可作为各类职业学院、职工大学等相关专业的教学用书,还可供相关专业研究生和工程技术人员参考。

图书在版编目(CIP)数据

机械工程测试技术/胡耀斌,李胜,谢静编著. —北京 : 北京理工大学出版社,
2015. 10(2019. 7 重印)

ISBN 978-7-5682-1194-9

Ⅰ. ①机… Ⅱ. ①胡… ②李… ③谢… Ⅲ. ①机械工程-测试技术 Ⅳ. ①TG806

中国版本图书馆 CIP 数据核字(2015)第 207151 号

出版发行 / 北京理工大学出版社有限责任公司			
社　　址 / 北京市海淀区中关村南大街 5 号			
邮　　编 / 100081			
电　　话 / (010)68914775(总编室)			
(010)82562903(教材售后服务热线)			
(010)68948351(其他图书服务热线)			
网　　址 / http://www.bitpress.com.cn			
经　　销 / 全国各地新华书店			
印　　刷 / 北京虎彩文化传播有限公司			
开　　本 / 787 毫米×1092 毫米　1/16			
印　　张 / 15.5 印张		责任编辑 / 梁铜华	
字　　数 / 358 千字		文案编辑 / 李秀梅	
版　　次 / 2015 年 10 月第 1 版　2019 年 7 月第 4 次印刷		责任校对 / 周瑞红	
定　　价 / 36.00 元		责任印制 / 王美丽	

图书出现印装质量问题,请拨打售后服务热线,本社负责调换

前　　言

　　测试技术是一门与材料科学、微电子技术、信息技术密切相关的综合性学科。为了适应目前应用型工程技术人才培养的需要,充分反映我国机械工程测试技术的发展情况,我们以"厚基础、宽口径、提高综合能力"为原则编著了本书。在本书编著过程中,作者结合了二十多年的教学经验与教研成果,不仅继承了传统知识,而且根据我国工程测试技术的发展注入了新的内容。在内容安排上,将传感器与相应的测量电路、应用实例放在一起,便于讲授,易学易记,避免了前后重复。每章内容相对独立,并附有习题以供练习,力求简明扼要、通俗易懂。书中图文并茂,内容由浅入深,便于教与学。

　　本书主要内容包括:

　　1) 测试系统基础知识:主要介绍测量、计量、测试等概念,以及测试系统的特性、传感器的基础知识。

　　2) 信号分析基础:主要介绍信号的分类与描述、周期信号与离散频谱、非周期信号与连续频谱、随机信号。

　　3) 常用传感器技术:主要介绍电阻式、电感式、电容式、压电式、光电式、热电式、磁电式、辐射式、光纤、数字式等传感器的工作原理、测量电路及其应用。

　　4) 现代测试技术:主要介绍智能仪器、计算机仪器、虚拟测试仪器技术。

　　本书由南华大学胡耀斌、李胜、谢静编著,其中胡耀斌负责绪论及第3、4、5、6章,李胜负责第1、8、10章,谢静负责第9、11章,蒋彦负责第13章,王玉林负责第7、12章,胡良斌负责第2章。南华大学李必文教授负责全书的审稿工作。

　　在本书编著过程中,得到了南华大学机械工程学院领导及机械系、测控系等老师的指导与大力支持,作者在此表示衷心感谢,同时也对参考文献里的各位作者表示衷心感谢。

　　由于作者水平有限,书中难免有不妥和错误之处,敬请同行和广大读者批评指正。

作　者

2015 年 5 月

目　　录

绪　　论

　　测试技术是一门新兴的、蓬勃发展的、富有生命力的技术学科,同时也是一门与材料科学、微电子技术、信息技术密切相关的综合性学科,广泛应用于国民经济各个领域。

一、测试技术的内容

　　测试的基本任务就是获取有用的信息,通过借助专门的仪器、设备,设计合理的实验方法以及进行必要的信号分析与数据处理,从而获得与被测对象有关的信息,最后将其结果提供显示或输入其他信息处理装置、控制系统。

　　测试技术属于信息科学的范畴,与计算机技术、通信技术一起分别构成信息技术系统的"感官""大脑"和"神经",是信息技术的三大支柱之一。因此,测试技术是人类认识客观世界的手段,是科学研究的基本方法。

二、测试技术的发展

　　测试技术的发展与生产和科学技术的发展是密不可分的,它们互相依赖、相互促进。现代科技的发展不断地向测试技术提出新的要求,从而推动了测试技术的发展,与此同时,测试技术迅速吸取和综合各个科技领域(如材料科学、微电子学、计算机科学等)的新成就,开发出新的测试方法和先进的测试仪器,又给科学研究提供了有力的工具和先进的手段,从而促进了科学技术的发展。所以,有专家认为,谁支配了传感器技术,谁就能把握住新时代。能不能开发出上乘的测试装置,关键在于传感器的开发和应用。目前,传感器正经历着从以结构型为主转向以物性型为主的过程。

三、测试技术的应用

　　在工程技术领域中,工程研究、产品开发、生产监督、质量控制和性能实验等都离不开测试技术。特别是近代自动控制技术已越来越多地运用测试技术,测试装置已成为控制系统的重要组成部分。测试技术广泛应用于机械、电子、生物、海洋、航天、气象、地质、通信、控制等领域,尤其是在机械工程领域中的产品开发与性能实验、机械故障诊断、质量控制与生产监督等方面起着越来越重要的作用。

四、课程的教学目标

　　课程教学内容以"测试技术、传感器原理"为基础,以"工程应用"为线索,以"实际应用"为目标。学生在学完本课程后应具有以下方面的知识:(1)掌握信号的时域与频域的描述方法,建立明确的信号的频谱结构的概念;(2)掌握测试装置基本特性的评价方法和不失真测试条件,并能正确地运用于测试装置的分析和选择。(3)了解常用传感器、常用信号调理电路和记录仪器的工作原理与性能,并能较合理地选用。(4)对动态测试工作的基本问题有一个比较完整的概念,并能初步测试机械工程中某些参数。

测试技术是一门实践性很强的应用学科,离开实践将无法掌握。学生只有通过足够和必要的实验,才能消化、理解所学的基本理论和基本方法,才能掌握关于动态测试工作比较完整的概念,才能初步具有实际测试工作的能力。

第 1 章

测试系统基础知识

测试技术是测量和实验技术(Measurement and Test Technique,MTT)的统称,定量地描述事物的状态变化和特征总离不开测试,测试是依靠一定的科学技术手段定量地获取某种研究对象原始信息的过程。这里所讲的"信息"是指事物的状态或属性,例如,火炮膛内的燃气压力、温度、燃速是火炮膛内的基本信息。

自古以来,测试技术早就渗透到人类的生产活动、科学实验和日常生活的各个方面。

在生产斗争领域,广泛地应用测试技术,例如,生产过程中产品质量的检测和控制、提高生产的经济效益、节能和生产过程的自动化等。这些都要测量生产过程中的有关参数和进行反馈控制,以保证生产过程中的这些参数处在最佳状态。

在科学研究领域内,人们通过观察、实验,并用已有的知识和经验,对测试结果进行分析、对比、概括、推理。通过不断地观察、实验,从中找出规律,再上升为理论。因此,能否通过观察实验得到结果,而且是可靠的结果,就决定于测试技术的水平。从这个意义上来讲,科学的发展和进步是以测试技术的水平为基础的。例如,人类在光学显微镜出现以前,只能用肉眼分辨物质。而 16 世纪出现了光学显微镜,这就使人们能借助显微镜观察细胞,从而大大地推动了生物科学的发展。而 20 世纪 30 年代出现了电子显微镜,又使人们的观察能力进入微观世界,这又推动了生物科学、电子科学和材料科学的发展。当然,科学的发展又反过来促进测试技术的发展。

现代航空航天技术的发展水平,在很大程度上与测试技术的水平密切相关,如果没有精确的、可靠的测试技术,航天器要进入预定轨道,完成各种任务是不可能的。

现代人们的日常生活,越来越离不开测试技术。例如,现代起居室的温度、湿度、亮度、空气新鲜度、防火、防盗和防尘等的测试和控制,以及有视觉、听觉、嗅觉、触觉和味觉等感觉器官并有思维的机器人参与的各种家庭事务管理与劳动等,都需要依靠测试技术。

1.1　测量、计量、测试

测量、计量、测试是三个密切关联的技术术语。测量是以确定被测对象的量值为目的的全部操作。如果测量的目的是实现测量单位统一和量值准确可靠则称为计量。具体来讲,计量的内容包括计量理论、计量技术与计量管理,并主要体现在计量单位、计量基准(标准)、量值传递、计量管理等方面。测试则是具有实验性质的测量,或者可理解为测量和实验的综合。

一个完整的测试过程必定涉及被测对象、计量单位、测试方法和测试误差,它们通常被称

4

为测量四要素。

1.1.1 量与量纲

量是指现象、物体或物质可定性区别和定量确定的一种属性。不同类的量彼此可以定性地区别,如长度与质量是不同类的量;同一类的量之间是以量值的大小区分的。

1. 量值

量值是用数值和计量单位的乘积表示的,它可用来定量地表达被测对象相应属性的大小,如 5.6 m、48 kg、20 ℃ 等。其中,5.6、48、20 是量值的数值。显然,量值的数值就是被测量与计量单位之比值。

2. 基本量和导出量

在科学技术领域中存在着许许多多的量,它们彼此有关,因此专门约定选取某些量作为基本量,而其他量则作为基本量的导出量。量的这种特定组合称为量制:在量制中,约定地认为基本量是相互独立的量,而导出量则是由基本量按一定函数关系定义的。

3. 量纲和量的单位

量纲代表一个实体(被测量)的确定特征,而量纲单位则是该实体的量化基础。例如,长度是一个量纲,而厘米则是长度的一个单位;时间是一个量纲,而秒则是时间的一个单位。一个量纲是唯一的,然而一种特定的量纲(如长度)可用不同的单位测量,如英尺①、米、英寸②或英里③等。不同的单位制必须被建立和认同,即这些单位制必须被标准化。由于存在着不同的单位制,在不同单位制间的转换基础方面也必须有协议。

在国际单位(SI)制中,基本量约定为:长度、质量、时间、温度、电流、发光强度和物质的量等 7 个量。它们的量纲分别用 L、M、T、H、I、N、J 表示。导出量的量纲可用基本量量纲的幂的乘积表示。例如,导出量——力的量纲是 LMT^{-2},电阻的量纲是 $L^2MT^{-3}I^{-2}$。工程上会遇到无量纲量,其量纲中的幂都为零,实际上它是一个数。弧度(rad)就是这种量。

1.1.2 测试方法的分类

测试方法是指在实施测试中所涉及的理论运算和实际操作方法,测试方法可按多种原则分类,通常采用以下原则分类。

1. 按是否直接测定被测量的原则分类(可分为直接测量法和间接测量法)

(1)直接测量法。指被测量直接与测量单位进行比较,或者用预先标定好的测量仪器或测试设备进行测量,而不需要对所获取数值进行运算的测量方法。例如,用直尺测量长度、用万用表测量电压、电流和电阻值等。

(2)间接测量法。指通过测量与被测量有函数关系的其他量,得到被测量量值的测量方法。例如,为了测量一台发动机的输出功率,必须首先测量发动机的转速 n 及输出转矩 M,通过公式 $P=M \cdot n$ 可计算出其功率值。

---

① 1 英尺 ≈ 0.304 8 米。
② 1 英寸 = 2.54 厘米。
③ 1 英里 ≈ 1.609 千米。

2. 按测量时是否与被测对象接触的原则(可分为接触式测量和非接触式测量)

(1)接触式测量。这种测量比较简单,例如,测量振动时采用带磁铁座的加速度计直接放在被测位置进行测量。

(2)非接触式测量。这种测量可以避免对被测对象的运行工况及其特性的影响,也可避免测量设备受到磨损。例如,用多普勒超声测速仪测量汽车超速就属于非接触测量。

3. 按被测量是否随时间变化的原则(可分为静态测量和动态测量)

(1)静态测量。指被测量不随时间变化或变化缓慢的测量。

(2)动态测量。指被测量随时间变化的测量。因此,在动态测量中,要确定被测量就必须测量它的瞬时值及其随时间变化的规律。

注意:这里的"静态"和"动态"是指被测量是否随时间变化,而不是指被测对象是否处于静止或运动中。

1.1.3 测量误差

应当清楚认识到,测量结果总是有误差的,误差自始至终存在于一切科学实验和测量过程中。

1. 测量误差定义

测量结果与被测量真值之差称为测量误差,即

$$测量误差 = 测量结果 - 真值 \tag{1-1}$$

测量误差简称为误差。此定义联系着三个量,显然只需要已知其中的两个量,就能得到第三个量。但是,在现实中往往只知道测量结果,其余两个量却是未知的。这就带来许多问题。例如,测量结果究竟能不能代表被测量、有多大的置信水平、测量误差的规律是怎样的、如何评估等。

(1)真值。指被测量在被观测时所具有的量值。从测量的角度来看,真值是不能确切获知的,是一个理想的概念。

在测量中,一方面无法获得真值;另一方面又往往需要运用真值,因此引进了所谓的"约定真值"。约定真值是指对给定的目的而言,可以认为它充分接近于真值,因而可以代替真值来使用的量值。在实际测量中,被测量的实际值、已修正过的算术平均值,均可作为约定真值。实际值是指高一等级的计量标准器具所复现的量值,或者测量实际表明它满足规定准确度要求,可用来代替真值使用的量值。

(2)测量结果。由测量所得的被测量值,在测量结果的表述中,还应当包括测量不确定度和有关影响量的值。

2. 误差分类

如果根据误差的统计特征分类,可将误差分为以下几种。

(1)系统误差。在对同一个被测量进行多次测量过程中,出现某种保持恒定或按确定的方式变化着的误差,就是系统误差。在测量偏离了规定的测量条件时,或测量方法引入了会引起某种按确定规律变化的因素时就会出现系统误差。

通常按系统误差的正负号和绝对值是否已经确定,可将系统误差分为已定系统误差和未定系统误差。

在测量中,已定系统误差可以通过修正予以消除,在实践中应当消除此类误差。

（2）随机误差。当对同一个量进行多次测量中，误差的正负号和绝对值以不可预知的方式变化着，则此类误差称为随机误差。测量过程中有着众多的、微弱的随机影响因素存在，它们是产生随机误差的原因。

随机误差就其个体而言是不确定的，但其总体却有一定的统计规律。随机误差不可能被修正，但在了解其统计规律性之后，还是可以控制和减少它们对测量结果的影响的。

（3）粗大误差。这是一种明显超出规定条件下预期误差范围的误差，是由于某种不正常的原因造成的。在数据处理时，允许也应该剔除含有粗大误差的数据，但必须有充分依据。

实际工作中常根据产生误差的原因，将误差分为器具误差、方法误差、调整误差、观测误差和环境误差。

3. 误差表示方法

根据误差的定义，误差的量纲、单位应当和被测量一样，这是误差表述的根本出发点。然而在习惯上，常用与被测量量纲、单位不同的量表述误差。严格地说，它们只是误差的某种特征的描述，而不是误差量值本身，学习时应注意它们的区别。

常用的误差表示方法有下列几种。

（1）绝对误差。直接用式（1-1）表示的。它是一个量纲、单位和被测量一样的量。

（2）相对误差。相对误差的定义为

$$相对误差 = 误差 \div 真值 \tag{1-2a}$$

当误差值较小时，可采用下式表示，即

$$相对误差 \approx 误差 \div 测量结果 \tag{1-2b}$$

显然，相对误差是无量纲量，其大小是描述误差和真值的比值的大小，而不是误差本身的绝对大小。在多数情况下，相对误差常用%、‰或百万分数（10^{-6}）表示。

例 1-1 设真值 $x_0 = 2.00$ mA，测量结果 $x_r = 1.99$ mA，则有以下计算公式：

$$误差 = (1.99 - 2.00) \text{mA} = -0.01 \text{ mA}$$

$$绝对误差 = -0.01 \text{ mA}$$

$$相对误差 = -\frac{0.01}{2.00} = -0.005 = -0.5\%$$

（3）引用误差。这种表示方法只用于表示计量器具特性的情况中。计量器具的引用误差就是计量器具的绝对误差与引用值之比，引用值一般是指计量器具的标称范围的最高值或量程。例如，温度计标称范围为 -20 ℃ ~ 50 ℃，其量程为 70 ℃，引用值为 50 ℃。

例 1-2 用标称范围为 0 ~ 150 V 的电压表测量电压时，当示值为 100.0 V 时，电压实际值为 99.4 V。这时电压表的引用误差为

$$引用误差 = (100.0 \text{ V} - 99.4 \text{ V}) \div 150 \text{ V} = 0.4\%$$

显然，在此例中，用测量器具的示值代替测量结果；用实际值代替真值；引用值则采用量程。

（4）分贝误差。分贝误差的定义为

$$分贝误差 = 20 \times \lg(测量结果 \div 真值) \tag{1-3a}$$

分贝误差的单位为 dB。

对于一部分的量(如广义功),其分贝误差需要用下式表示,即

$$分贝误差 = 10 \times \lg(测量结果 \div 真值) \tag{1-3b}$$

根据此定义,当测量结果等于真值,即误差为零时,分贝误差必定等于 0 dB。

分贝误差本质上是无量纲量,是一种特殊形式的相对误差。在数值上分贝误差和相对误差有着一定的关系。

例 1-3　计算例 1-1 的分贝误差,即

$$分贝误差 = 20 \times \lg(1.99 \div 2.00) dB = -20 \times 0.002\ 18\ dB = -0.044\ dB$$

必须特别指出,初学者往往不注意区分误差和误差特征量这两个完全不同的概念,以致无法理解某些问题。

下面利用图 1-1 说明测量误差和其分布特征量的关系。

从原则上来说,μ 为测量值的平均值;σ 却不是误差值,而是描述随机误差分布特性的特征量,简言之,σ 是误差的统计特征量之一。为了强调这些概念之间的区别,图 1-1 是在特定的系统误差 δ_s 和测量值服从正态分布 $N \sim (\sigma、\mu)$ 下做出的。

图 1-1 中,x_0 为被测量真值;x_i 为第 i 次的测量值;μ 为测量值概率分布的期望(平均值);σ 为测量值概率分布的标准偏差,是常用的误差特征量之一;δ_i 为第 i 次测量的误差值;δ_{ri} 为第 i 次测量的随机误差值;δ_s 为系统误差。

不言而喻,误差值和分布的标准偏差是不一样的,各次测量的误差值彼此不同。误差分布的标准偏差能说明误差值的分散程度,在许多场合下考查它比考查误差值简易可行,因而在用语上常把两者混为一谈。

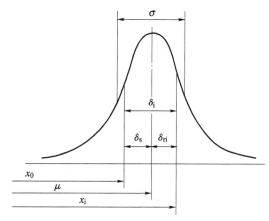

图 1-1　测量误差及其分布特性的分布量

4. 测量器具的误差

测量器具在完成测量任务的同时也给测量结果带来误差。在研究测量器具的误差时,会涉及下面的一些概念。

(1)示值误差。指测量器具的示值与被测量真值(约定真值)之差。例如,电压表的示值 $V_i = 30$ V,而电压实际值 $V_t = 30.5$ V,则电压表的示值误差为 -0.5 V。

(2)基本误差。指测量器具在标准条件下所具有的误差,也称为固有误差。

(3)允许误差。指技术标准、检定规程等对测量仪器所规定的允许的误差极限值。

(4)测量器具的准确度。指测量器具给出接近于被测量真值的示值的能力。

(5)测量器具的重复性和重复性误差。测量器具的重复性是指在规定的使用条件下,测量器具重复接收相同的输入,测量器具给出非常相似输出的能力;测量器具的重复性误差就是测量器具造成的随机误差分量。

(6)回程误差。也称为滞后误差,是指在相同条件下,被测量值不变、测量器具行程方向不同时,其示值之差的绝对值。

（7）误差曲线。表示测量器具误差与被测量之间的函数关系的曲线。

（8）校准曲线。表示被测量的实际值与测量器具示值之间函数关系的曲线。

5. 测量精度和不确定度

测量精度是指测量结果的可信程度。从计量学来看，描述测量结果可信程度更为规范化的术语有准确度、精密度、正确度和不确定度等。

（1）测量精密度。表示测量结果中随机误差大小的误差，是指在一定条件下进行多次测量时所得结果彼此符合的程度，不能将精密度简称为精度。

（2）测量正确度。表示测量结果中系统误差大小的程度，它反映了在规定条件下测量结果中所有系统误差的综合。

（3）测量准确度。表示测量结果与被测量真值之间的一致程度，它反映了测量结果中系统误差和随机误差的综合，也称为测量精确度。

（4）测量不确定度。表示对被测量真值所处量值范围的评定，或者说，对被测量真值不能肯定的误差范围的一种评定。不确定度是测量误差量值分散性的指标，它表示对测量值不能肯定的程度，测量结果应带有这样一个指标。只有知道测量结果的不确定度时，此测量结果才有意义和用处。完整的测量结果不仅应包括被测量的量值，还应包括它的不确定度，用测量不确定度表明测量结果的可信赖程度。不确定度越小，测量结果可信度越高，其使用价值越高。

测量不确定度的概念、符号和表达式长期存在着不同程度的分歧和混乱。根据国家技术监督局的有关规定，本书以国际计量局（BIPM）于 1980 年提出的建议《实验不确定度的规定建议书 INC—1（1980）》为依据，介绍测量不确定度的概念、符号和表达式。

不确定度一般包含多种分量，按其数值的评定方法可以分为两类：A 类分量和 B 类分量。

A 类分量是用统计方法算出来的，即根据测量结果的统计分布进行估计，并用实验标准偏差 s（样本标准偏差）表征。

B 类分量是根据经验或其他信息来估计的，并可用近似的、假设的"标准偏差" u 表征。

不过，下面三个问题值得读者注意。

（1）精密度、准确度和正确度都是用它们的反面——不精密、不准确和不正确的程度作定量表征的。例如，人们规定准确度为若干计量单位或真值的百分之几，其意思是所得测量结果和真值之间的差（误差的绝对值）或相对误差将不超过该规定的范围。这种表征方式意味着这个数值越大，精密度、准确度和正确度越低，也就是越不精密、越不准确和越不正确。

（2）在实际中，很少使用"正确度"一词，尤其近年来广泛使用不确定度，以及国际计量大会建议尽量避免使用系统不确定度和随机不确定度两个术语以后，系统不确定度的反面——正确度就更少应用了。

（3）测量重复性和复现性也是评价测量质量的重要概念。测量重复性是指在实际相同测量条件（同一个测量程序、同一测量器具、同一观测者、同一地点、同一使用条件）下，在短时间内对同一个被测量进行连续多次测量时，其测量结果之间的一致性。测量重复性可用测量结果的分散性定量表示，测量复现性是指在不同测量条件（不同测量原理和方法、不同测量器具、不同观测者、不同地点、不同使用条件、不同时间）下，对同一个被测量进行测量时，其测量结果之间的一致性。测量复现性可用测量结果的分散性定量表示。

1.1.4 测量数据处理

1. 测量数据的统计特性

测量数据总是存在误差的,而误差又包含着各种因素产生的分量,如系统误差、随机误差、粗大误差等。

测量数据处理的任务就是求得测量数据的样本统计量,以得到一个既接近真值又可信的估计值以及它偏离真值程度的估计。

误差分析的理论大多基于测量数据的正态分布,而实际测量受各种因素的影响,使得测量数据的分布情况复杂。因此,测量数据必须经过消除系统误差、正态性检验和剔除粗大误差后,才能进一步处理,以得到可信的结果。

2. 粗大误差的判别和剔除

判别粗大误差的准则很多,下面只介绍两种。

1) 拉依达准则(3s 准则)

当测量数据呈正态分布时,误差大于 3s 的概率仅为 0.002 7,为小概率事件;若测量次数为有限次,测量误差(通常用残差表示)大于 3s 即可判定该测量数据含有粗大误差,应予以剔除。3s 准则简单实用,但不适用于测量次数 $n \leq 10$ 的情况,因为当 $n \leq 10$ 时,残差总是小于 3s。

2) 格罗布斯(Grubbs)准则

当测量数据中某数据 x_i 的残差满足下式时,该测量数据含有粗大误差,应予以剔除,即

$$|v_i| > g(\alpha, n)\hat{\sigma} \tag{1-4}$$

式中:$g(\alpha, n)$ 为格罗布斯准则鉴别系数,与测量次数 n 和显著性水平 α 有关,见表 1-1,一般取 $\alpha = 0.05$ 或 0.01,置信概率 $P = 1 - \alpha$;$\hat{\sigma}$ 为测量数据的误差估计值。

表 1-1 格罗布斯准则的 $g(\alpha, n)$ 数值表(摘录)

α \ n	3	4	5	6	7	8	9	10	11	12	13	14	15	16
0.01	1.155	1.492	1.749	1.944	2.097	2.221	2.323	2.410	2.485	2.550	2.607	2.659	2.705	2.747
0.05	1.153	1.462	1.672	1.822	1.938	2.032	2.110	2.176	2.234	2.285	2.331	2.371	2.409	2.443

α \ n	17	18	19	20	21	22	23	24	25	30	35	40	45	50
0.01	2.785	2.821	2.854	2.884	2.912	2.939	2.963	2.987	3.009	3.103	3.178	3.240	3.292	3.336
0.05	2.475	2.504	2.532	2.557	2.580	2.603	2.624	2.644	2.663	2.745	2.811	2.866	2.914	2.956

注意:剔除一个粗大误差后,应重新计算测量数据的平均值和标准差,再进行判别,反复检验,直到粗大误差全部剔除为止。

例 1-4 对某量进行了 15 次重复测量,测量的数据为:20.42,20.43,20.40,20.43,20.42,20.43,20.39,20.30,20.40,20.43,20.42,20.41,20.39,20.39,20.40,试判定测量数据中是否存在粗大误差($P = 99\%$)。

解：测量数据的平均值为

$$\overline{X} = \frac{1}{n}\sum_{i=1}^{15} x_i = 20.404$$

测量数据的标准偏差为

$$\hat{\sigma} = \sqrt{\frac{1}{n-1}\sum_{i=1}^{n} v_i^2} = \sqrt{\frac{0.014\ 96}{14}} \approx 0.033$$

第 8 个数据的残差 $|v| = 0.104 > 3\hat{\sigma} = 0.099$，根据拉依达准则可以判定，数据 20.30 为异常值，应当剔除。剔除该数据后，重新计算平均值和标准偏差分别为

$$\overline{X}' = 20.404$$

$$\hat{\sigma}' = \sqrt{\frac{0.003\ 374}{13}} \approx 0.016$$

这时剩余数据的残差 $|v| = {} < 3\hat{\sigma}' = 0.048$，即剩余数据不再含有粗大误差。根据已知的置信概率 $P = 99\%$，也可用格罗布斯准则判定，结果相同。

3. 测量数据的表述方法

测量数据的表述方法有表格法、图示法和经验公式法。

1）表格法

表格法是根据测试的目的和要求，把一系列测量数据列成表格，再进行其他的处理。表格法的优点是简单、方便，数据易于参考比较；表格法的缺点是不直观，不易看出数据变化的趋势。表格法是图示法和经验公式法的基础。

2）图示法

图示法是用图形或曲线表示数据之间的关系，它能形象直观地反映数据变化的趋势，如递增或递减、极值点、周期性等。但是，图形不能进行数学分析。

在工程测试中，多采用笛卡儿坐标系绘制测量数据的图形，也可采用其他坐标系（如对数坐标系、极坐标系等）描述。在笛卡儿坐标系中将测量数据描绘成图形或曲线时，应该使曲线通过尽可能多的数据，曲线以外的数据尽可能靠近曲线，两侧数据点数目大致相等，最后应得到一条平滑曲线。

注意：曲线是否真实反映出测试数据的函数关系，在很大程度上还取决于图形比例尺的选取，即取决于坐标的分度是否适当。坐标比例尺的选取没有严格的规定，要具体问题具体分析，应当以能够表示出极值的确切位置和曲线急剧变化的确切趋势为准。

3）经验公式法

测量数据不仅可以用图示法表示各变量之间的关系，还可用与图形对应的数学公式描述变量之间的关系，从而进一步分析和处理数据。该数学模型称为经验公式，也称为回归方程。

建立一个能正确表达测量数据函数关系的公式，采用数理统计的方法确定其经验公式。通常按以下方法建立经验公式。

（1）将输入自变量作为横坐标轴，输出量即被测量作为纵坐标轴，在适当的坐标系中绘制测量数据曲线。

（2）对绘制的曲线进行分析，确定公式的基本形式。如果数据点所反映的基本上是直线，

则可用一元线性回归方法(直线拟合)确定直线方程;如果数据点描绘的是曲线,则要根据曲线的特点判断曲线属于何种类型,判断时可参考已有的数学曲线形状加以选择(如双曲线、指数曲线、对数曲线、S 形曲线等);如果测量曲线很难判断属于何种类型,则可以按多项式回归方程处理,即

$$y = a_0 + a_1x + a_2x^2 + \cdots + a_nx^n \tag{1-5}$$

式中:多项式的次数 n 可以用差分法确定。

(3)如果测量数据描绘的曲线被确定为某种类型的曲线,则可以先将曲线方程变换为直线方程,然后按一元线性回归方法处理。

例如,如果是双曲线,其经验公式为 $\dfrac{1}{Y} = a + \dfrac{b}{X}$,令 $y = \dfrac{1}{Y}$,$x = \dfrac{1}{X}$,则原方程变成线性方程 $y = a + bx$。

其他形式的曲线也可以按类似的方法变为直线,转化为线性方程后回归处理就方便了。

(4)确定线性方程中的常量,即根据测量数据确定直线方程 $y = a + bx$ 中的常量 a 和 b,然后把经曲线化直线的方程还原为原来的函数形式。

(5)检验所确定公式的准确性:将测量数据中的自变量带入经验公式,计算出函数值,判断与实际测量值是否一致。若差别很大,说明所确定的公式基本形式可能有错误,此时应建立另外形式的经验公式。

4. 一元线性回归

根据测量数据来分析变量之间相互关系的方法称为回归分析法,即工程上所说的拟合问题,所得的关系式即为经验公式或拟合方程。

根据变量个数及变量之间关系的不同,回归分析分为一元线性回归(直线拟合)、一元非线性回归(曲线拟合)、多元线性回归和多项式回归等。其中一元线性回归是最基本的回归分析方法,下面介绍一元线性回归方程的确定方法。

一元线性回归方程,实际上就是将一系列测量数据通过数学处理确定相应的直线方程 $y = a + bx$,只要求解出直线方程的两个系数 a 和 b,即确立了拟合方程。通常求解拟合方程未知系数的方法有以下几种。

1)端点法

将测量数据中的两个端点,即起点和终点(最大量程点)的测量值 (x_1, y_1) 和 (x_n, y_n),代入 $y = a + bx$,则 a 和 b 的表达式分别为

$$\begin{cases} a = y_1 - bx_1 \\ b = \dfrac{y_n - y_1}{x_n - x_1} \end{cases} \tag{1-6}$$

2)平均法

将全部 n 个测量值 (x_i, y_i) 分成数目大致相同的两组,前半组 k 个 $\left(k = \dfrac{n}{2}\text{左右}\right)$,后半组 $(n-k)$ 个,两组数据都有自己的"点系中心",其坐标分别为

$$\overline{x}_1 = \frac{\sum\limits_{i=1}^{k} x_i}{k}, \quad \overline{y}_1 = \frac{\sum\limits_{i=1}^{k} y_i}{k}$$

$$\overline{x}_2 = \frac{\sum\limits_{i=k+1}^{n} x_i}{n-k}, \quad \overline{y}_2 = \frac{\sum\limits_{i=k+1}^{n} y_i}{n-k}$$

通过上述两个"点系中心"$(\overline{x}_1, \overline{y}_1)$和$(\overline{x}_2, \overline{y}_2)$的直线即为拟合直线,可得

$$\begin{cases} a = \overline{y}_1 - b\overline{x}_1 = \overline{y}_2 - b\overline{x}_2 \\ b = \dfrac{\overline{y}_2 - \overline{y}_1}{\overline{x}_2 - \overline{x}_1} \end{cases} \tag{1-7}$$

3) 最小二乘法

最小二乘法的出发点是使实际测量数据 y_i 与拟合直线 $y=a+bx$ 上对应的估计值 $\hat{y}_i$ 的残差的平方和为最小,即

$$\sum_{i=1}^{n} V_i^2 = \sum_{i=1}^{n} \left[y_i - (a + bx_i) \right]^2 = \min \tag{1-8}$$

为使 $\sum\limits_{i=1}^{n} V_i^2$ 值最小,只要使 a 和 b 的偏导数为零,即可解得 a 和 b 的值(具体推导过程参见《线性代数》的有关章节)。下面给出 a 和 b 的计算公式:

$$\begin{cases} a = \dfrac{\sum\limits_{i=1}^{n} x_i \sum\limits_{i=1}^{n} x_i y_i - \sum\limits_{i=1}^{n} y_i \sum\limits_{i=1}^{n} x_i^2}{\left(\sum\limits_{i=1}^{n} x_i \right)^2 - n \sum\limits_{i=1}^{n} x_i^2} \\[4ex] b = \dfrac{\sum\limits_{i=1}^{n} x_i \sum\limits_{i=1}^{n} y_i - n \sum\limits_{i=1}^{n} x_i y_i}{\left(\sum\limits_{i=1}^{n} x_i \right)^2 - n \sum\limits_{i=1}^{n} x_i^2} \end{cases} \tag{1-9}$$

以上三种方法中,最小二乘法所得拟合直线精度最高,平均法次之,端点法较差。但最小二乘法计算工作量大,端点法计算最简单,因此一般情况下多采用端点法,对于精度要求较高的则采用最小二乘法。

通常可以用回归方程的标准偏差表示回归方程的 A 类标准不确定度,标准偏差越小,表示回归方程对测量数据拟合得越好。

特别说明的是,用最小二乘法求回归方程是以自变量 x 没有误差或误差最小为前提,即不考虑输入量有误差,只考虑输出量有误差。当两个变量 x 和 y 的测量误差都比较大时,就不能应用上面的分析方法,这时应当按测量数据点到选取的曲线的垂直距离的平方和为最小进行计算。另外,回归方程一般适用于原来数据所涉及的范围,不能随意扩大范围。如果需要扩大应用范围,就务必有充分的理论依据,或进一步的实验验证。

1.1.5　测试系统的组成

一般来说,测试系统的组成如图 1-2 所示。它包括信号的检测和转换、信号调理、信号分

析与处理、显示和记录等。有时候测试工作所希望获取的信息并没有直接显示在可检测的信号中,这时测试系统就必须选用合适的方式激励被测对象,使其产生既能充分表征其有关信息又便于检测的信息。

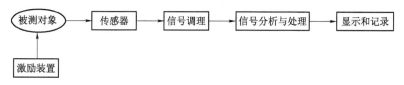

图1-2 测试系统的组成

在测试系统中,传感器直接作用于被测量,并能按一定规律将被测量转换成电信号(电阻、电容、电感等);然后利用信号调理环节(如放大,调制解调、阻抗匹配等)把来自传感器的信号转换成适合进一步传输和处理、功率足够的形式,这里的信号转换多数情况下是电信号之间的转换,例如,幅值放大,将阻抗的变化转换成电压、电流、频率的变化等;信号分析与处理环节接收来自调理环节的信号,并进行各种运算、分析(如提取特征参数、频谱分析、相关分析等);信号显示和记录环节是测试系统的输出环节,用于显示和记录分析处理结果的数据、图形等,以便进一步分析研究,找出被测信息的规律。

测试系统应用实例如图1-3所示。

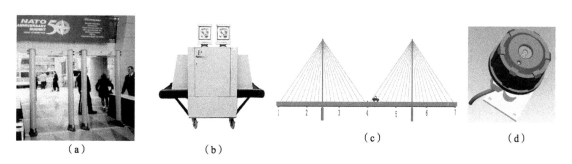

图1-3 测试系统应用实例
(a)机场安检;(b)X光包裹/行李检查仪;(c)桥梁固有频率测量;(d)火警探测报警设备

1.1.6 测试技术的发展概况

现代生产的发展和工程科学研究对测试及其相关技术的需求极大地推动了测试技术的发展,而现代物理学、信息科学、计算机科学、电子与微机械电子科学与技术的迅速发展又为测试技术的发展提供了知识和技术支持,从而促使测试技术在近20年来得到极大的发展和广泛应用。例如,工程创新设计,特别是动态设计对振动分析的需求促使振动测量方法、传感器和动态分析技术与软件的迅速发展;对汽车性能和安全性要求的不断提高,使得"汽车电子"技术得到迅速发展,这种发展是以基于总线技术的传感器网络的发展为基础的。现代工程测试技术与仪器的发展主要表现在以下方面。

1. 新原理新技术在测试技术中的应用

近20年来,随着基础理论和科学技术的发展,各种物理效应、化学效应、微电子技术,甚至生物学原理在工程测量中得到广泛应用,使得可测量的范围不断扩大,测量精度和效率得到很大提高。例如,在振动速度测量中,激光多普勒原理的应用,使得不可能安装传感器进行测量的计算机硬盘读/写臂与磁盘片等轻小构件的振动测量成为可能;自动定位扫描激光束的应用,使得大型客机机翼、轿车车身等大型物体的多点振动测量达到很高的效率,只需要几分钟就可完成数百点的振动速度测量;高达 10 MHz 以上采样频率的数据采集系统可实现伴随金属构件裂纹发生与发展的脉冲声发射信号的采集。

2. 新型传感器的出现

随着人造晶体、电磁、光电、半导体与其他功能新材料的出现,微电子和精密、微细加工技术的发展,作为工程测量技术基础的传感器技术得到迅速发展。这种发展包括新型传感器的出现、传感器性能的提高及功能的增强、集成化程度的提高以及小型、微型化等。微电子技术的发展有可能把某些电路乃至微处理器(CPU)和传感测量部分集成为一体,而使传感器具有放大、校正、判断和某些信号处理功能,组成所谓的"智能传感器"。这些方面的有关细节在以后各章中论述。

3. 计算机测试系统与虚拟仪器的应用

传感器网络及仪器总线技术、Internet 网与远程测试、测试过程与仪器控制技术,以及"虚拟仪器"及其编程语言等的发展都是现代工程测试技术发展的重要方面。

1.2　测试系统的特性

1.2.1　测试系统与线性系统

1. 测试系统及基本要求

测试系统是执行测试任务的传感器、仪器和设备的统称。当测试的目的、要求不同时,所用的测试装置差别很大。最简单的温度测试系统只是一个液柱式温度计,而较完整的机床动态特性测试系统,其组成相当复杂。本书中所说的"测试系统"既指由众多环节组成的复杂的测试系统,又指测试系统中的各组成环节,如传感器、调理电路、记录仪器等。因此,测试系统的概念是广义的,在测试信号流通的过程中,任意连接输入/输出(I/O)并有特定功能的部分,均可视为测试系统。测试系统分析中一般有三类问题。

(1) 当输入/输出是可测量的(已知)时候,可以通过它们推断系统的传输特性(系统辨识)。

(2) 当系统特性已知,输出可测量时,可以通过它们推断该输出的输入量(反求)。

(3) 如果输入和系统特性已知,则可以推断和估计系统的输出量(预测)。

对测试系统的基本要求是使测试系统的输出信号能够真实地反映被测量的变化过程不使信号发生畸变,即实现不失真测试。理想的测试系统应该具有单值的、确定的输入/输出关系。对于每一个输入量都应该只有单一的输出量与之对应。知道其中一个量就可以确定另一个量。其中以输出和输入呈线性关系最佳,而且,系统的特性不应随时间的推移发生改变,满足上述要求的系统是线性时不变系统,因此具有线性时不变特性的测试系统为最佳测试系统。在工程测试中,经常遇到的测试系统大多数属于线性时不变系统,一些非线性系统或时变系统,在限定的工作范围和一定的误差允许范围内,可视为遵从线性时不变系统,因此本章所讨论的测试系统只限于线性时不变系统。

2. 测试系统的线性特性

任何测试系统都有自己的传输特性,如果输入信号用 $x(t)$ 表示,测试系统的传输特性用 $h(t)$ 表示,输出信号用 $y(t)$ 表示,则通常的工程测试问题总是处理 $x(t)$、$h(t)$ 和 $y(t)$ 三者之间的关系,如图 1-4 所示。

输入 $\xrightarrow{x(t)}$ 测试系统$h(t)$ $\xrightarrow{y(t)}$ 输出

图 1-4 测试系统、输入和输出

线性时不变系统的输入 $x(t)$ 和输出 $y(t)$ 之间的关系可用常系数线性微分方程描述,其微分方程的一般形式为

$$a_n \frac{\mathrm{d}^n y(t)}{\mathrm{d}t^n} + a_{n-1} \frac{\mathrm{d}^{n-1} y(t)}{\mathrm{d}t^{n-1}} + \cdots + a_1 \frac{\mathrm{d}y(t)}{\mathrm{d}t} + a_0 y(t)$$

$$= b_m \frac{\mathrm{d}^m x(t)}{\mathrm{d}t^m} + b_{m-1} \frac{\mathrm{d}^{m-1} x(t)}{\mathrm{d}t^{m-1}} + \cdots + b_1 \frac{\mathrm{d}x(t)}{\mathrm{d}t} + b_0 x(t) \qquad (1-10)$$

式中:$a_n, a_{n-1}, \cdots, a_1, a_0$ 和 $b_m, b_{m-1}, \cdots, b_1, b_0$ 是与测试系统的物理特性、结构参数和输入状态有关的常数,不随时间变化;n 和 m 为正整数,表示微分的阶数,一般 $n \geqslant m$ 并称 n 为线性系统的阶数。

若用 $x(t) \rightarrow y(t)$ 表示线性时不变系统的输入/输出的对应关系,则线性时不变系统具有以下主要特性。

(1)叠加特性。指同时加在测试系统的几个输入量之和所引起的输出,等于几个输入量分别作用时所产生的输出量叠加的结果。即若 $x_1(t) \rightarrow y_1(t)$,$x_2(t) \rightarrow y_2(t)$,则有

$$[x_1(t) \pm x_2(t)] \rightarrow [y_1(t) \pm y_2(t)] \qquad (1-11)$$

该特性表明,作用于线性时不变系统的各输入分量所引起的输出是互不影响的。因此,分析线性时不变系统在复杂输入作用下的总输出时,可以先将输入分解成许多简单的输入分量,求出每个简单输入分量的输出,再将这些输出叠加即可。这种方法给实验工作带来很大的方便,测试系统的正弦实验就是采用这种方法的。

(2)比例特性。指输入 $x(t)$ 增大 c 倍(c 为任意常数),那么输出等于输入为 $x(t)$ 时对应的输出 $y(t)$ 的 c 倍,即若 $x_1(t) \rightarrow y_1(t)$,则有

$$cx_1(t) \rightarrow cy_1(t) \qquad (1-12)$$

(3)微分特性。指系统对输入微分的响应,等于对原输入响应的微分,即若 $x(t) \rightarrow y(t)$,则有

$$\frac{\mathrm{d}^n x(t)}{\mathrm{d}t^n} \rightarrow \frac{\mathrm{d}^n y(t)}{\mathrm{d}t^n} \qquad (1-13)$$

(4)积分特性。指初始条件为零时,系统对输入积分的响应,等于对原输入响应的积分,即若 $x(t) \rightarrow y(t)$,则有

$$\int_0^t x(t) \mathrm{d}t \rightarrow \int_0^t y(t) \mathrm{d}t \qquad (1-14)$$

(5)频率保持性。指线性时不变系统的稳态输出信号的频率与输入信号的频率相同。若输入为正弦信号 $x(t) = A\sin\omega t$,则输出函数为

$$y(t) = B\sin(\omega t \pm \varphi) \tag{1-15}$$

式（1-15）表明稳态时线性系统的输出，其频率等于原输入的频率，但其幅值与相角均有变化。特性表明系统处于线性工作范围内，输入信号频率已知，则输出信号与输入信号具有相同的频率分量。如果输出信号中出现与输入信号频率不同的分量，说明系统中存在着非线性环节（噪声等干扰）或者超出了系统的线性工作范围，这时应采用滤波等方法进行处理。

1.2.2 测试系统的静态特性

在静态测试时，输入信号 $x(t)$ 和输出信号 $y(t)$ 不随时间变化，或者随时间变化但变化缓慢以至可以忽略时，测试系统输入与输出之间呈现的关系就是测试系统的静态特性。此时，式（1-10）中各阶导数为零，于是微分方程变为

$$y(t) = \frac{a_0}{b_0}x(t) = sx(t) \quad 或 \quad y = sx \tag{1-16}$$

式（1-16）就是理想的线性时不变系统的静态特性方程，即输出是输入的单调、线性比例函数，其中斜率 s 应是常数。描述静态特性方程的曲线称为测试系统的静态特性曲线，也称为定度曲线、校准曲线或标准曲线，如图 1-5 所示。

实际的测试系统并非理想的线性时不变系统，其输出与输入往往不是理想直线，这样静态特性可用多项式表示，即

$$y = s_0 + s_1 x + s_2 x^2 + \cdots \tag{1-17}$$

式中：$s_0, s_1, s_2, \cdots, s_n$ 为常量；x 为输入信号；y 为输出信号。

因此，测试系统的静态特性分析就是研究在静态测试情况下，描述实际测试系统与理想线性时不变系统的接近程度，它们主要体现为以下几个特性指标。

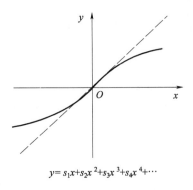

$$y = s_1 x + s_2 x^2 + s_3 x^3 + s_4 x^4 + \cdots$$

图 1-5　测试系统的静态特性曲线

1. 静态特性指标

1）灵敏度

灵敏度是指测试系统在静态测量时，输出增量 Δy 与输入增量 Δx 之比，即

$$S = \frac{\Delta y}{\Delta x} \tag{1-18}$$

灵敏度也称为系统的绝对灵敏度。理想的线性测试系统的静态特性曲线为一条直线，直线的斜率即为灵敏度，且为常数。但实际的测试系统并不是理想的线性系统，其特性曲线不是直线，即灵敏度随输入量的变化而改变，说明不同的输入量对应的灵敏度大小是不相同的，通常用一条拟合直线代替实际特性曲线，该拟合直线的斜率作为测试系统的平均灵敏度。

灵敏度的量纲等于输出量纲与输入量纲之比，当测试系统输入和输出量纲相同，灵敏度也称为"放大倍数"或"增益"。灵敏度反映了测试系统对输入量变化的反应能力，灵敏度的高低可以根据系统的测量范围、抗干扰能力等决定。通常，灵敏度越高就越容易引入外界干扰和噪

声,从而使稳定性变差,测量范围变窄。

2) 线性度

理想的测试系统静态特性曲线是一条直线,但实际上大多数测试系统的静态特性是非线性的,如图 1-6 所示。为了使用简便,总是以线性关系代替实际关系,即用拟合直线代替实际特性曲线。实际特性曲线偏离拟合直线的程度就是线性度,用非线性误差 δ_L 表示,即在系统的标称输出范围 A 内,实际特性曲线与拟合直线之间的最大偏差 ΔL_{max} 与满量程输出 A 之比,即

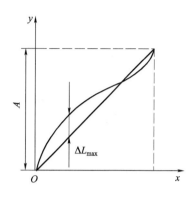

图 1-6　测试系统的实际特性曲线

$$\delta_L = \frac{|\Delta L_{max}|}{A} \times 100\% \qquad (1-19)$$

拟合直线常用的方法有两种:端基直线和最小二乘拟合直线。端基直线是一条通过测量范围的上下极限点的直线,这种拟合直线方法简单易行,但因未考虑数据的分布情况,其拟合精度较低;最小二乘拟合直线是在以测试系统实际特性曲线与拟合直线的偏差的平方和为最小的条件下所确定的直线,它是保证所有测量值最接近拟合直线、拟合精度很高的方法,如图 1-7 所示。

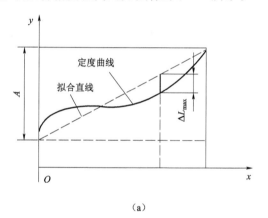

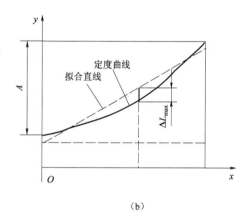

（a）　　　　　　　　　　　　　　　　（b）

图 1-7　线性度

（a）端基线性度;（b）最小二乘线性度

任何测试系统都有一定的线性范围,线性范围越宽,表明测试系统的有效量程越大。因此设计测试系统时,尽可能保证其在近似线性的区间内工作,必要时,也可以对特性曲线进行线性补偿(采用电路或软件补偿均可)。

3) 回程误差

回程误差也称为迟滞或滞后,它是描述测试系统的输出同输入变化方向有关的特性,如图 1-8 所示。在相同的测试条件下,当输入量由小到大(正行程)和由大到小(反行程)时,对于同一输入量所得到的两个输出量却往往存在差值,在全部测量范围内,这个差值的最大值与标称满量程输出 A 的比值称为回程误差,用误差形式表示为

$$\delta_h = \frac{|h_{max}|}{A} \times 100\% \qquad (1-20)$$

产生回程误差的主要原因有两个:一是测试系统中有吸收能量的元件,如磁性元件(磁滞)和弹性元件(弹性滞后);二是在机械结构中存在摩擦和间隙等缺陷。磁性材料的磁化曲线和金属材料的受力—变形曲线常常可以出现这种回程误差。当测量装置存在死区时也可能出现这种现象。

4)重复性

在测试条件不变的情况下,测试系统按同一个方向做全量程的多次重复测量时,静态特性曲线不一致,如图 1-9 所示,用重复性表示为

$$\delta_R = \frac{|\Delta R_{max}|}{A} \times 100\% \tag{1-21}$$

式中:ΔR_{max} 为同一输入量对应多次循环的同向行程输出量的最大差值。

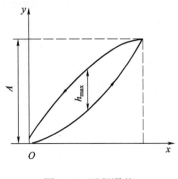

图 1-8 回程误差

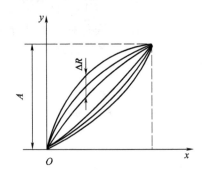

图 1-9 重复性

重复性表征了系统的随机误差的大小,因此也可用标准偏差表示,即

$$\delta_R = \frac{(2 \sim 3)\sigma}{A} \times 100\% \tag{1-22}$$

式中:σ 为测量值的标准偏差;$(2 \sim 3)$ 为置信因子;$(2 \sim 3)\sigma$ 为置信区间或随机不确定度,其物理意义是在整个测量范围内,测试系统相对于满量程输出的随机误差不超过 δ_R 的置信概率为 99.7%。

5)精度

精度是与评价测试装置产生的测量误差大小有关的指标,经测试系统的测量结果与被测量真值的符合程度,反映测试系统中系统误差和随机误差的综合影响。作为技术指标,其定量描述通常有下列几种方式。

(1)用测量误差表征。通常测量误差越小,精度越高。如测试仪表的精度等级指数 α 的百分数 $\alpha\%$ 表示允许测量误差的大小,α 值越小,精度越高,因此,凡国家标准规定有精度等级指数的正式产品都应有精度等级指数的标志。引用误差就是为了评价测试仪表的精度等级而引入的,引用误差 δ_n 定义为绝对误差 Δ 与测试仪表满量程 A_m 之比的百分数,即

$$\delta_n = \frac{\Delta}{A_m} \times 100\% \tag{1-23}$$

电工及热工仪表确定精度等级常采用最大引用误差,其定义为绝对误差的最大绝对值与

满量程之比,即

$$\delta_{nm} = \frac{|\Delta_m|}{A_m} \times 100\% \qquad (1-24)$$

测试仪表精度等级指数 α 规定取一系列标准值。例如,电工仪表的精度等级指数 α 分为 0.1、0.2、0.5、1.0、1.5、2.5、5.0,表示这些测试仪表的最大引用误差不能超过仪表精度等级指数 α 的百分数,即

$$\delta_{nm} \leqslant \alpha\% \qquad (1-25)$$

不难看出,在使用电工仪表时所产生的最大可能误差为

$$\Delta_m = \pm A_m \times \alpha\% \qquad (1-26)$$

由此可知,电工仪表产生的示值测量误差不仅与仪表的精度等级指数 α 有关,而且与仪表的量程有关。因此在使用以"最大引用误差"表示精度的测试仪表时,量程的选择应使测量值尽可能接近仪表的满刻度值,通常应尽量避免让测试仪表在小于 1/3 的量程范围内工作。

(2)用不确定度表征。测量不确定度即在规定的条件下测试系统或装置用于测量时所得测量结果的不确定度,是测量误差极限估计值的评价。不确定度越小,测量结果可信度越高,即精度越高。

(3)简化表示。一些国家标准未规定精度等级指数的产品,通常将精度 δ_A 表示为线性度 δ_L、迟滞 δ_h 和重复性 δ_R 之和,即

$$\delta_A = \delta_L + \delta_h + \delta_R \qquad (1-27)$$

用式(1-27)表征精度是不完善的,只是一种粗略的简化表示。

6)稳定性和漂移

稳定性是指在一定的工作条件下,保持输入信号不变时,输出信号随时间或温度等的变化而出现缓慢变化的程度,也称为漂移,通常用输出量的变化表示。稳定性包含稳定度和环境影响两个方面。

(1)稳定度。稳定度是指在规定的工作条件下,测试系统的某些性能随时间变化的程度。通常用测试系统示值的变化量与时间之比表示。例如,一台测试仪表输出电压值在 8 h 内的变化量为 1.3 mV, 则系统的稳定度为 1.3 mV/8 h;有时也采用给出标定的有效期表示,例如,一个月不超过 1% 满量程输出。

(2)环境影响。环境影响是指由外界环境变化而引起的测试系统示值变化,外界环境因素包括温度、湿度、气压、电源电压、电源频率等,通常用影响系数表示。例如,周围介质温度变化所引起的示值变化,可以用温度系数 β_t 表示;电源电压变化引起的示值变化,可以用电源电压系数 β_V 示值变化(电压变化率)表示等。

通常将当输入量为零时测试系统输出值的漂移称为零漂移(简称零漂)。对大多数测试系统而言,不但存在零点漂移,而且还存在灵敏度漂移,即测试系统的输入/输出特性曲线的斜率产生变化,因此在工程测试中,必须对漂移进行观测和度量,以减小漂移对测试系统的影响,从而有效提高稳定性。

7)分辨力和分辨率

分辨力是指系统可能检测到的输入信号的最小变化量,分辨力除以满量程称为分辨率。

对有些测试装置如数字式仪表而言,输入量连续变化时,输出量作阶梯变化,一般可以认为该仪表的最后一位所表示的数值就是它的分辨力。例如,数字式温度计的温度显示为180.6 ℃,分辨力为0.1 ℃;对于模拟式仪表,即输出量为连续变化的测试装置,分辨力是指测试装置能显示或记录的最小输入增量,一般为最小分度值的1/2。

8) 可靠性

可靠性是与测试装置无故障工作时间长短有关的一种描述,常用的可靠性指标有以下几种。

(1) 平均无故障时间。表示相邻两次故障间隔时间的平均值。

(2) 可信任概率 p。表示在给定的时间内误差仍能保持在规定限度以内的概率。显然,概率 p 值越大,测试系统可靠性越高,但测试系统的成本加大。大量研究表明,可信任概率 p 的最佳值为0.8~0.9。

(3) 故障率或失效率 λ。故障率是平均无故障时间的倒数。例如,某测试仪器的失效率为0.03% kh,表明有1万台这种仪器工作1 000 h后只可能有3台会出现故障。

(4) 有效度或可用度 A。对于可修复的产品,用 MTTR 代表平均修复时间。若修复时间长,则有效使用时间短,因此有效度可表示为

$$A = \frac{\text{MTBF}}{\text{MTBF} + \text{MTTR}} \qquad (1-28)$$

可靠性对于测试系统极为重要,是内容丰富的重要学科,越来越引起人们的关注与重视。

9) 量程和测量范围

测试系统能测量的最小输入量(下限)至最大输入量(上限)之间的范围称为量程。测量上限值与测量下限值的代数差称为测量范围。如量程为-50 ℃~200 ℃的温度计的测量范围是250 ℃。仪器的量程决定于仪器中各环节的性能,假设仪器中的任意环节的工作出现饱和或过载,则整个仪器都不能正常工作。

有效量程或工作量程是指被测量的某个数值范围,在此范围内测量仪器所测得的数值,其误差均不会超过规定值。仪器量程的上限与下限构成了仪器可以进行测量的极限范围,但并不代表仪器的有效量程。例如,某厂家称其湿度传感器的量程是20%~100% RH,但仪器上也可能会特别注明在30%~85% RH以外的范围湿度仪的标定会有误差。进一步细读说明书甚至会发现,实际上只有在30%~85% RH范围内仪器才保证规定的精度。所以仪器的有效量程是30%~85% RH。多量程仪器的工作范围可通过手动或自动进行切换。许多电子仪器都能够根据输入量的大小进行量程切换。

2. 静态特性参数的测定

用实验方法测定测试装置的静态特性参数时,一般是用经过校准的标准量作为输入,由测试装置读出相应的输出值,做出静态特性曲线,根据此曲线便可确定装置的静态特性参数。

当测试装置本身存在某些随机因素影响输出时,可在相同条件下进行多次重复测量,求出同一条件下输出的平均值,并以此画出静态特性曲线。有回差的测试装置,正行程和反行程组成一个循环。在相同条件下进行多次循环测量,求出平均值,便可得到正反行程的静态特性曲线。

1.2.3　测试系统的动态特性

在工程测试中,大量的被测信号都是随时间变化的动态信号,测试系统的动态特性反映其测量动态信号的能力。对于测量动态信号的测试系统,要求它能迅速而准确地测出信号的大小并真实地再现信号的波形变化,即要求测试系统输入量改变时,其输出量也能立即随之不失真地改变。但是,在实际测试系统中,由于总是存在着如弹簧、质量(惯性)和阻尼等元件,因此输出量 $y(t)$ 不仅与输入量 $x(t)$、输入量的变化速度 $\dfrac{\mathrm{d}x(t)}{\mathrm{d}t}$ 和其加速度 $\dfrac{\mathrm{d}^2x(t)}{\mathrm{d}t^2}$ 有关,而且还受到测试系统的阻尼、质量等影响。例如,用水银体温计测温时必须使其与人体有足够的接触时间,它的读数才能反映人的体温,其原因就是体温计的输出总是滞后于输入,这种现象称为测试系统对输入的时间响应;又如,当用千分表测量振动物体的振幅时,当振动的频率很低时,千分表的指针将随其摆动,指示出各个时间的振幅值,但随着振动频率的增加,指针摆动的幅度逐渐减小,以至趋于不动,表明指针的示值随振动频率的变化而改变,这种现象称为测试系统对输入的频率响应。时间响应和频率响应都是测试过程中表现出的重要特性,也是研究测试系统动态特性的主要内容。

综上所述,测试系统的动态特性不仅取决于测试系统的结构参数,而且与输入信号有关。因此,研究测试系统的动态特性实质上就是建立输入信号、输出信号和测试系统结构参数三者之间的关系,通常把测试系统这个物理系统抽象成数学模型,分析输入信号与输出信号之间的关系,以便描述其动态特性。

1. 动态特性的数学描述

通常情况下,测试系统视为线性时不变系统,根据测试系统的物理结构和所遵循的物理定律,建立起输出和输入关系的运动微分方程。在动态测试中,除了采用常系数线性微分方程作为描述测试系统的数学模型外,还采用其他一些能反映测试系统动态特性的函数,如传递函数、频率响应函数、阶跃响应函数等。

研究测试系统的动态特性的方法是用一些易于实现又具有明显函数关系的信号作为输入信号,研究测试系统在这些典型输入信号作用下的响应,从而了解系统的特性。常用的输入信号有正弦信号、阶跃信号和脉冲信号。

1) 微分方程

工程上常见的测试系统由常系数线性微分方程描述[式(1-10)],求解微分方程,就可以得到系统的动态特性。

微分方程是最基本的数学模型,但是,对于一个稍微复杂的测试系统和复杂的测试信号,求解微分方程比较困难,甚至成为不可能。因此,根据自动控制理论,不求解微分方程,而应用拉普拉斯变换求出传递函数、频率响应函数等描述动态特性。

2) 传递函数

系统的初始条件为零时,输出 $y(t)$ 的拉普拉斯变换 $Y(s)$ 和输入 $x(t)$ 的拉普拉斯变换 $X(s)$ 之比称为系统的传递函数,记为 $H(s)$。当初始条件为零时,输入和输出的拉普拉斯变换 $X(s)$、$Y(s)$ 的定义为

$$\begin{cases} Y(s) = \int_0^\infty y(t)\,\mathrm{e}^{-st}\mathrm{d}t \\ X(s) = \int_0^\infty x(t)\,\mathrm{e}^{-st}\mathrm{d}t \end{cases} \tag{1-29}$$

式中: $s = \sigma + \mathrm{j}\omega$,称为拉普拉斯变换算子。

实际上,当系统的初始条件为零时,对式(1-10)进行拉普拉斯变换,可得 $(a_n s^n + a_{n-1} s^{n-1} + \cdots + a_1 s + a_0) Y(s) = (b_m s^m + b_{m-1} s^{m-1} + \cdots + b_1 s + b_0) X(s)$,于是

$$H(s) = \frac{Y(s)}{X(s)} = \frac{b_m s^m + b_{m-1} s^{m-1} + \cdots + b_1 s + b_0}{a_n s^n + a_{n-1} s^{n-1} + \cdots + a_1 + a_0} \tag{1-30}$$

式中: $a_n, a_{n-1}, \cdots, a_1, a_0$ 和 $b_m, b_{m-1}, \cdots, b_1, b_0$ 均为由测试系统本身固有属性决定的常数。

可见,传递函数 $H(s)$ 是用代数方程的形式表示测试系统的动态特性,便于分析与计算。而且在传递函数的表达式中, s 只是一种算符,参数 $a_n, a_{n-1}, \cdots, a_1, a_0$ 和 $b_m, b_{m-1}, \cdots, b_1, b_0$ 是由系统固有属性唯一确定的,与输入无关,因此传递函数描述了系统的动态特性,与输入量无关。只要是动态特性相似的系统,无论是电路系统或机械系统等,都可以用同一类型的传递函数描述其特性。

传递函数的优点除可用理论计算求取外,还可用实验方法获得,这对于复杂的不便于列出微分方程式的系统更加具有实际意义。例如,给定测试系统一个激励(输入) $x(t)$,并得到系统对 $x(t)$ 的响应(输出) $y(t)$,则系统的传递函数就可由 $H(s) = \dfrac{L[y(t)]}{L[x(t)]}$ 确定。或者已知系统的传递函数 $H(s)$ 和输入 $x(t)$,经拉普拉斯变换求得 $X(s)$,那么输出信号的拉普拉斯变换 $Y(s) = H(s) \cdot X(s)$,将 $Y(s)$ 经拉普拉斯反变换就可获得系统的输出 $y(t)$,这样就使动态特性的研究大为方便。值得注意的是, $H(s)$ 是在复频域中表达系统的动态特性,而微分方程则是在时域表达系统的动态特性,而且这两种动态特性的表达形式对于各种输入信号形式都适用。

3)频率响应函数

(1)频率响应函数的定义。初始条件为零时,输出 $y(t)$ 的傅里叶变换 $Y(\mathrm{j}\omega)$ 与输入 $x(t)$ 的傅里叶变换 $X(\mathrm{j}\omega)$ 之比称为系统的频率响应函数,记为 $H(\mathrm{j}\omega)$ 或 $H(\omega)$。

当初始条件为零时,输出和输入的傅里叶变换分别为

$$\begin{cases} Y(\mathrm{j}\omega) = \int_0^\infty y(t)\,\mathrm{e}^{-\mathrm{j}\omega t}\mathrm{d}t \\ X(\mathrm{j}\omega) = \int_0^\infty x(t)\,\mathrm{e}^{-\mathrm{j}\omega t}\mathrm{d}t \end{cases} \tag{1-31}$$

同理,如果对式(1-30)两边进行傅里叶变换,可得频率响应函数为

$$H(\mathrm{j}\omega) = \frac{Y(\mathrm{j}\omega)}{X(\mathrm{j}\omega)} = \frac{b_m (\mathrm{j}\omega)^m + b_{m-1} (\mathrm{j}\omega)^{m-1} + \cdots + b_1 (\mathrm{j}\omega) + b_0}{a_n (\mathrm{j}\omega)^n + a_{n-1} (\mathrm{j}\omega)^{n-1} + \cdots + a_1 (\mathrm{j}\omega) + a_0} \tag{1-32}$$

式(1-32)与将 $s = \mathrm{j}\omega$ 代入传递函数公式具有同样的形式,因此,频率响应函数是传递函数的特例。

由欧拉公式可知, $\mathrm{e}^{\mathrm{j}\omega t} = \cos\omega t + \mathrm{j}\sin\omega t$。在高阶微分和积分的计算中,虚数指数函数比正弦

函数更便于计算,因此通常采用 $e^{j\omega t}$ 代替正弦函数进行各种运算和讨论。

例如,一线性系统在正弦信号 $x(t) = X\sin\omega t = Xe^{j\omega t}$ 的作用下,其输出为 $y(t) = Y\sin(\omega t + \varphi) = Ye^{j(\omega t + \varphi)}$,将它们的各阶导数代入式(1-10),可得

$$a_n(j\omega)^n y(t) + a_{n-1}(j\omega)^{n-1} y(t) + \cdots + a_0 y(t)$$
$$= b_m(j\omega)^m x(t) + b_{m-1}(j\omega)^{m-1} x(t) + \cdots + b_0 x(t)$$

于是

$$H(j\omega) = \frac{b_m(j\omega)^m + b_{m-1}(j\omega)^{m-1} + \cdots + b_1(j\omega) + b_0}{a_n(j\omega)^n + a_{n-1}(j\omega)^{n-1} + \cdots + a_1(j\omega) + a_0} = \frac{y(t)}{x(t)} = \frac{Y}{X}e^{j\varphi(\omega)} \quad (1-33)$$

式(1-33)表明,线性系统的频率响应函数 $H(j\omega)$ 实际上就等于用虚数指数函数表示的正弦输出与正弦输入之比,因此也将频率响应函数称为正弦传递函数。需要特别指出的是,传递函数是输出与输入拉普拉斯变换之比,其输入并不限于正弦信号,所反映的特性不仅有稳态也有瞬态,而频率响应函数反映的是系统对正弦输入的稳态响应,即系统达到稳态后输出与输入的关系。尽管频率响应函数是对正弦输入而言,但由信号分析可知,任何信号都可分解成正弦信号的叠加,因此在任何复杂信号输入下,系统频率响应函数也是适用的。

(2)幅频、相频特性及其图形描述。频率响应函数 $H(j\omega)$ 为复变量函数,因此可以表示为复指数形式,即

$$H(j\omega) = P(\omega) + jQ(\omega) = |H(j\omega)|e^{j\varphi(\omega)} \quad (1-34)$$

式中:$A(\omega)$ 为测试系统的幅频特性值,表示输出与输入的幅值比随 ω 的变化;$\varphi(\omega)$ 为测试系统的相频特性值,表示输出与输入的相位差随 ω 的变化。

用 $A(\omega)$ 和 $\varphi(\omega)$ 分别作图可得幅频特性曲线和相频特性曲线,如图 1-10 和图 1-11 所示。

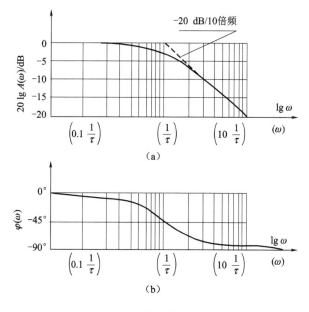

图 1-10 一阶系统的伯特图

（3）频率响应函数的求法。频率响应函数通常有两种求解方法。

① 傅里叶变换法。在初始条件为零时，同时测得输入的正弦信号 $x(t)$ 和输出信号 $y(t)$，由其傅里叶变换 $X(\mathrm{j}\omega)$ 和 $Y(\mathrm{j}\omega)$ 求得频率响应函数，即 $H(\mathrm{j}\omega) = \dfrac{Y(\mathrm{j}\omega)}{X(\mathrm{j}\omega)}$。

② 实验方法。实验求取频率响应函数的原理简单明了：依次用不同频率 ω_i 的正弦信号作为测试系统的输入信号，同时测出输入信号

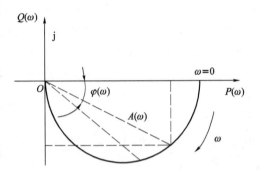

图 1-11　一阶系统的奈奎斯特图

和系统的稳态输出的幅值 X_i、Y_i 和相位差 φ_i，这样对于某个 φ_i 便有一组 $\dfrac{Y_i}{X_i}$ 和 φ_i，全部的 $\dfrac{Y_i}{X_i}$ 和 φ_i 便可表达测试系统的频率响应函数。

（4）脉冲响应函数和阶跃响应函数。若输入为单位脉冲信号，即 $x(t) = \delta(t)$，则 $X(s) = L[x(t)] = 1$，于是测试系统相应输出的拉普拉斯变换将为 $Y(s) = H(s) \cdot X(s) = H(s)$，对 $y(s)$ 进行拉普拉斯反变换，可得

$$y(t) = L^{-1}[Y(s)] = L^{-1}[H(s)] = h(t) \tag{1-35}$$

式中：$h(t)$ 为单位脉冲响应函数。

若输入为单位阶跃信号，则 $X(s) = L[x(t)] = \dfrac{1}{s}$，同理可得到其输出的拉普拉斯变换 $Y(s) = H(s) \cdot X(s) = \dfrac{H(s)}{s}$，对 $Y(s)$ 进行拉普拉斯反变换，即可得到输出 $y(t)$，也称为阶跃响应函数。

综上所述，测试系统的动态特性在复频域可用传递函数描述；在频域可用频率响应函数描述；在时域可用微分方程、脉冲响应函数、阶跃响应函数等描述，它们之间的关系是一一对应的。在实际的工程测试中，常常选用正弦信号、脉冲信号、阶跃信号作为输入信号来揭示系统在频域和时域的动态特性。下面分别讨论常见测试系统的频率响应和阶跃响应。

2. 测试系统的动态特性分析

测试系统的种类和形式很多，但它们一般可以简化为一阶或二阶系统。这样，分析了一阶和二阶系统的动态特性，就可以了解各种测试系统的动态特性。

1）一阶系统的频率响应

常见的一阶系统有质量为零的弹簧——阻尼机械系统、RC 电路、RL 电路、液柱式温度计、热电偶测温系统等。这些系统均可以用一阶微分方程表示它们的输入与输出关系，即

$$a_1 \frac{\mathrm{d}y(t)}{\mathrm{d}t} + a_0 y(t) = b_0 x(t) \tag{1-36}$$

或

$$\tau \frac{\mathrm{d}y(t)}{\mathrm{d}t} + y(t) = Sx(t) \tag{1-37}$$

式中：$\tau = \dfrac{a_1}{a_0}$ 为系统的时间常数；$S = \dfrac{b_0}{a_0}$ 为系统的静态灵敏度。

对于线性系统，其静态灵敏度 S 为常数，不影响系统的动态特性。在进行动态特性分析时，为了讨论问题方便起见，常常约定采用 $S = 1$，这样，一阶系统的传递函数为

$$H(s) = \frac{Y(s)}{X(s)} = \frac{1}{\tau s + 1} \tag{1-38}$$

令 $s = \mathrm{j}\omega$，得到一阶系统的频率响应函数为

$$H(\mathrm{j}\omega) = \frac{1}{\mathrm{j}\omega\tau + 1} \tag{1-39}$$

其幅频、相频特性的表达式分别为

$$A(\omega) = |H(\mathrm{j}\omega)| = \frac{1}{\sqrt{1 + (\omega\tau)^2}} \tag{1-40}$$

$$\varphi(\omega) = -\arctan(\omega\tau) \tag{1-41}$$

式中：负号"−"表示输出信号滞后于输入信号。一阶系统的幅频特性曲线和相频特性曲线如图 1-10 所示。

从图 1-10 中可以看出，一阶系统具有以下特点。

（1）一阶系统是一个低通环节，当 $\omega = 0$ 时，幅值比 $A(\omega) = 1$ 为最大，相位差 $\varphi(\omega) = 0$，其幅值误差与相位误差为零，即输出信号与输入信号的幅值、相位相同，测试系统输出信号并不衰减。随着 ω 的增大，$A(\omega)$ 逐渐减小，相位差逐渐增大；当 $\omega \to \infty$ 时，$A(\omega)$ 几乎与频率成反比，$\varphi(\omega) = -\dfrac{\pi}{2}$。这表明测试系统输出信号的幅值衰减加大，相位误差增大，因此一阶系统适用于测量缓变或低频信号。通常定义系统的幅值误差为

$$\varepsilon = \left| \frac{A(\omega) - A(0)}{A(0)} \right| \times 100\% = |A(\omega) - 1| \times 100\% \leqslant \text{某个给定值} \tag{1-42}$$

式（1-42）中的给定值，常取 5% 或 10%。幅值误差和相位误差统称为稳态响应动态误差。

（2）时间常数 τ 决定着一阶系统适用的频率范围。当 $\omega\tau$ 较小时，幅值和相位的失真都较小；当 $\omega\tau = 1$ 时，$A(\omega) = \dfrac{1}{\sqrt{2}} \approx 0.707$，即 $20\lg A(\omega) = -3\,\mathrm{dB}$。通常把 $\omega\tau = 1$ 处的频率（输出幅值下降至输入幅值的 0.707 倍处的频率）称为系统的"转折频率"（对滤波器来讲，就是截止频率），在该处相位滞后 45°。可以看出，τ 越小，转折频率就越大，测试系统的动态范围越宽；反之，τ 越大，则系统的动态范围就越小。因此，τ 是反映一阶系统动态特性的重要参数。为了减小一阶系统的稳态响应动态误差，增大工作频率范围，应尽可能采用时间常数 τ 小的测试系统。

2）二阶系统的频率响应

弹簧—质量—阻尼系统和 RLC 电路均为典型的二阶系统。热力学、电学、力学等的二阶系统，均可用二阶微分方程的通式描述，即

$$a_2 \frac{\mathrm{d}^2 y(t)}{\mathrm{d}t^2} + a_1 \frac{\mathrm{d}y(t)}{\mathrm{d}t} + a_0 y(t) = b_0 x(t) \tag{1-43}$$

令 $\omega_0 = \sqrt{\dfrac{a_0}{a_2}}$，$\xi = \dfrac{a_1}{2\sqrt{a_0 a_2}}$，$S = \dfrac{b_0}{a_0}$，则式（1-43）可改写为

$$\frac{\mathrm{d}^2 y(t)}{\mathrm{d}t^2} + 2\xi\omega_0 \frac{\mathrm{d}y(t)}{\mathrm{d}t} + \omega_0^2 y(t) = S\omega_0^2 x(t) \tag{1-44}$$

式中：S 为系统的静态灵敏度，对于线性系统而言，S 是一个常数；ω_0 为系统的固有频率；ξ 为系统的阻尼比。ω_0、ξ 和 S 都是取决于测试系统的结构参数，测试系统一经组成或调试完毕，其固有频率 ω_0、阻尼比 ξ 和灵敏度 S 也随之确定。

式（1-44）中，令 $S=1$，可求得二阶系统的传递函数，即

$$H(s) = \frac{\omega_0^2}{s^2 + 2\xi\omega_0 s + \omega_0^2} \tag{1-45}$$

相应的频率响应函数、幅频特性和相频特性分别为

$$H(\mathrm{j}\omega) = \frac{\omega_0^2}{(\mathrm{j}\omega)^2 + 2\xi\omega_0(\mathrm{j}\omega) + \omega_0^2} = \frac{1}{\left[1 - \left(\dfrac{\omega}{\omega_0}\right)^2\right] + 2\mathrm{j}\xi\left(\dfrac{\omega}{\omega_0}\right)} \tag{1-46}$$

$$A(\omega) = \frac{1}{\sqrt{\left[1 - \left(\dfrac{\omega}{\omega_0}\right)^2\right]^2 + 4\xi^2\left(\dfrac{\omega}{\omega_0}\right)^2}} \tag{1-47}$$

$$\varphi(\omega) = -\arctan\frac{2\xi\left(\dfrac{\omega}{\omega_0}\right)}{1 - \left(\dfrac{\omega}{\omega_0}\right)^2} \tag{1-48}$$

相应的幅频、相频特性曲线如图 1-12 所示，且二阶系统具有以下特点。

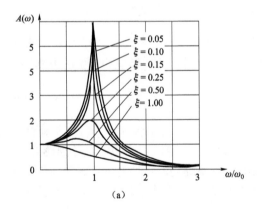
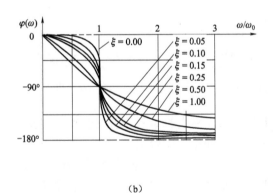

(a)   (b)

图 1-12　二阶系统的频率响应

（a）幅频特性曲线；（b）相频特性曲线

（1）二阶系统也是一个低通环节。

当 $\dfrac{\omega}{\omega_0} \ll 1$ 时，$A(\omega) \approx 1$，$\varphi(\omega) \approx 0°$，表明该频率段的输出信号幅值误差和相位误差都很

小;当 $\frac{\omega}{\omega_0} \gg 1$ 时,$A(\omega) \approx 0$,$\varphi(\omega) \to 180°$,即输出信号几乎与输入信号反相,表明测试系统有较大的幅值衰减和相位误差;因此,二阶系统也是一个低通环节。

（2）二阶系统的频率响应与阻尼比 ξ 有关。不同的阻尼比 ξ,其幅频和相频特性曲线不同。二阶系统幅频特性曲线是否出现峰值取决于系统的阻尼比 ξ 的大小,根据 $\frac{dA(\omega)}{d\omega} = 0$,可得峰值对应的频率为

$$\omega_r = \omega_0 \sqrt{1 - 2\xi^2} \leqslant \omega_0 \qquad (1-49)$$

由式（1-49）可知,当阻尼比在 $0 \leqslant \xi \leqslant \frac{1}{\sqrt{2}} \approx 0.707$ 时,幅频特性曲线才出现峰值,ω_r 称为系统的谐振频率,谐振频率 ω_r 对应的幅频特性为

$$A_{max} = A(\omega_r) = \frac{1}{2\xi\sqrt{1 - \xi^2}} \qquad (1-50)$$

当 $\xi = 0$ 时,$\omega_r = \omega_0$,$A(\omega_r) \to \infty$,系统出现共振（测试系统不宜在共振区域工作）；当 $\xi \geqslant \frac{1}{\sqrt{2}}$ 时,二阶系统的幅频特性曲线不出现峰值,与一阶系统的幅频特性曲线相似。从相频特性曲线可知,ω 从 $0 \to \infty$ 时,相位差 $\varphi(\omega)$ 从 $0 \to 2\pi$；$\varphi(\omega)$ 的变化与阻尼比 ξ 有关,但在 $\frac{\omega}{\omega_0} = 1$ 处对于所有的 ξ 来讲,$\varphi(\omega) = -\frac{\pi}{2}$。

（3）二阶系统的频率响应与固有频率 ω_0 有关。当二阶系统的阻尼比 ξ 不变时,系统的固有频率 ω_0 越大,保持动态误差在一定范围内的工作频率范围越宽；反之,工作频率范围越窄。

综上所述,对二阶系统通常推荐采用阻尼比 $\xi = 0.7$ 左右,且可用频率在 $0 \sim 0.6 \omega_0$ 范围内变化,测试系统可获得较好的动态特性,其幅值误差不超过 5%,同时相频特性 $\varphi(\omega)$ 接近于直线,即测试系统的动态特性误差较小。反之,若给定允许的幅值误差 ε 和系统的阻尼比 ξ,可确定系统的可用频率范围。

3. 测试系统动态特性的标定

测试系统的动态标定主要是研究系统的动态响应。与动态有关的参数,一阶测试系统只有一个时间常数 τ,二阶测试系统则有固有频率 ω_n 和阻尼比 ξ 两个参数。测试系统的动态特性参数的测定,通常是采用实验的方法实现。最常用的方法有两种:频率响应法和阶跃响应法,即用正弦信号或阶跃信号作为标准激励源,分别绘出频率响应曲线或阶跃响应曲线,从而确定测试系统的时间常数 τ、阻尼比 ξ 和固有频率 ω_n 等动态特性参数。

1）频率响应法

对测试系统施加正弦激励 $x(t) = A_0 \sin(\omega t)$,当输出达到稳态后,测量输出和输入的幅值比和相位差,并逐点改变激励频率 ω,即可得到该系统的幅频和相频特性曲线。对于一阶系统,其主要的动态特性参数是时间常数 τ,可以通过式（1-40）和式（1-41）直接确定时间常数 τ。

对于二阶系统,理论上根据实验所获得的相频特性曲线,可直接估计其动态特性参数 ω_n

和 ξ，即在 $\omega = \omega_n$ 处，输出与输入的相位角滞后为 $90°$，曲线上该点的斜率为阻尼比 ξ。但是，准确的相位角测试比较困难，因而通常利用幅频特性曲线估计系统的动态特性参数。

对于 $\xi < 1$ 的欠阻尼二阶系统，其幅频特性曲线的峰值在 ω_r 处，ω_r 稍微偏离 ω_n，且 $\omega_r < \omega_n$，两者之间的关系为 $\omega_r = \omega_n \sqrt{1 - 2\xi^2}$。欠阻尼二阶系统在 ω_r 处的幅频特性 $A(\omega_r)$ 与静态幅频特性 $A(0)$ 之比为

$$\frac{A(\omega_r)}{A(0)} = \frac{1}{2\xi\sqrt{1 - 2\xi^2}} \tag{1-51}$$

由式（1-51）确定阻尼比 ξ，然后才能确定出系统的固有频率 ω_n。

2）阶跃响应法

确定一阶系统时间常数 τ 的最简单的办法，是在测得一阶系统的阶跃响应曲线后，取输出值达到稳态值 63.2% 所需的时间即为时间常数 τ。显然，这种方法未考虑响应的全过程，所得结果不可靠。准确测定 τ 值的方法如下。

一阶系统的单位阶跃响应函数为 $y(t) = 1 - e^{-\frac{t}{\tau}}$，移项后得

$$1 - y(t) = e^{-\frac{t}{\tau}} \tag{1-52}$$

令 $Z = \ln[1 - y(t)]$，则有

$$Z = -\frac{t}{\tau} \tag{1-53}$$

式（1-53）表明，Z 与 t 呈线性关系，可根据测得的 $y(t)$ 做出 Z-t 曲线，如图 1-13 所示，于是

$$\tau = \frac{\Delta t}{\Delta Z} \tag{1-54}$$

如果测试系统是一个典型的一阶系统，则 Z 与 t 呈线性关系，即各数据点的分布近似在一条直线上，由此可判断实际测试系统与理想一阶系统的符合程度，同时这种方法考虑了瞬态响应的全过程，因此其结果更可靠。

典型的欠阻尼二阶系统的阶跃响应曲线如图 1-14 所示，它以 $\omega_d = \omega_n \sqrt{1 - \xi^2}$ 为频率做衰减振荡。按照求极值的通用方法，可以求得各振荡峰值所对应的时间 $t_p = 0, \dfrac{\pi}{\omega_d}, \dfrac{2\pi}{\omega_d}, \cdots$。将 $t = t_p = \dfrac{\pi}{\omega_d}$ 代入 $y(t) = 1 - \left[\dfrac{e^{-D\omega_0 t}}{\sqrt{1 - D^2}}\sin(\sqrt{1 - D^2}\,\omega_0 t + \arcsin\sqrt{1 - D^2})\right]$，$(D = 0.6 \sim 0.7)$，可求得最大超调量 M_1 和阻尼比 ξ 的关系，即

$$M_1 = e^{-\xi\frac{\pi}{\sqrt{1-\xi^2}}} \tag{1-55}$$

即

$$\xi = \sqrt{\frac{1}{\left(\dfrac{\pi}{\ln M_1}\right)^2 + 1}} \tag{1-56}$$

因此，从图 1-14 中测得 M_1 后，通过式（1-56）可求得阻尼比 ξ，然后再由衰减振荡频率 ω_d 或周期 T_d，求得系统的固有频率为

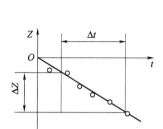

图 1-13　一阶系统时间常数的测定

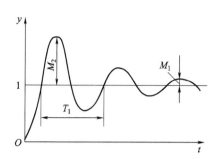

图 1-14　欠阻尼二阶系统的阶跃响应

$$\omega_n = \frac{\omega_d}{\sqrt{1 - \xi^2}} = \frac{2\pi}{T_d \sqrt{1 - \xi^2}} \tag{1-57}$$

1.2.4　实现系统不失真测试的条件

不失真测试就是指系统输出信号的波形与输入信号的波形完全相似的测试,如图 1-15 所示。如果输出 $y(t)$ 与输入 $x(t)$ 满足

$$y(t) = kx(t) \tag{1-58}$$

那么输出信号仅仅是在幅值上放大了 k 倍,输出无滞后,波形相似。

如果输出 $y(t)$ 与输入 $x(t)$ 满足

$$y(t) = kx(t - t_0) \tag{1-59}$$

那么输出信号除幅值放大 k 倍外,在时间上有一定的滞后,波形仍然相似。

式(1-58)是式(1-59)的特例($t = 0$),式(1-59)表示了测试系统时域描述的不失真测试条件。下面讨论上述不失真测试系统的频率响应特性。

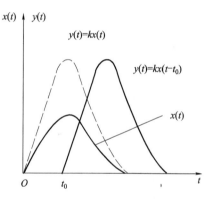

图 1-15　不失真测试的波形

对式(1-59)两边取傅里叶变换,并根据傅里叶变换的时延特性,可得

$$Y(j\omega) = kX(j\omega)e^{-j\omega t_0} \tag{1-60}$$

则系统的频率响应函数为

$$H(j\omega) = \frac{Y(j\omega)}{X(j\omega)} = ke^{-j\omega t_0} \tag{1-61}$$

由式(1-61)可得其幅频特性及相频特性,即

$$\begin{cases} A(\omega) = \left| H(j\omega) \right| = k \\ \varphi(\omega) = \angle H(j\omega) = -\omega t_0 \end{cases} \tag{1-62}$$

式(1-62)表示了测试系统频域描述的不失真测试条件,即系统的幅频特性为常数,具有无限宽的通频带,如图 1-16(a)所示;系统的相频特性 $\varphi(\omega)$ 是过原点向负方向延伸的直线,如图 1-16(b)所示。

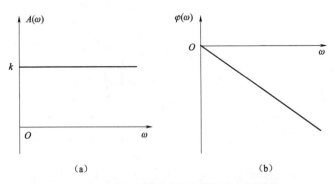

图 1-16 不失真测试系统的幅频和相频特性

实际的测试系统不可能在很宽的频率范围内都满足上述两个条件。通常测试系统既有幅值失真[$A(\omega) \neq k$ 常数]又有相位失真[$\varphi(\omega)$ 非线性],即使只在某一频率范围内工作,也难以完全理想地实现不失真测试,只能将波形失真限制在一定的误差范围内。因此,在实际测试时,首先根据被测对象的特征,选择适当特性的测试系统,在测量频率范围内使其幅频、相频特性尽可能接近不失真测试的条件;其次,在测量过程中,除待测量信号外,各种不可见的、随机的信号可能出现在测量系统中,这些信号与有用信号叠加在一起,严重扭曲测量结果,对输入信号做必要的前置处理,及时滤除非信号频带噪声。

(1) 一阶装置不失真测试的频率范围。对于一阶系统而言,时间常数越小,则时域中系统的响应速度越快,频域中满足不失真测试条件的频带也越宽,因此一阶系统的时间常数 τ 原则上越小越好。

(2) 二阶装置不失真测试的频率范围。对于二阶系统,当 $\tau = 0.7$ 左右时,在特性曲线中 $0 \sim 0.6\,\omega_0$ 范围内,$\varphi(\omega)$ 的数值较小,相频特性曲线接近直线,$A(\omega)$ 在该频率范围内的变化不超过 5%,因此该频率范围内波形失真较小。此时系统可获得最佳的综合特性,这也是设计或选择二阶测试系统的依据。

一个实际的测试系统,通过做其幅频特性和相频特性图,并根据不失真测试条件,可得到其低端截止频率 f_1 和高端截止频率 f_2,$f_1 \sim f_2$ 这个频率范围称为测试系统的通频带。在进行测试时,要求被测信号的占有频带要小于测试系统的通频带,且处于工作频率范围 $f_1 \sim f_2$ 之内,这一点在选择测试仪器时尤为重要。

要设计一个不失真测试系统,一般要注意组成环节应尽可能少。因为任何一个环节的失真,必然导致整个测试系统最终输出的波形失真,虽然各环节失真程度不一样,但是原则上在信号频带内都应使每个环节基本满足不失真测试的要求。

1.3 传感器的基础知识

传感器技术是现代科技的前沿技术,许多国家已将传感器技术与通信技术和计算机技术列为同等重要的位置,称为信息技术的三大支柱产业之一。目前,敏感元器件与传感器在工业部门的应用普及率已被国际社会作为衡量一个国家智能化、数字化、网络化的重要标志,正如国外有的专家认为:谁支配了传感器,谁就支配了目前的新时代。传感器技术作为一种与现代科学密切相关的新兴学科,正得到空前迅速的发展,并且在相当多的领域已越来越广泛地被利用。

作为当今世界信息技术的三大支柱产业之一,传感技术的核心地位是毋庸置疑的。从图1-17可以看出,传感器技术是测量技术、半导体技术、计算机技术、信息处理技术、微电子学、光学、声学、精密机械、仿生学、材料科学等众多学科相互交叉的综合性高新技术密集型前沿技术之一,是现代新技术革命和信息社会的重要基础,是自动检测和自动控制技术不可缺少的重要组成部分,是国内外公认的具有发展前途的高新技术,所以在各大高等院校也越来越得到广泛重视和研究。

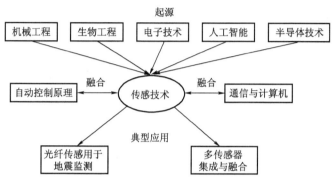

图 1-17　传感技术关系网

1.3.1　传感器的定义及其组成

传感器的概念来自"感觉(sensor)"一词,人们为了研究自然现象,仅仅依靠人的五官获取外界信息是远远不够的,于是发明了能代替或补充人的五官功能的传感器,工程上也将传感器称为"变换器"。

GB 7665—1987 对传感器的定义为:"能感受规定的被测量并按照一定规律转换成可用输出信号的器件或装置。"这一定义所表述的传感器的主要内涵有以下几种。

(1)从传感器的输入端来看。一个指定的传感器只能感受规定的被测量,即传感器对规定的物理量具有最大的灵敏度和最好的选择性。例如,温度传感器只能用于测温,而不希望它同时还受其他物理量的影响。

(2)从传感器的输出端来看。传感器的输出信号为"可用信号",这里的"可用信号"是指便于处理、传输的信号,最常见的是电信号、光信号。可以预料,未来的"可用信号"或许是更先进、更实用的其他信号形式。

(3)从输入与输出的关系来看。它们之间的关系具有"一定规律",即传感器的输入与输出不仅是相关的,而且可以用确定的数学模型描述,也就是具有确定规律的静态特性和动态特性。

传感器的基本功能是检测信号和信号转换。传感器总是处于测试系统的最前端,用来获取检测信息,其性能将直接影响整个测试系统,对测量精确度起着决定性作用。传感器的组成按其定义一般由敏感元件、变换元件、信号调理电路三部分组成,有时还需要外加辅助电源提供转换能量,如图 1-18 所示。

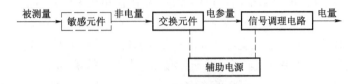

图 1-18 传感器组成框图

图 1-18 中的敏感元件直接感受被测量(一般为非电量)并将其转换为易于转换成电量的其他物理量;再经变换元件转换成电参量(电压、电流、电阻、电感、电容等);最后信号调理电路将这个电参量转换成易于进一步传输和处理的形式。

当然,不是所有的传感器都有敏感、变换元件之分,有些传感器是将两者合二为一,还有些新型的传感器将敏感元件、变换元件及信号调理电路集成为一个器件。在机械量(如力、压力、位移、速度等)测量中,常采用弹性元件作为敏感元件。这种弹性元件也称为弹性敏感元件或测量敏感元件,它可以把被测量由一种物理状态变换为所需要的另一种物理状态。

1.3.2 传感器的分类

传感器的种类繁多,往往同一种被测量可以用不同类型的传感器来测量,而同一原理的传感器又可测量多种物理量,因此传感器有许多种分类方法。常用的分类方法有以下几种。

1. 按被测量分类

(1) 机械量:位移、力、速度、加速度、……

(2) 热工量:温度、热量、流量(速)、压力(差)、液位、……

(3) 物性参量:浓度、黏度、密度、酸碱度、……

(4) 状态参量:裂纹、缺陷、泄漏、磨损、……

这种分类方法也就是按用途进行分类,给使用者提供了方便,容易根据测量对象来选择传感器。

2. 按测量原理分类

按传感器的工作原理可分为电阻式、电感式、电容式、压电式、光电式、光纤式、磁敏式、激光式、超声波式等传感器。现有传感器的测量原理都是基于物理的、化学的和生物的等各种效应和定律,这种分类方法便于从原理上认识输入与输出之间的变换关系,有利于专业人员从原理、设计及应用上作归纳性的分析与研究。

3. 按信号变换特征分类

(1) 结构型。主要是通过传感器结构参量的变化实现信号变换的。例如,电容式传感器依靠极板间距离的变化引起电容量的改变。

(2) 物性型。主要是利用敏感元件材料本身物理属性的变化实现信号变换的。例如,水银温度计是利用水银的热胀冷缩现象测量温度,压电式传感器是利用石英晶体的压电效应实现测量等。

4. 按能量关系分类

(1) 能量转换型。传感器直接由被测对象输入能量进行工作。例如,热电偶、光电池等,这种类型传感器也称为有源传感器。

（2）能量控制型。传感器从外部获得能量进行工作,由被测量的变化控制外部供给能量的变化。例如,电阻式、电感式等传感器,这种类型的传感器必须由外部提供激励源(电源等),因此也称为无源传感器。

表 1-2 按能量转换型和能量控制型对常用传感器的工作原理进行了归纳。

表 1-2 传感器的工作原理按能量关系分类

能量转换类型	能量控制类型
压电效应(压电式)	应变效应(应变片)
压磁效应(压磁式)	压阻效应(应变片)
热电效应(热电偶)	热阻效应(热电阻、热敏电阻)
电磁效应(磁电式)	磁阻效应(磁敏电阻)
光生伏特效应(光电池)	内光电效应(光敏电阻)
热磁效应	霍尔效应(霍尔元件)
热电磁效应	电容(电容式)
静电式	电感(电感式)

1.3.3 传感技术的起源与发展

1. 传感技术的起源

最初的传感器起源于仿生研究。每一种生物由于自身的要求,要完成自己的生命周期,需要经常与周围环境交换信息,因此都有自己的感知周围环境的自身的器官和组织,如人有眼、耳、口、鼻、皮肤等,能够分别获取视觉、听觉、味道、嗅觉、触觉等方面的信息。人们往往把传感器比作人的感官,如图 1-19 所示。

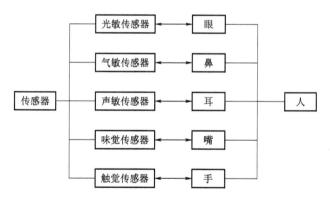

图 1-19 传感器与人的感官之间的关系

人类必须通过五官才能取得外界的信息,同样,一个操作系统则需要通过传感器对某一特定对象进行测量才能得到信息,获得的信息必须通过电子信号转换后才能输出。

2. 传感技术的发展历程

基于仿生研究的传感技术,自古以来就渗透到人类的生产活动、科学实验、日常生活的各个方面,如计时、产品交换、气候和季节的变化规律等;由于各学科之间的相互融合和各行各业的需求,传感技术应运而生并快速发展,大体经历了三代发展历程。

1)第一代——结构型传感器

它利用结构参量变化来感受和转化信号。例如,电阻应变式传感器是利用金属材料发生弹性形变时电阻的变化来转化电信号的。

2)第二代——固体传感器

这种传感器是20世纪70年代开始发展起来的,由半导体、电介质、磁性材料等固体元件构成,是利用材料的某些特性制成的。例如,利用热电效应、霍尔效应、光敏效应,分别制成热电偶传感器、霍尔传感器、光敏传感器等。70年代后期,随着集成技术、分子合成技术、微电子技术及计算机技术的发展,出现集成传感器。集成传感器包括两种类型:传感器本身的集成化和传感器与后续电路的集成化。例如,电荷耦合器件(CCD)、集成温度传感器(AD590)、集成霍尔传感器(UGN3501)等。

3)第三代——智能传感器

智能传感器是20世纪80年代刚刚发展起来的,其对外界信息具有一定检测、自诊断、数据处理以及自适应能力,是微型计算机(简称微机)技术与检测技术相结合的产物。20世纪80年代智能化测量主要以CPU为核心,把传感器信号调节电路、微机、存储器及接口集成到一块芯片上,使传感器具有一定的人工智能;20世纪90年代智能化测量技术有了进一步的提高,在传感器一级水平实现智能化,使其具有自诊断功能、记忆功能、多参量测量功能以及联网通信功能等。当今世界传感器市场正在以持续稳定的增长之势向前发展。

1.3.4 传感技术的现状

目前,全世界约有40个国家从事传感器的研制、生产和应用开发,研发机构达6 000余家,其中以美、日、俄等国实力较强。他们建立了包括物理量、化学量、生物量三大门类的传感器产业,研发生产单位有4 000余家,产品有20 000多种,对应用范围广的产品已实现规模化生产,大企业的年生产能力达到几千万只到几亿只。比较著名的传感器厂商有:美国霍尼韦尔(Honeywell)公司、福克斯波罗(Foxboro)公司、ENDEVCO公司、英国Bell Howell公司、Solartron公司、荷兰飞利浦、俄罗斯热工仪表所等。

1. 我国传感技术的现状

在国家的支持下,"八五"计划以来我国的传感技术及其产业取得了长足进步。目前,我国正在重点开发的MEMS(微电子与微机械的结合)、MOMES(MEMS与微光学的结合)、智能传感器(MEMS与CPU、信息控制技术的结合)、生物化学传感器(MEMS与生物技术、电化学的结合)等以及今后将大力开发的网络化传感器(MEMS网络技术的结合)、纳米传感器(纳米技术与传感器技术的结合)均是多学科、多种新技术交叉融合的新一代传感器。

2. 国外传感技术的发展现状

国外传感器的发展各有特点。美国和日本在产品品种和性能方面相差无几,但在某些技术方面(民用产品)日本发展较快。日本十分重视研究开发功能材料,并建立起很多专业化工厂,1986年生产传感器17.57亿只,其发展特点是先占用民用产品市场,再向高水平发展。美国传感器研究水平较高,力图先解决研究上的难题,再转入生产,其特点是以"军"带"民"。欧洲在许多大学设立传感器研究中心,侧重于理论研究。

国外传感器发展中的一种倾向是：制造技术、信号处理技术、新材料的研究开发与应用同时进行，并向集成化、多功能化、智能化、薄膜化方向发展。生物传感器、距离传感器、振动传感器、加速度传感器等年增长率均在 16% 以上；湿度传感器及烟道气体、热红外、热图像转矩等类型的传感器，年增长率分别在 10% 以上。在美国，传感器大部分应用在军事、航空航天、石油、化工、汽车、飞机和自动化装备上；在日本，传感器多用于家用电器、汽车、机械工具、机器人和工业装备上；法国和英国则在工业过程和飞机工业上得到较多的应用。

3. 我国传感技术与国际水平的比较

综合国内外传感技术的发展现状来看，我国有如下优势。

（1）已经形成了研究、生产和应用体系、人才队伍和部分传感技术的优势，是传感器技术进一步发展的基础。

（2）有一批先进的成果，如刀具/砂轮监控仪系列成果，石油油井用高温、高压传感检测系统、高精度热敏检测传感系统等。

（3）有一个量大面广的用户市场。

不可否认，我国传感技术与国际水平还有一定差距，主要有以下不足之处。

（1）研究开发战略在系统性上的不足，例如，传感器与传感系统未能统一布置，形成两套并列、相互脱节的攻关。

（2）对传统传感器的革新改进不足，微小型化步子慢。

（3）特殊环境和工程项目传感技术的研究开发尚未成熟。

（4）集成化、智能化和纳米技术与国外差距大。

因此，我国应继续实行"吸收型"的发展战略方针，引进技术、引进设备并加以改进提高，逐步形成自主的技术开发能力，并特别重视研究大生产工艺技术和提高产业水平，全面推进我国的传感技术发展。

1.3.5　传感技术的典型应用

随着现代科学技术的高速发展，人们生活水平的迅速提高，传感器技术也越来越受到普遍重视，它的应用已渗透到国民经济的各个领域。

1. 光纤传感——独具优势的地震监测手段

2008 年，汶川 8.0 级大地震造成的巨大人员伤亡及财产损失，让地震预测重新成为科学界乃至整个社会关注的热点。在此之后召开的"四川汶川特大地震发生机理及后续灾情科学分析"会议上，电子科技大学通信与信息工程学院院长饶云江教授提出用光纤传感器监测地震的手段，将集成式光纤传感器应用于国防和大型桥梁的健康监测之中，并已成功应用于重庆市 5 座大桥的安全实时监测；在国际上首次制备了具有 250 km 的超长距离测量能力的测量系统，该系统已作为光纤围栏在重要设施安全防护和反恐中得到实际应用，并可望在地震监测中获得重要应用。

2. 传感器在汽车电控系统中的应用

随着人们生活水平的提高，汽车已逐渐走进千家万户，汽车的安全舒适、低污染、高燃率越来越受到社会重视。传感器在汽车中相当于感官和触角，只有它才能准确地采集汽车工作状态的信息，提高自动化程度。汽车传感器主要分布在发动机控制系统、底盘控制系统和车身控制系统。普通汽车上装有 10~20 只传感器,而有的高级豪华车使用多达 300 个传感器,因此传感器作为汽车电控系统的关键部件,将直接影响汽车技术性能的发挥。常用汽车传感器如下:

- 空气流量传感器:将吸入发动机的空气量转换成电信号给电子控制单元(ECU);
- 进气歧管绝对压力传感器:间接测算发动机的进气量;
- 抽液压力传感器:提供机油、液压油等压力信息;
- 发动机温度传感器:提供发动机冷却水、进气温度等信息;
- 节气门位置传感器:可同时把节气门开度、怠速、大负载等信息转变成电信号送给 ECU;
- 曲轴位置传感器:可向 ECU 提供发动机曲轴转角位置、转速信号;
- 车速传感器:提供汽车速度信号;
- 爆震传感器:把发动机振动信号送给 ECU,检测爆震发生信息;
- 排气净化用传感器:向 ECU 反馈相关信息,防止排气背压升高;
- 电控自动空调系统传感器:向空调 ECU 输送车内外温度信号;
- 液位传感器:检测各种容器液体的位置,并将其变成电子信号;
- 增压压力传感器:修正喷油脉冲及控制增压压力的大小。

另外,汽车上还安装有加速踏板位置传感器、海拔高度传感器、电子控制直列泵用传感器、电子控制分配泵用传感器、分配泵转角传感器、轮速传感器、减速度传感器、制动检测传感器、巡航控制和导航控制传感器、安全用传感器、机油品质传感器、胎压检测传感器、指纹传感器、电动座椅传感器、气缸燃烧压力传感器等。

3. 传感器在各种技术领域中的应用

传感器是新技术革命和信息社会的重要技术基础,是当今世界极其重要的高科技,一切现代化仪器、设备几乎都离不开传感器。例如,光纤传感器具有灵敏度高、响应速度快、动态范围大、防电磁场干扰、超高压绝缘、无源性、防燃防爆,适于远距离遥测;红外线传感器广泛应用于军事上;生物传感器可以积极地模拟生物具有的优秀感觉功能和对化学物质的识别能力;另外,还有医用传感器、海洋传感器和原子能传感器等,广泛应用于各种新型技术领域中,见表 1-3。

表 1-3 传感器在各种领域中的应用

传感器种类	工作原理	典型应用
应变式传感器	应变效应、压阻效应	力传感器、压力传感器、液体重量传感器、加速度传感器
电感式传感器	电磁感应(自感、互感)	测量位移、振幅、转速,无损探伤
电容式传感器	将非电量转换为电容量	电容式压力、厚度、料位、位移传感器
压电式传感器	压电效应	压电式力传感器、加速度传感器
磁电式传感器	电磁效应	霍尔传感器
热电式传感器	热电效应	温度测量、管道流量测量
光电式传感器	光电效应	CCD 固体图像传感器、光纤传感器
红外传感器	红外辐射	被动式人体移动检测仪、红外测温仪、红外线气体分析仪

续表

传感器种类	工作原理	典型应用
微波传感器	反射原理、吸附效应	微波液位计、辐射计、物位计，微波温度传感器、无损探测仪、多普勒传感器
超声波传感器	压电效应、磁致伸缩效应	测量物位、流量、厚度、探伤
数字式传感器	光栅原理、光电效应	机床定位、长度和角度的计量仪器
化学传感器	化学反应使物理性质变化	测量气体浓度、环境湿度
生物传感器	生化反应、信号转换处理	食品、发酵工业，环境监测，医学领域
智能传感器	传感器检测信息功能与 CPU 信息处理有机融合	军用电子系统、家用电器、远程监控智能建筑、机器人研究

1.3.6　传感器的发展趋势

目前,人类社会已进入信息时代,信息技术对社会发展、科技进步将起决定性作用。传感器作为信息检测的必要工具,已成为生产自动化、科学测试、监测诊断等系统中不可缺少的基础环节。当今,传感器已经广泛地应用于各个领域,例如,工业自动化、农业现代化、军事工程、航空航天技术、机器人技术、环境监测、安全保卫、医疗诊断、家用电器等领域,都与传感器有密切关系,科学技术的发展离不开传感器技术的保证。目前,微机的迅速普及与发展以及强大的社会需求成为传感器技术发展的两股巨大推动力,促进传感器技术飞速发展,出现了"新型化、集成化、智能化"的发展趋势。

传感器技术的主要发展动向:一是开展基础研究,发现新现象,开发新材料和新工艺;二是实现传感器的集成化与智能化。

1. 开发新型传感器

鉴于传感器的工作原理是基于各种物理、化学和生物效应,由此启发人们发现新现象与新效应,并开发具有新效应的传感器敏感材料,这是研制新型传感器的重要基础,所以其意义极为深远。例如,日本夏普公司利用超导技术研制成功高温超导磁传感器,是传感器技术的重大突破,它的灵敏度高,制造工艺简单,可用于磁成像技术;又如,利用量子力学效应(约瑟夫逊效应)的磁传感器可以检测极其微弱的信号,从而扩展了传感器的极限检测范围,是传感器技术发展的新趋势之一。

2. 传感器的集成化和多功能化

传感器的集成化是半导体集成电路技术和微细加工工艺技术发展的必然趋势。所谓集成化,一方面是将传感器与后续的调理、补偿等电路集成一体化;另一方面是传感器本身的集成化,即将众多同一类型的单个传感器件集成为一维线型、二维阵列(面)型传感器,如 CCD 等,或者将不同类型的敏感器件集成在一起实现多功能化。前一种集成化使传感器由单一的信号变换功能扩展为兼有放大、运算、干扰补偿等多功能;后一种集成化使传感器的检测参数由点到线到面到体多维图像化,变单参数检测为多参数检测。

3. 传感器的智能化

传感器与 CPU 相结合,就是传感器的智能化。智能化传感器不仅具有信号检测、转换功能,而且具有信息处理功能(如记忆、存储、自诊断、自校准、自适应等)。例如,美国霍尼尔公司的 ST-3000 型智能传感器,在同一芯片上制作 CPU、EPROM(可擦写可编程只读存储器)和静压、压差、温度等三种敏感元件,其芯片尺寸为 3 mm×4 mm×2 mm。

4. 开发仿生传感器

仿生传感器是指模仿人或动物的感觉器官的传感器,即视觉传感器、听觉传感器、嗅觉传感器、味觉传感器、触觉传感器等。例如,鸟的视觉(视力为人的 8~50 倍);蝙蝠、海豚、飞蛾的听觉(主动型生物雷达——超声波传感器);蛇的接近觉(分辨力达 0.001 ℃的红外测温传感器)等,这些生物的感官性能,是目前传感器技术所望尘莫及的。研究它们的机理、开发仿生传感器,也是值得注意的一个发展方向,应该予以高度重视。

习　题

1-1　测量、测试、计量的概念有什么区别?

1-2　何谓测量误差?通常测量误差是如何分类、表示的?说明各类误差的性质、特点及其对测量结果的影响。

1-3　产生随机误差的原因是什么?

1-4　什么是系统误差?

1-5　如何判断系统中存在粗大误差,怎样剔除粗大误差?

1-6　用仪器测同一电路输出电压 U_0 大小,在同条件下测了 160 次,结果分别是:20 个 12.01 mV、15 个 12.03 mV、60 个 12.00 mV、20 个 11.99 mV、11 个 12.05 mV、10 个 11.95 mV、1 个 15.83 mV、1 个 17.0 mV、3 个 12.15 mV、3 个 11.86 mV、16 个 11.97 mV。试问:

(1) 从产生的来源看,这些结果含有的误差都属于哪些类型?

(2) 在整理计算时,哪些结果不予考虑?原因是什么?

(3) 被测电压的大小为多少?

1-7　求拟合直线的常用方法有哪几种?各有什么优缺点?

1-8　在刀具径向磨损实验中,测得刀具磨损量 y 与切削路程 x 的关系见表 1-4,试用最小二乘法确立其线性回归方程。

表 1-4　刀具磨损量 y 与切削路径 x 的关系

测量序号	1	2	3	4	5	6
x_i	45	60	75	90	105	120
y_i	17	24.5	27.5	31.5	34	39.5

1-9　某压力传感器在其全量程 0~5 MPa 范围内的定度数据见表 1-5,试用最小二乘法求出其拟合直线,并求出该传感器的静态灵敏度和非线性度。

1-10　表 1-6 所列为某压力计的定度数据。标准时加载压力范围为 0~10 kPa,标准分加载(正行程)和卸载(反行程)两种方式进行。试根据表中数据在坐标纸上画出该压力计的定度曲线;用最小二乘法求出拟合曲线,并计算该压力计的非线性度和回程误差。

1-11 一个温度计具有一阶动态特性[传递函数 $H(s) = \dfrac{1}{1+\tau s}$],其时间常数 $\tau = 7$ s,若将其从 20 ℃ 的空气中突然插入 80 ℃ 的水中,试问经过 15 s 后该温度计指示的温度为多少?

1-12 对一阶系统[传递函数 $H(s) = \dfrac{1}{1+\tau s}$]输入一个阶跃信号,测得下述时刻幅值数据:$t = 0$ s,$P = 10$ 单位;$t = 5$ s,$P = 20$ 单位;$t \to \infty$,$P = 40$ 单位。试求该系统的时间常数。

1-13 试求频率响应函数为

$$H(j\omega) = \frac{3\,155\,072}{(1 + 0.01j\omega)(1\,577\,536 + 176j\omega - \omega^2)}$$

的系统对正弦输入 $x(t) = 10\sin 62.8t$ 的稳态响应 $y(t)$ 的均值 μ_y、绝对值 $\mu_{|y|}$ 和有效值 y_{rms}。

表 1-5 压力传感器的定度数据

MPa

标准压力	读数压力
0	0
0.5	0.5
1	0.98
1.5	1.48
2	1.99
2.5	2.51
3	3.01
3.5	3.53
4	4.02
4.5	4.51
5	5

表 1-6 压力计的定度数据 kPa

标准压力	读数压力	
	正行程	反行程
0	−1.12	−0.69
1	0.21	0.42
2	1.18	1.65
3	2.09	2.48
4	3.33	3.62
5	4.5	4.71
6	5.26	5.87
7	6.59	6.89
8	7.73	7.92
9	8.68	9.1
10	9.8	10.2

1-14 将信号 $\cos\omega t$ 输入一个传递函数为 $H(s) = \dfrac{1}{1+\tau s}$ 的一阶装置,试求其包括瞬态过程在内的输出 $y(t)$ 的表达式。

1-15 试求传递函数分别为 $\dfrac{1.5}{3.5s+0.5}$ 和 $\dfrac{41\omega_n^2}{s^2+1.4\omega_n s+\omega_n^2}$ 的两个环节串联后组成的系统的总灵敏度。

第 2 章

信号分析基础

2.1 信号的分类与描述

2.1.1 信号的分类

信号是反映被测对象状态或特性的某种物理量。根据信号所具有的时间函数特性分类，信号主要分为确定性信号与随机信号、连续信号与离散信号等。

1. 确定性信号与随机信号

确定性信号是指可以用精确的数学关系式来表达的信号，根据确定性信号的波形是否有规律地重复又可进一步分为周期信号和非周期信号两种。

（1）周期信号。定义在 $(-\infty, +\infty)$ 区间，每隔一定时间 T（或整数 N），按相同规律重复变化的信号，它满足

$$x(t) = x(t + nT), \quad (n = 0, \pm1, \pm2, \cdots) \tag{2-1}$$

满足上述关系的最小时间 T 称为该信号的周期。

最简单的周期信号即简谐周期信号，按正弦或余弦规律变化且具有单一的频率。正弦函数的时间函数表达式为

$$x(t) = A\sin(2\pi ft + \varphi) \tag{2-2}$$

式中：A 为振幅；f 为频率；φ 为初相位。

当三个参数 A、T、φ 均已知时，正弦信号 $x(t)$ 在任意时刻的数值就可以完全确定。

两个周期信号 $x(t)$、$y(t)$ 的周期分别为 T_1 和 T_2，若其周期之比 $\dfrac{T_1}{T_2}$ 为有理数，则其和信号 $x(t)+y(t)$ 仍然是周期信号，其周期为 T_1 和 T_2 的最小公倍数，否则为非周期信号。

（2）非周期信号。不具有周期重复性的信号。非周期信号包括准周期信号和瞬态信号两类。

① 准周期信号是由有限个简谐周期信号合成的，但其中各简谐分量之间无法找到公共周期，因而不能按基本周期重复出现。

② 瞬态信号是指或者在一定时间区域内存在，或者随时间的增加而衰减至零的信号。它们的共同特点是过程突然发生、时间极短、能量很大。

随机信号是非确定信号，不具有重复性，任何一次测量的结果只代表可能结果之一，但其

值变动仍需要服从某个统计规律,因此可以用概率统计的方法描述随机信号。对随机信号所做的各次长时间观测记录称为样本函数,全部样本函数的集合就是随机过程。

判断一个信号是确定性信号还是随机信号,通常是以通过实验能否重复产生该信号为依据。在相同的条件下,如果一个实验重复多次,在一定的误差范围内得到的信号相同,则可以认为该信号是确定性信号,否则为随机信号。

2. 连续信号与离散信号

在信号的时间函数表达式中,按信号的取值时间是否连续,将信号分为连续信号和离散信号。

（1）连续信号。在一定时间间隔内,对任意时间值,除若干个不连续点(第一类间断点)外,都可给出确定的函数值,即时间变量 t 是连续的,此类信号称为连续信号。例如,正弦信号、直流信号、阶跃信号、锯齿波、矩形脉冲信号等都属于连续信号。连续信号的幅值可以是连续的,也可以是离散的,若时间变量和幅值均为连续的信号,则称为模拟信号。

（2）离散信号。在一定的时间间隔内,只在时间轴的某些离散点给出函数值,此类信号称为离散信号。离散信号又可分为采样信号和数字信号两种。时间离散而幅值连续的信号称为采样信号;时间离散且幅值离散(量化)的信号称为数字信号。

2.1.2　信号的描述

信号分析就是采用各种物理的或数学的方法提取有用信息的过程,而信号的描述方法提供了对信号进行各种不同变量域的数学描述,表征了信号的数据特征,它是信号分析的基础。通常以四个变量域描述信号,即时间域(简称时域)、频率域(简称频域)、幅值域和时延域。

（1）以时间作为自变量的信号表达,称为信号的时域描述。时域描述是信号最直接的描述方法,它反映了信号的幅值随时间变化的过程,从时域描述图形中可以知道信号的时域特征参数,即周期、峰值、均值、方差、均方值等。它们反映了信号变化的快慢和波动情况,因此时域描述比较直观、形象、便于观察和记录。

（2）以信号的频率作为自变量的信号表达,称为信号的频域描述。频域描述可以揭示信号的频率结构,即组成信号的各频率分量的幅值、相位与频率的对应关系,因此在动态测试技术中得到广泛应用。

（3）信号的幅值域描述是以信号幅值为自变量的信号表达方式,它反映了信号中不同强度幅值的分布情况,常用于随机信号的统计分析。由于随机信号的幅值具有随机性,所以通常用概率密度函数描述,概率密度函数反映信号幅值在某一个范围内出现的概率,提供了随机信号沿幅值域分布的信息,它是随机信号的主要特征参数之一。

（4）以时间和频率的联合函数同时描述信号在不同时间和频率的能量密度或强度,称为信号的时延域描述。它是非平稳随机信号分析的有效工具,可以同时反映其时间和频率信息,揭示非平稳随机信号所代表的被测物理量的本质,常用于图像处理、语音处理、医学、故障诊断等信号分析中。

信号的各种描述方法是从不同的角度观察和描述同一个信号,但不改变信号的实质。它们之间可通过一定的数学关系进行转换。例如,傅里叶变换可以将信号描述从时域转换到频域,而傅里叶反变换可以从频域转换到时域。

2.2 周期信号与离散频谱

2.2.1 傅里叶级数与周期信号的分解

1. 傅里叶级数的三角函数展开式

从数学分析已知,任意周期信号 $f(t)$ 在有限区间 $(t,t+T)$ 上满足狄里赫利条件时,即信号在定义周期 $[0,T]$ 内单调连续或只有有限个第一类间断点、在此定义周期内有有限个极值点、$f(t)$ 绝对可积,则信号 $f(t)$ 可以展开成傅里叶级数,即

$$f(t) = \frac{a_0}{2} + \sum_{n=1}^{\infty} (a_n \cos n\Omega t + b_n \sin n\Omega t) \tag{2-3}$$

式中:T 为信号周期;Ω 为周期信号基频的角频率,$\Omega = \dfrac{2\pi}{T}$;a_0, a_n, b_n 为傅里叶系数;a_0 为常值分量,表示信号在一个周期内的平均值,$a_0 = \dfrac{1}{T} \displaystyle\int_{-\frac{T}{2}}^{\frac{T}{2}} f(t) \mathrm{d}t$;$a_n$ 为余弦分量的幅值,$a_n = \dfrac{2}{T} \displaystyle\int_{-\frac{T}{2}}^{\frac{T}{2}} f(t) \cos(n\Omega t) \mathrm{d}t (n = 0,1,2,\cdots)$;$b_n$ 为正弦分量的幅值,$b_n = \dfrac{2}{T} \displaystyle\int_{-\frac{T}{2}}^{\frac{T}{2}} f(t) \sin(n\Omega t) \mathrm{d}t (n = 1,2,\cdots)$。

将式(2-3)中同频率项合并,可写为

$$f(t) = \frac{A_0}{2} + \sum_{n=1}^{\infty} A_n \cos(n\Omega t + \varphi_n) \qquad (A_0 = a_0) \tag{2-4}$$

式中:A_n 为各频率分量的幅值,$A_n = \sqrt{a_n^2 + b_n^2} (n = 1,2,3,\cdots)$;$\varphi_n$ 为各频率分量的初相位,$\varphi_n = \arctan \dfrac{b_n}{a_n}$;

由式(2-4)中 A_n 与 φ_n 的定义可知,A_n 是 n 的偶函数,φ_n 是 n 的奇函数。式(2-4)表明,周期信号可分解为直流分量和许多余弦分量。$\dfrac{A_0}{2}$ 为直流分量;$\sum\limits_{n=1}^{\infty} A_n \cos(n\Omega t + \varphi_n)$ 称为基波或一次谐波,其角频率与原周期信号相同;$A_2 \cos(2\Omega t + \varphi_2)$ 称为二次谐波,其频率是基波的 2 倍。一般地,$A_n \cos(n\Omega t + \varphi_n)$ 称为 n 次谐波。

2. 傅里叶级数的复指数函数展开式

根据欧拉公式,有

$$\cos \Omega t = \frac{e^{-j\Omega t} + e^{j\Omega t}}{2} \tag{2-5}$$

将式(2-5)带入式(2-4),可得

$$f(t) = \frac{A_0}{2} + \sum_{n=1}^{\infty} \frac{A_n}{2} \left[e^{j(n\Omega t + \varphi_n)} + e^{-j(n\Omega t + \varphi_n)} \right]$$

$$= \frac{A_0}{2} + \frac{1}{2} \sum_{n=1}^{\infty} A_n e^{j\varphi_n} e^{jn\Omega t} + \frac{1}{2} \sum_{n=1}^{\infty} A_n e^{-j\varphi_n} e^{-jn\Omega t} \tag{2-6}$$

将式(2-6)等号右边的第二项中的 n 用 $-n$ 代换,并考虑到 A_n 是 n 的偶函数,即 $A_{-n} = A_n$;φ_n 是 n 的奇函数,即 $\varphi_{-n} = -\varphi_n$,则式(2-6)可写为

$$f(t) = \frac{A_0}{2} + \frac{1}{2} \sum_{n=1}^{\infty} A_n e^{j\varphi_n} e^{jn\Omega t} + \frac{1}{2} \sum_{n=1}^{\infty} A_n e^{j\varphi_n} e^{jn\Omega t} \tag{2-7}$$

如将式(2-7)中的 A_0 写成 $A_0 e^{j\varphi_0} e^{j0\Omega t}$(其中 $\varphi_0 = 0$),则式(2-7)可写为

$$f(t) = \frac{1}{2} \sum_{n=-\infty}^{+\infty} A_n e^{j\varphi_n} e^{jn\Omega t} \tag{2-8}$$

令复数量 $\frac{1}{2} A_n e^{j\varphi_n} = |F_n| e^{j\varphi_n} = F_n$,称为复傅里叶系数,简称傅里叶系数,其模为 $|F_n|$,相角为 φ_n,则得傅里叶级数的指数形式为

$$f(t) = \sum_{n=-\infty}^{+\infty} F_n e^{jn\Omega t} \tag{2-9}$$

傅里叶系数为

$$F_n = \frac{1}{2} A_n e^{j\varphi_n} = \frac{1}{2} (a_n - jb_n) \tag{2-10}$$

或

$$F_n = \frac{1}{T} \int_{-\frac{T}{2}}^{\frac{T}{2}} f(t) e^{-jn\Omega t} dt \quad (n = 0, \pm 1, \pm 2, \cdots) \tag{2-11}$$

这就是求指数形式傅里叶级数的傅里叶系数 F_n 的公式。任意周期信号 $f(t)$ 可分解为许多不同频率的虚指数信号($e^{jn\Omega t}$)之和,其各分量的复数幅度(或相量)为 F_n。

表 2-1 综合了三角函数形式傅里叶级数和指数形式傅里叶级数及其系数,以及各系数间的关系。

表 2-1　周期函数展开为傅里叶级数

形式	展开式	傅里叶系数	系数间的关系
指数形式	$f(t) = \sum_{n=-\infty}^{\infty} F_n e^{jn\Omega t}$ $F_n = \|F_n\| e^{j\varphi_n}$	$F_n = \frac{1}{T} \int_{-\frac{T}{2}}^{\frac{T}{2}} f(t) e^{-jn\Omega t} dt$ $(n = 0, \pm 1, \pm 2, \cdots)$	$F_n = \frac{1}{2} A_n e^{j\varphi_n} = \frac{1}{2}(a_n - jb_n)$ $\|F_n\| = \frac{1}{2} A_n = \frac{1}{2}\sqrt{a^2 + b^2}$ (是 n 的偶函数) $\varphi_n = -\arctan\left(\frac{b_n}{a_n}\right)$ (是 n 的奇函数)

形式	展开式	傅里叶系数	系数间的关系
三角函数形式	$f(t) = \dfrac{a_0}{2} + \sum\limits_{n=1}^{\infty} a_n \cos(n\Omega t) +$ $\sum\limits_{n=1}^{\infty} b_n \sin(n\Omega t)$ $= \dfrac{A_0}{2} + \sum\limits_{n=1}^{\infty} A_n \cos(n\Omega t + \varphi_n)$	$a_n = \dfrac{2}{T}\displaystyle\int_{-\frac{T}{2}}^{\frac{T}{2}} f(t)\cos(n\Omega t)\,\mathrm{d}t$ $(n = 0,1,2,\cdots)$ $b_n = \dfrac{2}{T}\displaystyle\int_{-\frac{T}{2}}^{\frac{T}{2}} f(t)\sin(n\Omega t)\,\mathrm{d}t$ $(n = 1,2,\cdots)$ $A_n = \sqrt{a_n^2 + b_n^2}$ $\varphi_n = -\arctan\left(\dfrac{b_n}{a_n}\right)$	$a_n = A_n\cos\varphi_n = F_n + F_{-n}$ （是 n 的偶函数） $b_n = -A_n\sin\varphi_n = j(F_n + F_{-n})$ （是 n 的奇函数） $A_n = 2\lvert F_n \rvert$

2.2.2　周期信号的频谱

1. 周期信号的频谱

如上所述,周期信号可以分解成一系列正弦信号或虚指数信号之和,即

$$f(t) = \frac{A_0}{2} + \sum_{n=1}^{\infty} A_n \cos(n\Omega t + \varphi_n) \tag{2-12}$$

或

$$f(t) = \sum_{n=-\infty}^{+\infty} F_n \mathrm{e}^{jn\Omega t}$$

式中: $\lvert F_n \rvert = \dfrac{1}{2} A_n \mathrm{e}^{j\varphi_n} = \lvert F_n \rvert \mathrm{e}^{j\varphi_n}$。

为了直观地表现出信号所含各分量的振幅,以频率(或角频率)为横坐标,以各谐波的振幅 A_n 或虚指数函数的幅度 $\lvert F_n \rvert$ 为纵坐标,可画出如图 2-1(a) 和 (b) 所示的曲线图,称为幅度(振幅)频谱,简称为幅度谱。图中每条竖线代表该频率分量的幅度,称为谱线。连接各谱线顶点的曲线(如图中虚线所示)称为包络线,它反映了各分量幅度随频率变化的情况。需要说明的是,图 2-1(a) 中,信号分解为各余弦分量,图中的每一条谱线表示该次谐波的振幅(称为单边幅度谱);图 2-1(b) 中,信号分解为各虚指数函数,图中的每一条谱线表示各分量的幅度 $\lvert F_n \rvert\left(\text{称为双边幅度谱,其中} \lvert F_n \rvert = \lvert F_{-n} \rvert = \dfrac{1}{2} A_n\right)$。

类似地,也可画出各谐波初相角 φ_n 与频率(或角频率)的曲线图,如图 2-1(c) 和 (d) 所示,称为相位频谱,简称相位谱。

由图 2-1 可见,周期信号的谱线只出现在频率为 0、1Ω、2Ω、$\cdots$ 等离散频率上,即周期信号的频谱是离散谱。下面以周期性矩形脉冲为例,说明周期信号频谱的特点。

2. 周期矩形脉冲的频谱

设有一个幅度为 1、脉冲宽度为 τ 的周期矩形脉冲,其周期为 T,如图 2-2 所示。根据式 (2-10),可以求得其复傅里叶系数为

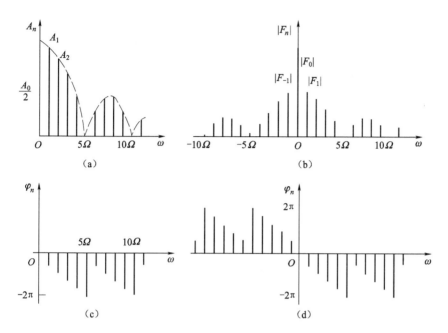

图 2-1　周期信号的频谱

(a) 单边幅度谱；(b) 双边幅度谱；(c) 单边相位谱；(d) 双边相位谱

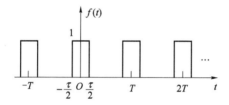

图 2-2　周期矩形脉冲

$$F_n = \frac{1}{T} \int_{-\frac{T}{2}}^{\frac{T}{2}} f(t) \mathrm{e}^{-\mathrm{j}n\Omega t} \mathrm{d}t = \frac{1}{T} \int_{-\frac{\tau}{2}}^{\frac{\tau}{2}} \mathrm{e}^{-\mathrm{j}n\Omega t} \mathrm{d}t = \frac{1}{T} \frac{\mathrm{e}^{-\mathrm{j}n\Omega t}}{-\mathrm{j}n\Omega} \bigg|_{-\frac{\tau}{2}}^{\frac{\tau}{2}}$$

$$= \frac{2}{T} \frac{\sin\left(\frac{n\Omega\tau}{2}\right)}{n\Omega} = \frac{\tau}{T} \frac{\sin\left(\frac{n\Omega\tau}{2}\right)}{\frac{n\Omega\tau}{2}} (n = 0, \pm 1, \pm 2, \cdots) \tag{2-13}$$

考虑到 $\Omega = \dfrac{2\pi}{T}$，式(2-13)也可以写为

$$F_n = \frac{\tau}{T} \frac{\sin\left(\frac{n\pi\tau}{T}\right)}{\frac{n\pi\tau}{T}} (n = 0, \pm 1, \pm 2, \cdots) \tag{2-14}$$

令 $\mathrm{Sa}(x) = \dfrac{\sin x}{x}$ 为取样函数，它是偶函数，当 $x \to 0$ 时，$\mathrm{Sa}(x) = 1$。考虑到 $\Omega = \dfrac{2\pi}{T}$，式

(2-14)可以写为

$$F_n = \frac{\tau}{T}\mathrm{Sa}\left(\frac{n\pi\tau}{T}\right) = \frac{\tau}{T}\mathrm{Sa}\left(\frac{n\pi\tau}{2}\right)\ (n = 0,\ \pm 1,\ \pm 2,\cdots) \tag{2-15}$$

根据式(2-12)可写出该周期性矩形脉冲的指数形式傅里叶级数展开式,即

$$f(t) = \sum_{n=-\infty}^{+\infty} F_n \mathrm{e}^{jn\Omega t} = \frac{\tau}{T}\sum_{n=-\infty}^{+\infty}\mathrm{Sa}\left(\frac{n\pi\tau}{T}\right)\mathrm{e}^{jn\Omega t} \tag{2-16}$$

$T = 5\tau$ 的周期性矩形脉冲的频谱如图 2-3 所示。

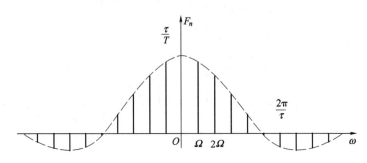

图 2-3　周期性矩形脉冲的频谱

由以上分析可知,周期性矩形脉冲信号的频谱具有一般周期信号频谱的共同特点,它们的频谱都是离散的。周期性矩形脉冲信号的频谱仅含有 $\omega = n\Omega$ 的各分量,其相邻两谱线的间隔是 $\Omega\left(\Omega = \frac{2\pi}{T}\right)$,脉冲周期 T 越长,谱线间隔越小,频谱越稠密;反之,则越稀疏。

对于周期性矩形脉冲而言,其各谱线的幅度按包络线 $\mathrm{Sa}\left(\frac{\omega\tau}{2}\right)$ 的规律变化。在 $\frac{\omega\tau}{2} = m\pi$ $(m = \pm 1, \pm 2, \cdots)$ 各处,即 $\omega = \frac{2m\pi}{\tau}$ 各处,包络为零,其相应的谱线,即相应的频率分量也等于零。

周期性矩形脉冲信号包含无限条谱线,也就是说,它可分解为无限个频率分量。实际上,由于各分量的幅度随频率增高而减小,其信号能量主要集中在第一个零点 $\left(\omega = \frac{2\pi}{\tau}\text{或}f = \frac{1}{\tau}\right)$ 以内。在允许一定失真的条件下,只需要传送频率较低的那些分量就够了。通常把 $0 \leqslant f \leqslant \frac{1}{\tau}$ $\left(0 \leqslant \omega \leqslant \frac{2\pi}{\tau}\right)$ 这段频率范围称为周期性矩形脉冲信号的频带宽度或信号的带宽,用符号 ΔF 表示,即周期性矩形脉冲信号的频带宽度(带宽)为 $\Delta F = \frac{1}{\tau}$。

3. 周期信号频谱的特点

(1)离散性。周期信号的频谱由不连续的谱线组成,每条谱线代表一个谐波分量。

(2)谐波性。频谱中每条谱线只出现在基波频率的整数倍上,基波频率是各分量频率的公约数。

(3)收敛性。各频率分量的谱线高度表示各次谐波分量的幅值或相位角。工程上常见的

周期信号其谐波幅值总的趋势是随着谐波次数的增高而减小的。

2.2.3　周期信号的功率

周期信号是功率信号,为了方便起见,研究周期信号在 1 Ω 电阻上消耗的平均功率,称为归一化平均功率。如果周期信号 $f(t)$ 是实函数,无论它是电压信号还是电流信号,其平均功率都为

$$P = \frac{1}{T} \int_{-\frac{T}{2}}^{\frac{T}{2}} f^2(t) \, \mathrm{d}t \tag{2-17}$$

将 $f(t)$ 的傅里叶级数展开式代入式(2-17),可得

$$P = \frac{1}{T} \int_{-\frac{T}{2}}^{\frac{T}{2}} \left[\frac{A_0}{2} + \sum_{n=1}^{\infty} A_n \cos(n\Omega t + \varphi_n) \right]^2 \mathrm{d}t \tag{2-18}$$

将式(2-18)被积函数展开,在展开式中具有 $\cos(n\Omega t + \varphi_n)$ 形式的余弦项,其在一个周期内的积分等于零;具有 $A_n \cos(n\Omega t + \varphi_n) A_m \cos(m\Omega t + \varphi_m)$ 形式的项,当 $m \neq n$ 时,其积分值为零;对于 $m = n$ 的项,其积分值为 $\dfrac{TA_n^2}{2}$,因此,式(2-18)的积分为

$$P = \frac{1}{T} \int_{-\frac{T}{2}}^{\frac{T}{2}} f^2(t) \, \mathrm{d}t = \left(\frac{A_0}{2} \right)^2 + \sum_{n=1}^{\infty} \frac{1}{2} A_n^2 \tag{2-19}$$

式(2-19)等号右端的第一项为直流功率;第二项为各次谐波的功率之和。式(2-19)表明,周期信号的功率等于直流功率与各次谐波功率之和。

由于 $|F_n| = \dfrac{1}{2} A_n$,式(2-18)可改写为

$$P = \frac{1}{T} \int_{-\frac{T}{2}}^{\frac{T}{2}} f^2(t) \, \mathrm{d}t = |F_0|^2 + 2 \sum_{n=1}^{\infty} |F_n|^2 = \sum_{n=-\infty}^{\infty} |F_n|^2 \tag{2-20}$$

式(2-19)和式(2-20)称为帕斯瓦尔恒等式,它表明,对于周期信号,在时域中求得的信号功率与在频域中求得的信号功率相等。

例 2-1　试计算图 2-4(a)所示信号频谱第一个零点以内各分量的功率所占总功率的百分比。

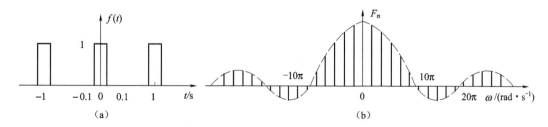

图 2-4　周期性矩形脉冲及其频谱

解: 由图 2-4(a)可求得 $f(t)$ 的功率为

$$P = \frac{1}{T} \int_{-\frac{T}{2}}^{\frac{T}{2}} f^2(t) \, \mathrm{d}t = \frac{1}{1} \int_{-0.1}^{0.1} (1)^2 \mathrm{d}t = 0.2$$

将 $f(t)$ 展开为指数形式傅里叶级数 $f(t) = \sum_{n=-\infty}^{+\infty} F_n e^{jn\Omega t}$，由式（2-14）可知，其傅里叶系数

为 $F_n = \dfrac{\tau}{T} \mathrm{Sa}\left(\dfrac{n\pi\tau}{T}\right) = 0.2\mathrm{Sa}(0.2n\pi)$，其频谱如图 2-4(b) 所示，频谱的第一个零点在 $n=5$。这

时 $\omega = 5\Omega = \dfrac{10}{T} = 10\pi$ rad/s。根据式（2-20），在频谱第一个零点内的各分量的功率和为 $P_{10\pi}$

$|F_0|^2 + 2\sum_{n=1}^{5}|F_n|^2$，将 $|F_n|$ 代入 $P_{10\pi}$ 的表达式，可得

$$P_{10\pi} = (0.2)^2 + 2(0.2)^2\left[\mathrm{Sa}^2(0.2\pi) + \mathrm{Sa}^2(0.4\pi) + \mathrm{Sa}^2(0.6\pi) + \mathrm{Sa}^2(0.8\pi) + \mathrm{Sa}^2(\pi)\right]$$

$$= 0.04 + 0.08(0.875\,1 + 0.572\,8 + 0.254\,6 + 0.054\,7 + 0)$$

$$= 0.180\,6$$

即频谱第一个零点以内各分量的功率占总功率的 90.3%。

2.3 非周期信号与连续频谱

非周期信号包括准周期信号和瞬态信号两种，其频谱各有独自的特点：周期信号的频谱具有离散性，各谐波分量的频率具有一个公约数——基频。但几个简谐具有离散频谱的信号不一定是周期信号。只有各简谐成分的频率比是有理数，它们才能在某个时间间隔后周而复始，合成的信号才是周期信号。若各简谐信号的频率比不是有理数，合成信号就不是周期信号，而是准周期信号。因此准周期信号具有离散频谱，例如，多个独立激振源激励起某对象的振动往往是这类信号。对于瞬态信号，不能直接用傅里叶级数展开，而必须应用傅里叶变换的数学方法进行分解（图 2-5）。

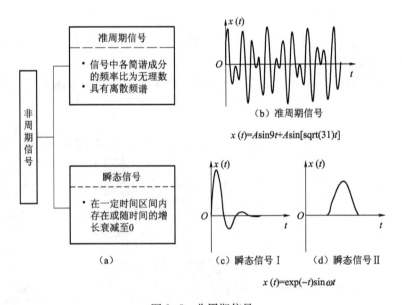

图 2-5 非周期信号

2.3.1　傅里叶变换

当周期 T 趋于无穷大时（$T \to \infty$），相邻谱线的间隔 Ω 趋于无穷小（$\Omega \to -\infty$），从而信号的频谱密集成为连续频谱。同时，各频率分量的幅度也都趋于无穷小，不过，这些无穷小量之间仍保持一定的比例关系。为了描述非周期信号的频谱特性，引入频谱密度的概念。

令

$$F(\mathrm{j}\omega) = \lim_{T \to \infty} \frac{F_n}{\frac{1}{T}} = \lim_{T \to \infty} F_n T \tag{2-21}$$

称 $F(\mathrm{j}\omega)$ 为频谱密度函数。

由周期信号 $f(t)$ 的傅里叶级数的复指数函数展开式 $f(t) = \sum\limits_{n=-\infty}^{+\infty} F_n \mathrm{e}^{\mathrm{j}n\Omega t}$（其中 $F_n = \frac{1}{T} \int_{-\frac{T}{2}}^{\frac{T}{2}} f(t) \mathrm{e}^{-\mathrm{j}n\Omega t} \mathrm{d}t$），可得

$$F_n T = \int_{-\frac{T}{2}}^{\frac{T}{2}} f(t) \mathrm{d}t \tag{2-22}$$

和

$$f(t) = \sum_{n=-\infty}^{+\infty} F_n T \mathrm{e}^{\mathrm{j}n\Omega t} \approx \frac{1}{T} \tag{2-23}$$

考虑到当周期 $T \to \infty$ 时，Ω 趋于无穷小，取其为 $\mathrm{d}\omega$，而 $\frac{1}{T} = \frac{\Omega}{2\pi} \to \frac{\mathrm{d}\omega}{2\pi}$（$\mathrm{d}\omega$ 是变量）；当 $\Omega \neq 0$ 时，它是离散值；当 Ω 趋于无穷小时，它就成为连续变量，取为 ω，同时求和符号应改写为积分。于是当 $T \to \infty$ 时，式（2-22）和式（2-23）可写为

$$F(\mathrm{j}\omega) = \lim_{T \to \infty} F_n T \stackrel{\text{def}}{=\!=} \int_{-\infty}^{+\infty} f(t) \mathrm{e}^{-\mathrm{j}\omega t} \mathrm{d}t \tag{2-24}$$

$$f(t) \stackrel{\text{def}}{=\!=} \frac{1}{2\pi} \int_{-\infty}^{+\infty} F(\mathrm{j}\omega) \mathrm{e}^{\mathrm{j}\omega t} \mathrm{d}\omega \tag{2-25}$$

式（2-24）称为函数 $f(t)$ 的傅里叶变换（积分）；式（2-25）称为函数 $F(\mathrm{j}\omega)$ 的傅里叶反变换（或逆变换）。$F(\mathrm{j}\omega)$ 称为 $f(t)$ 的频谱密度函数或频谱函数；$f(t)$ 称为 $F(\mathrm{j}\omega)$ 的原函数。

$f(t)$ 与 $F(\mathrm{j}\omega)$ 的对应关系还可简记为

$$f(t) \leftrightarrow F(\mathrm{j}\omega) \tag{2-26}$$

如果上述变换中的自变量不用角频率 ω 而用频率 f，则由于 $\omega = 2\pi f$，式（2-24）和式（2-25）可写为

$$F(\mathrm{j}\omega) \stackrel{\text{def}}{=\!=} \int_{-\infty}^{+\infty} f(t) \mathrm{e}^{-\mathrm{j}2\pi f t} \mathrm{d}t \tag{2-27}$$

$$f(t) \stackrel{\text{def}}{=\!=} \int_{-\infty}^{+\infty} F(\mathrm{j}\omega) \mathrm{e}^{\mathrm{j}2\pi f t} \mathrm{d}f \tag{2-28}$$

这时傅里叶变换与傅里叶反变换有很相似的形式。

频谱密度函数 $F(\mathrm{j}\omega)$ 是一个复函数，可以写为

$$F(\mathrm{j}\omega) = |F(\mathrm{j}\omega)| \mathrm{e}^{\mathrm{j}\varphi(\omega)} = R(\omega) + \mathrm{j}X(\omega)$$

式中：$F(\mathrm{j}\omega)$ 和 $\varphi(\omega)$ 分别为频谱密度函数 $F(\mathrm{j}\omega)$ 的模和相位；$R(\omega)$ 和 $X(\omega)$ 分别为频谱密

度函数 $F(\mathrm{j}\omega)$ 的实部和虚部。

式(2-25)也可写成三角函数形式:

$$f(t) = \frac{1}{2\pi}\int_{-\infty}^{+\infty}F(\mathrm{j}\omega)\mathrm{e}^{\mathrm{j}\omega t}\mathrm{d}\omega = \frac{1}{2\pi}\int_{-\infty}^{+\infty}|F(\mathrm{j}\omega)|\mathrm{e}^{\mathrm{j}[\omega t + \varphi(\omega)]}\mathrm{d}\omega$$

$$= \frac{1}{2\pi}\int_{-\infty}^{+\infty}|F(\mathrm{j}\omega)|\cos[\omega t + \varphi(\omega)]\mathrm{d}\omega + \mathrm{j}\frac{1}{2\pi}\int_{-\infty}^{+\infty}|F(\mathrm{j}\omega)|\sin[\omega t + \varphi(\omega)]\mathrm{d}\omega$$

$$(2-29)$$

由于式(2-29)等号右边的第二个积分中的被积函数是 ω 的奇函数,故积分值为零;而第一个积分中的被积函数是 ω 的偶函数,故有

$$f(t) = \frac{1}{\pi}\int_{0}^{\infty}|F(\mathrm{j}\omega)|\cos[\omega t + \varphi(\omega)]\mathrm{d}\omega \qquad (2-30)$$

式(2-30)表明,非周期信号可看作是由不同频率的余弦分量所组成的,它包含了频率 $0\sim\infty$ 的一切频率"分量"。由式(2-30)可见,$\dfrac{|F(\mathrm{j}\omega)|\mathrm{d}\omega}{\pi} = 2|F(\mathrm{j}\omega)|\mathrm{d}f$ 相当于各"分量"的振幅,它是无穷小量。所以信号的频谱不能再用幅度表示,而改用密度函数表示。类似于物质的密度是单位体积的质量,函数 $F(\mathrm{j}\omega)$ 可看作是单位频率的振幅,函数 $F(\mathrm{j}\omega)$ 称为频谱密度函数。

需要说明的是,前面在推导傅里叶变换时并未遵循数学上的严格步骤。数学证明指出,函数 $f(t)$ 的傅里叶变换存在的充分条件是在无限区间内 $f(t)$ 绝对可积,即 $\int_{-\infty}^{+\infty}|f(t)|\mathrm{d}t < \infty$,但它并非必要条件。当引入广义函数的概念后,许多不满足绝对可积条件的函数也能进行傅里叶变换。

综上所述,非周期信号频谱有以下特点:

(1)非周期信号可分解成许多不同频率的正弦、余弦分量之和,但它包含了 $0\sim\infty$ 的所有频率分量。

(2)非周期信号的频谱是连续的。

(3)非周期信号的频谱由频谱密度函数描述,表示单位频宽上的幅值和相位(单位频宽内所包含的能量)。

(4)非周期信号频域描述的数学基础是傅里叶变换。

例 2-2 图 2-6(a)所示为门函数(或称矩形脉冲),用符号 $g_{\tau}(t)$ 表示,其宽度为 τ,幅度为 1。试求其频谱函数。

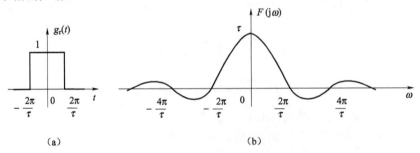

图 2-6 门函数及其频谱

(a) 门函数;(b) 门函数的频谱

解: 图 2-6 的门函数可表示为

$$g_\tau(t) = \begin{cases} 1 & \left(|t| < \dfrac{\tau}{2}\right) \\ 0 & \left(|t| > \dfrac{\tau}{2}\right) \end{cases}$$

可求得其频谱密度函数为

$$F(j\omega) = \int_{-\infty}^{+\infty} f(t) e^{-j\omega t} dt = \int_{-\frac{\tau}{2}}^{\frac{\tau}{2}} 1 \cdot e^{-j\omega t} dt = \frac{e^{-j\frac{\omega\tau}{2}} - e^{j\frac{\omega\tau}{2}}}{-j\omega}$$

$$= \frac{2\sin\left(\dfrac{\omega\tau}{2}\right)}{\omega} = \tau \mathrm{Sa}\left(\frac{\omega\tau}{2}\right) \tag{2-31}$$

图 2-6(b)所示为按式(2-31)画出的频谱图。一般而言,信号的频谱密度函数需要用频谱密度函数 $F(j\omega)$ 和相位函数 $\varphi(\omega)$ 两个图形才能将它完全表示出来。但是,如果频谱密度函数 $F(j\omega)$ 是实函数或是虚函数,那么只用一条曲线即可。如果将信号 $f(t)$ 看作是由余弦(或正弦)"分量"所组成,如同式(2-30),则其频谱图是单边的($0 \le \omega < +\infty$)。如果将信号看作是由虚指数函数 $e^{j\omega t}$ 所组成,它是对频率变量从 $-\infty \sim +\infty$ 的积分,则频谱图应为双边谱。这里 ω 的负值只是一种数学形式,两个相对应的基本信号 $\frac{1}{2}e^{j\omega t}$ 和 $\frac{1}{2}e^{-j\omega t}$ 才能合成一个余弦(或正弦)"分量"。

由图 2-6(b)可知,频谱图中第一个零值的角频率为 $\dfrac{2\pi}{\tau}$(频率为 $\dfrac{1}{\tau}$)。当脉冲宽度减小时,第一个零值频率也相应增高。对于矩形脉冲,常取从零频率到第一个零值频率 $\left(\dfrac{1}{\tau}\right)$ 之间的频段为信号的频带宽度。这样,门函数的频带宽度 $\Delta f = \dfrac{1}{\tau}$,脉冲宽度越窄,其占有的频带越宽。

2.3.2　傅里叶变换的基本性质

1. 线性

若 $f_1(t) \leftrightarrow F_1(j\omega), f_2(t) \leftrightarrow F_2(j\omega)$,则对应两个任意常数 a_1 和 a_2,有 $a_1 f_1(t) + a_2 f_2(t) \leftrightarrow a_1 F_1(j\omega) + a_2 F_2(j\omega)$。线性性质有两个含义:① 齐次性:表明时域信号增大 a 倍时,其频域信号的频谱密度函数也增大 a 倍;② 可加性:几个时域信号合成后的频谱密度函数,等于各个信号频谱密度函数之和。

2. 对称性

若 $f(t) \leftrightarrow F(j\omega)$,则 $F(jt) \leftrightarrow 2\pi f(-\omega)$。对称性表明:若偶函数 $f(t)$ 的频谱密度函数为 $F(j\omega)$,则与 $F(j\omega)$ 波形相同的时域函数的频谱密度函数与原信号 $F(jt)$ 有相似的波形。

3. 时移特性

若 $f(t) \leftrightarrow F(j\omega)$,且 t_0 为常数,则有

$$f(t \pm t_0) \leftrightarrow e^{\pm j\omega t_0} F(j\omega)$$

时移特性表明:时域信号沿时间轴右平移(延迟)时间 t_0,则在频域中所有频率分量相位落后相位 ωt_0,而其幅度保持不变。

4. 频移特性

若 $f(t) \leftrightarrow F(j\omega)$,且 ω_0 为常数,则 $f(t)e^{\pm j\omega_0 t} \leftrightarrow F[j(\omega \mp \omega_0)]$。频移特性表明:若时域信号 $f(t)$ 乘以因子 $e^{j\omega_0 t}$,则对应在频域中将函数频谱沿 ω 轴右移 ω_0;若时域信号 $f(t)$ 乘以因子 $e^{-j\omega_0 t}$,则对应在频域中将函数频谱沿 ω 轴左移 ω_0 频谱。这种频移过程,在电子技术中就是调幅过程。

5. 时间尺度特性

若 $f(t) \leftrightarrow F(j\omega)$,则对于实常数 $a(a \neq 0)$,有 $f(at) \leftrightarrow \dfrac{1}{|a|}F\left(j\dfrac{\omega}{a}\right)$。时间尺度特性表明:信号 $f(t)$ 在时域中沿时间轴压缩 a 倍($a>1$),则在频域中频谱密度函数的频带加宽 a 倍,而幅值压缩 $\dfrac{1}{a}$ 倍;反之,信号在时域中扩展时($a<1$),在频域中将引起频带变窄,但幅值增高。

6. 积分和微分特性

若 $f(t) \leftrightarrow F(j\omega)$,微分特性:$f^{(n)}(t) \leftrightarrow (j\omega)^n F(j\omega)$;积分特性:$f^{(-1)}(t) \leftrightarrow \pi F(0)\delta(\omega) + \dfrac{F(j\omega)}{j\omega}$。微分和积分特性表明:在频域中对频谱密度函数乘以 $j\omega$ 或 $\dfrac{1}{j\omega}$,相当于时域对原函数 $f(t)$ 进行微分或积分运算。

7. 卷积特性

若 $f_1(t) \leftrightarrow F_1(j\omega)$,$f_2(t) \leftrightarrow F_2(j\omega)$,则 $f_1(t) * f_2(t) \leftrightarrow F_1(j\omega) \cdot F_2(j\omega)$(时域卷积特性),$f_1(t) \cdot f_2(t) \leftrightarrow \dfrac{1}{2\pi}F_1(j\omega) * F_2(j\omega)$(频域卷积特性),其中 $F_1(j\omega) * F_2(j\omega) = \displaystyle\int_{-\infty}^{+\infty} F_1(j\eta) \cdot F_2(j\omega - j\eta)\mathrm{d}\eta$。

时域和频域卷积特性表明:时域中两个信号卷积的频谱等于两个信号频谱的乘积;时域中两个信号乘积的频谱等于各自频谱进行卷积(再除以 2π)。

2.4 随机信号

随机信号的各种统计值(均值、方差、均方差、均方根值和概率密度函数等)是按集合平均计算的。集合平均是指在集合 $\{x(t)\}$ 中,在某一指定时刻 t_0 时,对所有样本函数的观测值(称为随机变量集合)

$$\{x_1(t_0), x_2(t_0), x_3(t_0), \cdots, x_i(t_0), \cdots\}$$

取平均值。例如,由均值 μ_x 的计算公式

$$\mu_x = \frac{x_1(t_0) + x_2(t_0) + \cdots + x_n(t_0)}{n} \tag{2-32}$$

可见,集合平均统计参数与观测时间有关。

为了与集合平均相区别,把按单个样本时间历程进行平均的计算称为时间平均。以时间平均计算值 μ_x 的公式为

$$\mu_x = \frac{1}{T} \int_0^T x(t)\,dt \tag{2-33}$$

对平稳随机信号,有

$$\mu_x(t_1) = \frac{x_1(t_1) + x_2(t_1) + \cdots + x_n(t_1)}{n}$$

$$\mu_x(t_2) = \frac{x_1(t_2) + x_2(t_2) + \cdots + x_n(t_2)}{n}$$

$$\mu_x(t_1) = \mu_x(t_2) = \mu_x$$

对非平稳随机信号,有

$$\mu_x(t_1) \neq \mu_x(t_2)$$

式中:$\mu_x(t)$ 为 t 的函数。

　　工程上所遇到的随机信号多具有各态历经性,有些虽不是很严格的各态历经过程,但也可以近似地作为各态历经过程来处理。对各态历经过程,可以免去对随机物理现象的大量观测,只需要对一次观测的样本进行分析就可以了。以下若无特殊说明,均指各态历经信号。

2.4.1　平均值、方值、均方值和均方根值

1. 平均值 μ_x

各态历经信号的平均值为

$$\mu_x = \lim_{T \to \infty} \frac{1}{T} \int_0^T x(t)\,dt \tag{2-34}$$

式中:$x(t)$ 为样本函数;T 为观测时间。

　　平均值表示信号的常量分值,平均值 μ_x 的样本估计为

$$\hat{\mu}_x = \frac{1}{T} \int_0^T x(t)\,dt \qquad (T\ \text{足够大})$$

2. 方差 σ_X^2

方差 σ_X^2 是描述随机信号的波动程度,可由 $x(t)$ 与 μ_x 的平方再取平均得到,即

$$\sigma_X^2 = \lim_{T \to \infty} \frac{1}{T} \int_0^T [x(t) - \mu_x]^2 dt \tag{2-35}$$

方差的正平方根称为标准差 σ_X,是随机数据分析的重要参数。

方差 σ_X^2 的样本估计为

$$\hat{\sigma}_X^2 = \frac{1}{T} \int_0^T [x(t) - \hat{\mu}_x]^2 dt \qquad (T\ \text{足够大})$$

3. 均方值 ψ_x^2

均方值 ψ_x^2 是描述随机信号的强度,它是 $x(t)$ 平方的均值,即

$$\psi_x^2 = \lim_{T \to \infty} \frac{1}{T} \int_0^T x^2(t)\,dt \tag{2-36}$$

均方值 ψ_x^2 的样本估计为

$$\hat{\psi}_x^2 = \frac{1}{T} \int_0^T x^2(t)\,dt \qquad (T\ \text{足够大})$$

平均值、方差和均方值的相互关系为

$$\sigma_X^2 = \psi_x^2 - \mu_x^2 \tag{2-37}$$

4. 均方根值 x_{rms}

均方根值是均方值的平方根,即

$$x_{rms} = \sqrt{\lim_{T \to \infty} \frac{1}{T} \int_0^T x^2(t)\,dt} \tag{2-38}$$

均方根值 x_{rms} 的样本估计为

$$\hat{x}_{rms} = \sqrt{\frac{1}{T} \int_0^T x^2(t)\,dt} \qquad (T\ \text{足够大})$$

2.4.2 概率密度函数

随机信号的概率密度函数是表示信号幅值落在某指定范围内的概率,用来表征随机信号幅值的统计特征,其定义为

$$p(x) = \lim_{\Delta x \to 0} \frac{P[x < x(t) \leqslant x + \Delta x]}{\Delta x} \tag{2-39}$$

近似计算公式为

$$p(x) \approx \frac{P[x < x(t) \leqslant x + \Delta x]}{\Delta x} \qquad (\Delta x\ \text{足够小})$$

概率密度函数表示信号 $x(t)$ 的幅值落在单位幅值区间内的概率。图 2-7 所示为某随机过程的一个样本函数,在观察时间 T 内,$x(t)$ 的幅值落在 $(x, x+\Delta x)$ 区间内的时间为

$$T_x = \Delta t_1 + \Delta t_2 + \cdots + \Delta t_n = \sum_{i=1}^n \Delta t_i$$

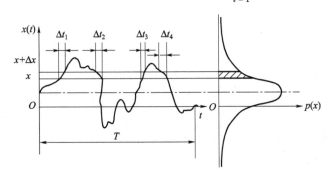

图 2-7 概率密度函数

比值 $\dfrac{T_x}{T}$ 就是幅值落在 $(x, x+\Delta x)$ 区间内的概率,即

$$P[x < x(t) \leqslant x + \Delta x] \approx \frac{T_x}{T} \qquad (T\ \text{足够大}) \tag{2-40}$$

例 2-3 求具有随机初相位 φ 的正弦信号 $x(t) = X\sin(\omega t + \varphi)$ 的概率密度函数 $p(x)$。

解:可以证明具有随机初相位 φ 的正弦信号 $x(t)$ 是各态历经信号。取任意样本函数均可求其概率密度函数。下面以取 $\varphi = 0°$ 的样本函数为例进行求解。

由于 $X\sin\omega t$ 为一个周期信号，观测时间等于其周期 T。从图 2-7 中可见 $T_x = 2\Delta t$，则

$$p(x) = \lim_{\Delta x \to 0} \frac{1}{\Delta x} \cdot \frac{2\Delta t}{T} = \frac{2}{T} \lim_{\Delta t \to 0} \frac{1}{\dfrac{\Delta x}{\Delta t}} = \frac{2}{T} \cdot \lim_{x \to \infty} \frac{1}{x'(t)}$$

$$= \frac{2}{T} \cdot \frac{1}{\omega X\cos\omega t} = \frac{2}{2\pi} \cdot \frac{1}{\sqrt{X^2 - (X\sin\omega t)^2}} = \frac{1}{\pi} \cdot \frac{1}{\sqrt{X^2 - x^2}}$$

并可完整地写为

$$p(x) = \begin{cases} \dfrac{1}{\pi\sqrt{X^2 - x^2}} & (|x| < X) \\ 0 & (|x| > X) \end{cases}$$

正弦信号的概率密度函数曲线如图 2-8 所示。

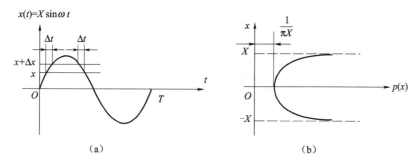

图 2-8　正弦信号的概率密度函数

习　　题

2-1　试判断下列信号是否为周期信号，若是，确定其周期。

（1）$f_1(t) = \sin 2t + \cos 3t$；

（2）$f_2(t) = \cos 2t + \sin \pi t$。

2-2　试求如图 2-9 所示的周期锯齿波的三角函数形式的傅里叶级数展开式。

2-3　已知 $f(t) = 1 + \sin\omega_1 t + 2\cos\omega_1 t + \cos\left(2\omega_1 t + \dfrac{\pi}{4}\right)$，试画出其幅度谱和相位谱。

2-4　如图 2-10 所示，已知 $f(t) = \begin{cases} E e^{-\alpha t} & (t>0, \alpha>0) \\ 0 & (t<0) \end{cases}$，试求其傅里叶变换。

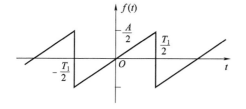

图 2-9　周期锯齿波

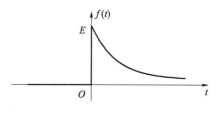

图 2-10　函数 $f(t)$ 曲线

第 3 章

电阻式传感器

3.1 工 作 原 理

电阻应变片的工作原理是基于应变效应,即导体或半导体材料在外界力的作用下产生机械变形时,其电阻值相应发生变化,这种现象称为应变效应(1856 年 W. Thomson 发现)。如图 3-1 所示,一根金属电阻丝,在其未受力时,原始电阻值为

$$R = \frac{\rho l}{A} \qquad (3-1)$$

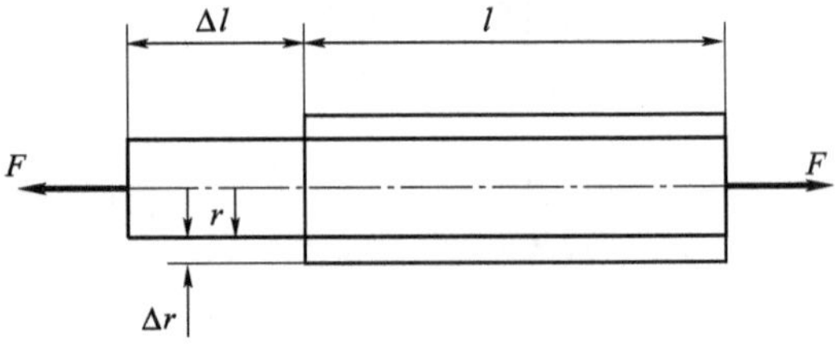

图 3-1 金属电阻丝应变效应

式中:ρ 为电阻丝的电阻率;l 为电阻丝的长度;A 为电阻丝的截面积。

当电阻丝受到拉力 F 作用时,将伸长 Δl,横截面积相应减小 ΔA,电阻率因材料晶格发生变形等因素影响而改变了 $\mathrm{d}\rho$,从而引起电阻值相对变化量为

$$\frac{\mathrm{d}R}{R} = \frac{\mathrm{d}l}{l} - \frac{\mathrm{d}A}{A} + \frac{\mathrm{d}\rho}{\rho} \qquad (3-2)$$

式中:$\frac{\mathrm{d}A}{A}$ 为圆形电阻丝的截面积相对变化量;$\frac{\mathrm{d}l}{l}$ 为长度相对变化量,用应变 ε 表示为

$$\varepsilon = \frac{\mathrm{d}l}{l} \qquad (3-3)$$

设 r 为电阻丝的半径,微分后可得 $\mathrm{d}A = 2\pi r \mathrm{d}r$,则

$$\frac{\mathrm{d}A}{A} = 2 \frac{\mathrm{d}r}{r} \qquad (3-4)$$

由材料力学可知,在弹性范围内,金属丝受拉力时,沿轴向伸长,沿径向缩短,令 $\frac{\mathrm{d}l}{l} = \varepsilon$ 为金属电阻丝的轴向应变,那么轴向应变和径向应变的关系为

$$\frac{\mathrm{d}r}{r} = -\mu \frac{\mathrm{d}l}{l} = -\mu\varepsilon \qquad (3-5)$$

式中:μ 为电阻丝材料的泊松比,负号"-"表示应变方向相反。

通常把单位应变能引起的电阻值变化称为电阻丝的灵敏系数,其物理意义是单位应变所引起的电阻相对变化量,其表达式为

$$K = (\mathrm{d}R/R)/\varepsilon = 1 + 2\mu + (\mathrm{d}\rho/\rho)/\varepsilon \tag{3-6}$$

灵敏系数 K 受两个因素影响:一个是应变片受力后材料几何尺寸的变化,即 $(1+2\mu)$;另一个是应变片受力后材料的电阻率发生的变化,即 $(\mathrm{d}\rho/\rho)/\varepsilon$。对于金属材料,电阻丝灵敏系数表达式(3-6)中 $(1+2\mu)$ 的值要比 $(\mathrm{d}\rho/\rho)/\varepsilon$ 大得多;而半导体材料的 $(\mathrm{d}\rho/\rho)/\varepsilon$ 项的值比 $(1+2\mu)$ 大得多。大量实验证明,在电阻丝拉伸极限内,电阻的相对变化与应变成正比,即灵敏系数 K 为常数。

半导体应变片是用半导体材料制成的,其工作原理是基于半导体材料的压阻效应。压阻效应是指半导体材料受轴向外力作用时,其电阻率 ρ 发生变化的现象。

当半导体应变片受轴向力作用时,其电阻相对变化为

$$(\mathrm{d}R/R)/\varepsilon = 1 + 2\mu + (\mathrm{d}\rho/\rho)/\varepsilon \tag{3-7}$$

式中:$\dfrac{\mathrm{d}\rho}{\rho}$ 为半导体应变片的电阻率相对变化量,其值与半导体敏感元件在轴向所受的应变力有关,即

$$\frac{\mathrm{d}\rho}{\rho} = \pi \cdot \sigma = \pi \cdot E \cdot \varepsilon \tag{3-8}$$

式中:π 为半导体材料的压阻系数;σ 为半导体材料的所受应变力;E 为半导体材料的弹性模量;ε 为半导体材料的应变。

将式(3-8)代入式(3-7),可得

$$\frac{\mathrm{d}R}{R} = (1 + 2\mu + \pi E)\varepsilon \tag{3-9}$$

实验证明,πE 比 $(1+2\mu)$ 大上百倍,所以 $(1+2\mu)$ 可以忽略,因而半导体应变片的灵敏系数为

$$K = (\mathrm{d}R/R)/\varepsilon = \pi \cdot E \tag{3-10}$$

半导体应变片的灵敏系数比金属丝式高 50~80 倍,但半导体材料的温度系数大,应变时非线性比较严重,使它的应用范围受到一定的限制。

用应变片测量应变或应力时,根据上述特点,在外力作用下,被测对象产生微小机械变形,应变片随着发生相同的变化,应变片电阻值也发生相应变化。当测得应变片电阻值变化量为 ΔR 时,便可得到被测对象的应变值,根据应力与应变的关系,得到应力值为

$$\sigma = E \cdot \varepsilon \tag{3-11}$$

3.2　应变片的种类、材料及粘贴

3.2.1　金属电阻应变片的种类

金属电阻应变片的结构如图 3-2 所示。应变片中的敏感栅是应变片的核心部分,它粘贴在绝缘的基片上,其上再粘贴起保护作用的覆盖层,两端焊接引出导线。金属电阻应变片的敏

感栅有丝式和箔式两种形式,如图3-3所示。丝式金属电阻应变片的敏感栅由直径0.01~0.05 mm的电阻丝平行排列而成。箔式金属电阻应变片是利用光刻、腐蚀等工艺制成的一种

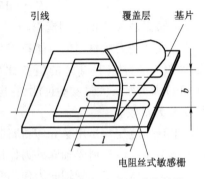

很薄的金属箔栅,其厚度一般为0.003~0.01 mm,可制成各种形状的敏感栅(应变花),其优点是表面积和截面积之比大,散热性能好,允许通过的电流较大,可制成各种所需要的形状,便于批量生产。覆盖层与基片将敏感栅紧密地粘贴在中间,对敏感栅起几何形状固定和绝缘、保护作用。基片要将被测体的应变准确地传递到敏感栅上,因此它很薄,一般为0.03~0.06 mm,使它与被测体及敏感栅能牢固地黏结在一起;此外,它还应有良好的绝缘性能、抗潮性能和耐热性能。基片和覆盖层的材料有胶膜、纸、玻璃纤维布等。

图3-2 金属电阻应变片的结构

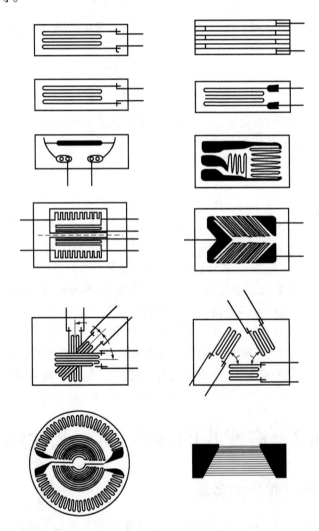

图3-3 常用应变片的形式

3.2.2 金属电阻应变片的材料

对电阻丝材料一般有如下要求。

（1）灵敏系数 K 大，且在相当大的应变范围内保持常数。

（2）电阻率 ρ 大，即在同样长度、同样横截面积的电阻丝中具有较大的电阻值。

（3）电阻温度系数小，否则因环境温度变化也会改变其电阻值。

（4）与铜线的焊接性能好，与其他金属的接触电势小。

（5）机械强度高，具有优良的机械加工与力学性能（表 3-1）。

表 3-1　常用金属电阻丝材料的力学性能

材料	成分		灵敏系数 K_0	电阻率/ $(\mu\Omega \cdot mm)$ (20 ℃)	电阻温度系数/ $(\times 10^{-6} \cdot ℃^{-1})$ (0 ℃~100 ℃)	最高使用温度/℃	对铜的热电势/ $(\mu V \cdot ℃^{-1})$	线膨胀系数/ $(\times 10^{-6} \cdot ℃^{-1})$
	元素	%						
康铜	Ni	45	1.9~2.1	0.45~0.25	±20	300（静态） 400（动态）	43	15
	Cu	55						
镍铬合金	Ni	80	2.1~2.3	0.9~1.1	110~130	450（静态） 800（动态）	3.8	14
	Cr	20						
镍铬铝合金 （6J22,伽马合金）	Ni	74	2.4~2.6	1.24~1.42	±20	450（静态） 800（动态）	3	13.3
	Cr	20						
	Al	3						
	Fe	3						
镍铬铝合金 （6J23）	Ni	75	2.4~2.6	1.24~1.42	±20	450（静态） 800（动态）	3	
	Cr	20						
	Al	3						
	Cu	2						
铁镍铝合金	Fe	70	2.8	1.3~1.5	30~40	700（静态） 1 000（动态）	2~3	14
	Cr	25						
	Cl	5						
铂	Pt	100	4~6	0.09~0.11	3 900	800（静态）	7.6	8.9
铂钨合金	Pt	92	3.5	0.68	227	100（动态）	6.1	8.3~9.2
	W	8						

目前，康铜是应用最广泛的应变丝材料，这是因为它有很多优点：灵敏系数稳定性好，不但在弹性变形范围内能保持常数，进入塑性变形范围内也基本上能保持为常数；康铜的电阻温度系数较小且稳定，当采用合适的热处理工艺时，可使电阻温度系数在 $±50\times10^{-6}/℃$ 的范围内；康铜的加工性能好，易于焊接，因而国内外多以康铜作为电阻丝材料。

3.2.3 金属电阻应变片的粘贴

应变片是用黏结剂粘贴到被测件上的。黏结剂形成的胶层必须准确迅速地将被测件应变传递到敏感栅上。选择黏结剂时必须考虑应变片材料和被测件材料性能，不仅要求黏结力强，黏结后力学性能可靠,而且黏结层要有足够大的剪切弹性模量,良好的电绝缘性,蠕变和滞后小,耐湿,耐油,耐老化,动态应力测量时耐疲劳等,还要考虑到应变片的工作条件,如温度、相对湿度、稳定性要求以及贴片固化时加热加压的可能性等。

常用的黏结剂类型有硝化纤维素型、氰基丙烯酸型、聚酯树脂型、环氧树脂型和酚醛树脂型等。

粘贴工艺包括被测件粘贴表面处理、贴片位置确定、涂底胶、贴片、干燥固化、贴片质量检查、引线的焊接与固定以及防护与屏蔽等。黏结剂的性能及应变片的粘贴质量直接影响应变片的工作特性,如零漂、蠕变、滞后、灵敏系数、线性以及它们受温度变化影响的程度。可见,选择黏结剂和正确的黏结工艺与应变片的测量精度有着极重要的关系。

3.3 电阻应变片的特性

3.3.1 弹性敏感元件及其基本特性

物体在外力作用下改变原来尺寸或形状的现象称为变形,而当外力去掉后物体又能完全恢复其原来的尺寸和形状,这种变形称为弹性变形。具有弹性变形特性的物体称为弹性敏感元件。

弹性敏感元件在应变片测量技术中占有极其重要的地位。它首先把力、力矩或压力变换成相应的应变或位移;然后传递给粘贴在弹性敏感元件上的应变片,通过应变片将力、力矩或压力转换成相应的电阻值。下面介绍弹性敏感元件的基本特性。

1. 刚度

刚度是弹性敏感元件受外力作用下变形大小的量度,其定义为弹性敏感元件单位变形下所需要的力,用 C 表示,其表达式为

$$C = \lim \frac{\Delta F}{\Delta x} = \frac{\mathrm{d}F}{\mathrm{d}x} \tag{3-12}$$

式中:F 为作用在弹性敏感元件上的外力(N);x 为弹性敏感元件所产生的变形(mm)。

刚度也可以从弹性特性曲线上求得。图 3-4 中弹性特性曲线 1 上 A 点的刚度,可通过 A 点作曲线 1 的切线,该切线与水平夹角的正切就代表该弹性敏感元件在 A 点的刚度,即 $\tan\theta = \frac{\mathrm{d}F}{\mathrm{d}x}$。若弹性敏感元件的特性是线性的,则其刚度是一个常数,即 $\tan\theta = \frac{F}{x} =$ 常数,如图 3-4 中的直线 2 所示。

2. 灵敏度

通常用刚度的倒数表示弹性元件的特性,称为弹性敏感元件的灵敏度,一般用 S 表示,其表达式为

$$S = \frac{1}{C} = \frac{\mathrm{d}x}{\mathrm{d}F} \tag{3-13}$$

从式(3-13)可以看出,灵敏度就是单位力作用下弹性敏感元件产生变形的大小,灵敏度大,表明弹性元件软,变形大。

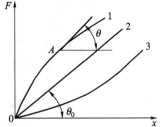

图 3-4 弹性特性曲线

与刚度相似,若弹性特性是线性的,则灵敏度为常数;若弹性特性是非线性的,则灵敏度为变数,即表示此弹性敏感元件在弹性变形范围内,各处由单位力产生的变形大小是不同的。

常用弹性敏感元件的结构和特性见表 3-2。

表 3-2 常用弹性敏感元件的结构和特性

类别	名称	示意图	压力测量范围/kPa		输出特征	动态性质	
			最小	最大		时间常数/s	自振频率/Hz
薄膜式	平薄膜		$0 \sim 10$	$0 \sim 10^5$		$10^{-5} \sim 10^{-2}$	$10 \sim 10^4$
	波纹膜		$0 \sim 10^{-3}$	$0 \sim 10^3$		$10^{-2} \sim 10^{-1}$	$10 \sim 100$
	挠性膜		$0 \sim 10^{-5}$	$0 \sim 10^2$		$10^{-2} \sim 1$	$1 \sim 100$
波纹管式	波纹管		$0 \sim 10^{-3}$	$0 \sim 10^3$		$10^{-2} \sim 10^{-1}$	$10 \sim 100$
弹簧管式	单圈弹簧管		$0 \sim 10^{-1}$	$0 \sim 10^6$		—	$100 \sim 1\,000$
	多圈弹簧管		$0 \sim 10^{-2}$	$0 \sim 10^5$		—	$10 \sim 100$

通常使用的弹性敏感元件的材料为合金钢(40Cr,35CrMnSiA 等)、铍青铜(Qbe2,QBr2.5 等)、不锈钢(1Cr18Ni9Ti 等)。传感器中弹性敏感元件的输入量是力或压力,输出量是应变或位移。在力的变换中,弹性敏感元件通常有实心或空心圆柱体、等截面圆环、等截面或等强度悬臂梁等;变换压力的弹性敏感元件有弹簧管、膜片、膜盒、薄臂圆桶等。

3.3.2 灵敏系数

当具有初始电阻值 R 的应变片粘贴于被测试件表面时,试件受力引起的表面应变,将传递给应变片的敏感栅,使其产生电阻相对变化 $\dfrac{\Delta R}{R}$。理论和实验表明,在一定应变范围内 $\dfrac{\Delta R}{R}$ 与

ε_x 的关系满足

$$\frac{\Delta R}{R} = K\varepsilon_x \tag{3-14}$$

式中: ε_x 为应变片的轴向应变。

定义 $K = \left(\dfrac{\Delta R}{R}\right)/\varepsilon_x$ 为应变片的灵敏系数。它表示安装在被测试件上的应变片在其轴向受到单向应力时,引起的电阻相对变化 $\dfrac{\Delta R}{R}$ 与其单向应力引起的试件表面轴向应变 ε_x 之比。

必须指出,应变片的灵敏系数 K 并不等于其敏感栅整长应变丝的灵敏系数 K_0,一般情况下, $K < K_0$,这是因为,在单向应力产生应变时, K 除受到敏感栅结构形状、成型工艺、黏结剂和基底性能的影响外,尤其受到栅端圆弧部分横向效应的影响。应变片的灵敏系数直接关系到应变测量的精度。因此, K 值通常由从批量生产中每批抽样在规定条件下,通过实测确定,应变片的灵敏系数称为标称灵敏系数。上述规定的条件是:① 试件材料取泊松比 $\mu_0 = 0.285$ 的钢材;② 试件单向受力;③ 应变片轴向与主应力方向一致。

3.3.3　横向效应

当将图 3-5 所示的应变片粘贴在被测试件上时,由于其敏感栅是由 n 条长度为 l_1 的直线段和直线段端部的 $n-1$ 个半径为 r 的半圆圆弧或直线组成,所以若该应变片承受轴向应力而产生纵向拉应变 ε_y,则各直线段的电阻将增加,但在半圆弧段会受到从 $+\varepsilon_y$ 到 $-\mu\varepsilon_y$ 之间变化的应变,其电阻的变化将小于沿轴向安放的同样长度电阻丝电阻的变化。

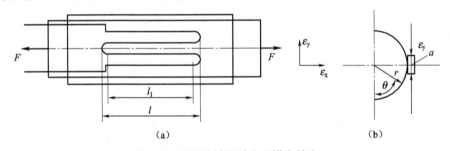

图 3-5　应变片轴向受力及横向效应

(a) 应变片及轴向受力图;(b) 应变片的横向效应图

综上所述,将直的电阻丝绕成敏感栅后,虽然长度不变,应变状态相同,但由于应变片敏感栅的电阻变化减小,因而其灵敏系数 K 较整长电阻丝的灵敏系数 K_0 小,这种现象称为应变片的横向效应。为了减小横向效应产生的测量误差,现在一般多采用箔式应变片。

3.3.4　绝缘电阻和最大工作电流

应变片绝缘电阻是指已粘贴的应变片的引线与被测试件之间的电阻值 R_m。通常要求 $R_m = 50 \sim 100$ MΩ。绝缘电阻下降将使测量系统的灵敏度降低,使应变片的指示应变产生误差。 R_m 取决于黏结剂及基底材料的种类及固化工艺。在常温使用条件下要采取必要的防潮措施,而在中温或高温条件下,要注意选取电绝缘性能良好的黏结剂和基底材料。

最大工作电流是指已安装的应变片允许通过敏感栅而不影响其工作特性的最大电流 I_{max}。工作电流大,输出信号也大,灵敏系数就高。但工作电流过大会使应变片过热,灵敏系数产生变化,零漂及蠕变增加,甚至烧毁应变片。工作电流的选取要根据被测试件的导热性能及敏感栅形状和尺寸来决定。通常静态测量时取 25 mA 左右。动态测量时可取 75~100 mA。箔式应变片散热条件好,电流可取得更大一些。在测量塑料、玻璃、陶瓷等导热性差的材料时,电流可取得小一些。

3.3.5　应变片的动态响应特性

电阻应变片在测量频率较高的动态应变时,应变是以应变波的形式在材料中传播的,它的传播速度与声波相同,对于钢材 $v \approx 5\,000$ m/s,应变波由试件材料表面,经黏结层、基片传播到敏感栅,所需要的时间是非常短暂的,如应变波在黏结层和基片中的传播速度为 1\,000 m/s,黏结层和基片的总厚度为 0.05 mm,则所需时间约 5×10^{-8} s,因此可以忽略不计。但是由于应变片的敏感栅相对较长,当应变波在纵栅长度方向上传播时,只有在应变波通过敏感栅全部长度后,应变片所反映的波形经过一定时间的延迟,才能达到最大值。应变片对阶跃应变的响应特性如图 3-6 所示。

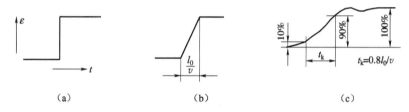

（a）　　　　　　　　　　（b）　　　　　　　　　（c）

图 3-6　应变片对阶跃应变的响应特性

（a）应变波为阶跃波；（b）理论响应特性；（c）实际响应特性

由图 3-6(c)可以看出,上升时间 t_k(应变输出从 10% 上升到 90% 的最大值所需的时间)为

$$t_k = 0.8 \frac{l_0}{v} \tag{3-15}$$

式中:l_0 为应变片基长;v 为应变波速。

若取 $l_0 = 20$ mm,$v = 5\,000$ m/s,则 $t_k = 2.2 \times 10^{-6}$ s。

当测量按正弦规律变化的应变波时,由于应变片反映出来的应变波是应变片纵栅长度内所感受应变量的平均值,因此应变片所反映的波幅将低于真实应变波,从而带来一定的测量误差。显然这种误差将随应变片基长的增加而加大。图 3-7 所示为应变片正处于应变波达到最大幅值时的瞬时情况,此时

$$\begin{cases} x_1 = \dfrac{\lambda}{4} - \dfrac{l_0}{2} \\ x_2 = \dfrac{\lambda}{4} + \dfrac{l_0}{2} \end{cases}$$

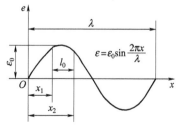

图 3-7　应变片对正弦应变波的响应特性

应变片长度为 l_0，测得基长 l_0 内的平均应变 ε_p 达到最大值，其值为

$$\varepsilon_p = \frac{\int_{x_1}^{x_2} \varepsilon_0 \sin \frac{2\pi}{\lambda} x \mathrm{d}x}{x_2 - x_1} = \frac{\lambda \varepsilon_0}{\pi \mathrm{d}_0} \sin \frac{\pi \mathrm{d}_0}{\lambda} \qquad (3-16)$$

因而应变波幅测量的相对误差为

$$e = \left| \frac{\varepsilon_p - \varepsilon_0}{\varepsilon_0} \right| = \frac{\lambda}{\pi \mathrm{d}_0} \sin \frac{\pi \mathrm{d}_0}{\lambda} - 1 \qquad (3-17)$$

由式(3-17)可以看出，测量误差 e 与比值 $n = \frac{\lambda}{l_0}$ 有关。n 值越大，误差 e 越小。一般可取 $n = 10 \sim 20$，其误差为 1.6% ~ 0.4%。

3.3.6 应变片的温度误差及补偿

1. 应变片的温度误差

由于测量现场环境温度的改变而给测量带来的附加误差，称为应变片的温度误差，产生应变片温度误差主要有以下因素。

（1）电阻温度系数的影响。敏感栅的电阻丝电阻值随温度变化的关系为

$$R_t = R_0(1 + \alpha_0 \Delta t) \qquad (3-18)$$

式中：R_t 为温度在 t 时的电阻值；R_0 为温度在 t_0 时的电阻值；α_0 为温度在 t_0 时金属丝的电阻温度系数；Δt 为温度变化值，$\Delta t = t - t_0$。

当温度变化 Δt 时，电阻丝电阻值的变化值为

$$\Delta R\alpha = R_t - R_0 = R_0 \alpha_0 \Delta t \qquad (3-19)$$

（2）试件材料和电阻丝材料的线膨胀系数的影响。当试件与电阻丝材料的线膨胀系数相同时，无论环境温度如何变化，电阻丝的变形仍和自由状态一样，不会产生附加变形。

当试件与电阻丝材料的线膨胀系数不同时，由于环境温度的变化，电阻丝会产生附加变形，从而产生附加电阻变化。

设电阻丝和试件在温度为 0 ℃时的长度均为 l_0，它们的线膨胀系数分别为 β_s 和 β_g，若两者不粘贴，则它们的长度分别为

$$l_s = l_0(1 + \beta_s \Delta t) \qquad (3-20)$$
$$l_g = l_0(1 + \beta_g \Delta t) \qquad (3-21)$$

当两者粘贴在一起时，电阻丝产生的附加变形 Δl、附加应变 ε_β 和附加电阻变化 ΔR_β 分别为

$$\Delta l = l_g - l_s = (\beta_g - \beta_s) l_0 \Delta t \qquad (3-22)$$

$$\varepsilon_\beta = \frac{\Delta l}{l_0} = (\beta_g - \beta_s) \Delta t \qquad (3-23)$$

$$\Delta R_\beta = K_0 R_0 \varepsilon_\beta = K_0 R_0 (\beta_g - \beta_s) \Delta t \qquad (3-24)$$

由式(3-19)和式(3-24)，可得由于温度变化而引起的应变片总电阻相对变化量，即

$$\frac{\Delta R_t}{R_0} = \frac{\Delta R_\alpha + \Delta R_\beta}{R_0} = \alpha_0 \Delta t + K_0(\beta_g - \beta_s) \Delta t$$

$$= [\alpha_0 + K_0(\beta_g - \beta_s)]\Delta t \tag{3-25}$$

由式(3-25)可知,因环境温度变化而引起的附加电阻的相对变化量,除了与环境温度有关外,还与应变片自身的性能参数 K_0、α_0、β_s 以及被测试件线膨胀系数 β_g 有关。

2. 电阻应变片的温度补偿方法

电阻应变片的温度补偿方法通常有电路补偿法和应变片自补偿法两大类。

1)线路补偿法

电桥补偿法是最常用且效果较好的电路补偿法,图 3-8(a)所示为电桥补偿法的原理图。电桥输出电压 U_o 与桥臂参数的关系为

$$U_o = A(R_1 R_4 - R_B R_3) \tag{3-26}$$

式中:A 为由桥臂电阻和电源电压决定的常数。

由式(3-26)可知,当 R_3 和 R_4 为常数时,R_1 和 R_B 对电桥输出电压 U_o 的作用方向相反。利用这一基本关系可实现对温度的补偿。

测量应变时,工作应变片 R_1 粘贴在被测试件表面上,补偿应变片 R_B 粘贴在与被测试件材料完全相同的补偿块上,且仅工作应变片承受应变,如图 3-8(b)所示。

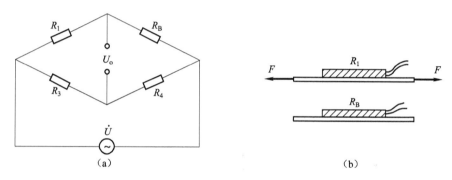

图 3-8 电桥补偿法

R_1—工作应变片;R_B—补偿应变片;R_3,R_4—桥臂电阻

当被测试件不承受应变时,R_1 和 R_B 又处于同一环境温度为 t 的温度场中,调整电桥参数使之达到平衡,此时有

$$U_o = A(R_1 R_4 - R_B R_3) = 0 \tag{3-27}$$

在工程上,一般按 $R_1 = R_B = R_3 = R_4$ 选取桥臂电阻。

当温度升高或降低 $\Delta t = t - t_0$ 时,两个应变片因温度而引起的电阻变化量相等,电桥仍处于平衡状态,即

$$U_o = A[(R_1 + \Delta R_{1t})R_4 - (R_B + \Delta R_{Bt})R_3] = 0 \tag{3-28}$$

若此时被测试件有应变 ε 的作用,则工作应变片电阻 R_1 又有新的增量 $\Delta R_1 = R_1 K\varepsilon$,而补偿片因不承受应变,故不产生新的增量,此时电桥输出电压为

$$U_o = A R_1 R_4 K\varepsilon \tag{3-29}$$

由式(3-29)可知,电桥的输出电压 U_o 仅与被测试件的应变 ε 有关,而与环境温度无关。

应当指出,若要实现完全补偿,上述分析过程必须满足以下四个条件。

（1）在应变片工作过程中，保证 $R_3 = R_4$。

（2）应变片 R_1 和 R_B 应具有相同的电阻温度系数 α、线膨胀系数 β、应变灵敏系数 K 和初始电阻值 R_0。

（3）粘贴补偿片的补偿块材料和粘贴工作片的被测试件材料必须一样，两者线膨胀系数相同。

（4）两应变片应处于同一温度场。

2）应变片的自补偿法

这种温度补偿法是利用自身具有温度补偿作用的应变片（称为温度自补偿应变片）补偿的，根据温度自补偿应变片的工作原理，可由式（3-26）得出。要实现温度自补偿，必须有

$$\alpha_0 = -K_0(\beta_g - \beta_s) \tag{3-30}$$

式（3-30）表明，当被测试件的线膨胀系数 β_g 已知时，如果合理选择敏感栅材料，即其电阻温度系数 α_0、灵敏系数 K_0 以及线膨胀系数 β_s，满足式（3-30），则不论温度如何变化，均有 $\dfrac{\Delta R_t}{R_0} = 0$，从而达到温度自补偿的目的。

3.4 电阻应变片的测量电路

3.4.1 直流电桥

1. 直流电桥平衡条件

直流电桥电路如图 3-9 所示，图中 E 为电源电压，R_1、R_2、R_3 及 R_4 为桥臂电阻，R_L 为负载电阻。

当 $R_L \to \infty$ 时，电桥输出电压为

$$U_o = E\left(\frac{R_1}{R_1 + R_2} - \frac{R_3}{R_3 + R_4}\right) \tag{3-31}$$

当电桥平衡时，$U_o = 0$，则有

$$\frac{R_1}{R_2} = \frac{R_3}{R_4} \tag{3-32}$$

式（3-32）为电桥平衡条件，这说明欲使电桥平衡，其相邻两臂电阻的比值应相等，或相对两臂电阻的乘积应相等。

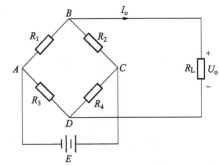

图 3-9 直流电桥电路

2. 电压灵敏度

应变片工作时，其电阻值变化很小，电桥相应输出电压也很小，一般需要加入放大器进行放大。由于放大器的输入阻抗比桥路输出阻抗高很多，所以此时仍视电桥为开路情况。当受应变时，若应变片电阻变化为 ΔR，其他桥臂固定不变，电桥输出电压 $U_o \neq 0$，则电桥不平衡，输出电压为

$$U_o = E\left(\frac{R_1 + \Delta R_1}{R_1 + \Delta R_1 + R_2} - \frac{R_3}{R_3 + R_4}\right)$$

$$= \frac{\Delta R_1 R_4}{(R_1 + \Delta R_1 + R_2)(R_3 + R_4)} \quad (3\text{-}33)$$

$$= E \frac{\frac{R_4}{R_3}\frac{\Delta R_1}{R_1}}{\left(1 + \frac{\Delta R_1}{R_1} + \frac{R_2}{R_1}\right)\left(1 + \frac{R_4}{R_3}\right)}$$

设桥臂比 $n = \frac{R_2}{R_1}$，由于 $\Delta R_1 \ll R_1$，分母中 $\frac{\Delta R_1}{R_1}$ 可忽略不计，并考虑到平衡条件 $\frac{R_2}{R_1} = \frac{R_4}{R_3}$，则式 (3-33) 可写为

$$U_o = \frac{n}{(1+n)^2}\frac{\Delta R_1}{R_1}E \quad (3\text{-}34)$$

电桥电压灵敏度定义为

$$S_U = \frac{U_o}{\frac{\Delta R_1}{R_1}} = \frac{n}{(1+n)^2}E \quad (3\text{-}35)$$

分析式 (3-35) 可得出如下结论。

(1) 电桥电压灵敏度正比于电桥供电电压，供电电压越高，电桥电压灵敏度越高，但供电电压的提高受到应变片允许功耗的限制，所以要作适当选择。

(2) 电桥电压灵敏度是桥臂电阻比值 n 的函数，恰当地选择桥臂比 n 的值，保证电桥具有较高的电压灵敏度。

当 E 值确定后，n 取何值时才能使 S_U 最高。由 $\frac{dS_U}{dn} = 0$ 求 S_U 的最大值，即

$$\frac{dS_U}{dn} = \frac{1 - n^2}{(1+n)^3} = 0 \quad (3\text{-}36)$$

求得 $n = 1$ 时，S_U 为最大值。这就是说，在供桥电压确定后，当 $R_1 = R_2 = R_3 = R_4$ 时，电桥电压灵敏度最高，此时有

$$U_o = \frac{E}{4}\frac{\Delta R_1}{R_1} \quad (3\text{-}37)$$

$$S_U = \frac{E}{4} \quad (3\text{-}38)$$

从上述分析可知，当电源电压 E 和电阻相对变化量 $\frac{\Delta R_1}{R_1}$ 一定时，电桥的输出电压及其灵敏度也是定值，且与各桥臂电阻阻值大小无关。

3. 非线性误差及其补偿方法

式 (3-34) 是略去分母中的 $\frac{\Delta R_1}{R_1}$ 项，电桥输出电压与电阻相对变化成正比的理想情况下得

到的,实际情况则应按下式计算,即

$$U'_o = E \frac{n \dfrac{\Delta R_1}{R_1}}{\left(1 + n + \dfrac{\Delta R_1}{R_1}\right)(1 + n)} \tag{3-39}$$

U'_o 与 $\dfrac{\Delta R_1}{R_1}$ 的关系是非线性的,非线性误差为

$$\gamma_L = \frac{U_o - U'_o}{U_o} = \frac{\dfrac{\Delta R_1}{R_1}}{1 + n + \dfrac{\Delta R_1}{R_1}} \tag{3-40}$$

如果是四等臂电桥,$R_1 = R_2 = R_3 = R_4$,即 $n = 1$,则

$$\gamma_L = \frac{\dfrac{\Delta R_1}{2R_1}}{1 + \dfrac{\Delta R_1}{2R_1}} \tag{3-41}$$

对于一般应变片来说,所受应变 ε 通常小于 5 000 μ,若取 $S_U = 2$,则 $\dfrac{\Delta R_1}{R_1} = S_U \varepsilon = 0.01$,将其

代入式(3-41)计算得非线性误差为 0.5%;若 $S_U = 130$,$\varepsilon = 1\,000$ μ,$\dfrac{\Delta R_1}{R_1} = 0.130$,则得到非线

性误差为 6%,故当非线性误差不能满足测量要求时,必须予以消除。

为了减小和克服非线性误差,常采用差动电桥,如图 3-10 所示。在试件上安装两个工作应变片,一个受拉应变,另一个受压应变,再接入电桥相邻桥臂,则称为半桥差动电路,如图 3-10(a)所示。该电桥输出电压为

$$U_o = E\left(\frac{\Delta R_1 + R_1}{\Delta R_1 + R_1 + R_2 - \Delta R_2} - \frac{R_3}{R_3 + R_4}\right) \tag{3-42}$$

若 $\Delta R_1 = \Delta R_2$,$R_1 = R_2$,$R_3 = R_4$,则得

$$U_o = \frac{E}{2} \frac{\Delta R_1}{R_1} \tag{3-43}$$

由式(3-43)可知,U_o 与 $\dfrac{\Delta R_1}{R_1}$ 呈线性关系,差动电桥无非线性误差,而且电桥电压灵敏度

$S_U = \dfrac{E}{2}$,是单臂工作时的 2 倍,同时还具有温度补偿作用。

若将电桥四臂接入四片应变片(如图 3-10(b)所示),即两个受拉应变,两个受压应变,将应变符号相同的两个应变片接入相对桥臂上,构成全桥差动电路。若 $\Delta R_1 = \Delta R_2 = \Delta R_3 = \Delta R_4$,且 $R_1 = R_2 = R_3 = R_4$,则

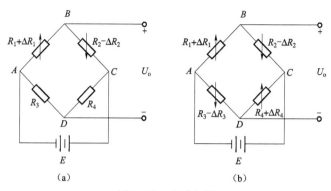

图 3-10　差动电桥

$$U_{\mathrm{o}} = E \frac{\Delta R_1}{R_1} \qquad (3\text{-}44)$$

$$S_{\mathrm{U}} = E \qquad (3\text{-}45)$$

此时全桥差动电路不仅没有非线性误差,而且电压灵敏度为单片工作时的 4 倍,同时仍具有温度补偿作用。

3.4.2　交流电桥

根据直流电桥分析可知,由于应变电桥输出电压很小,一般都要加放大器,而直流放大器易于产生零漂,因此应变电桥多采用交流电桥。

图 3-11 所示为半桥差动交流电桥的一般形式,为交流电压源,由于供桥电源为交流电源,引线分布电容使得二桥臂应变片呈现复阻抗特性,即相当于两只应变片各并联了一个电容,则每一个桥臂上复阻抗分别为

$$\begin{cases} Z_1 = \dfrac{R_1}{1 + \mathrm{j}\omega R_1 C_1} \\[2mm] Z_2 = \dfrac{R_2}{1 + \mathrm{j}\omega R_2 C_2} \\[2mm] Z_1 = R_3 \\[1mm] Z_4 = R_4 \end{cases} \qquad (3\text{-}46)$$

式中:C_1、C_2 为应变片引线分布电容。

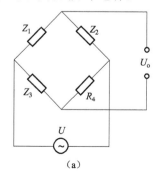 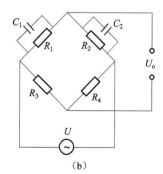

图 3-11　交流电桥

由交流电路分析可得

$$\dot{U}_o = \dot{U} \frac{Z_1 Z_4 - Z_2 Z_3}{(Z_1 + Z_2)(Z_3 + Z_4)} \qquad (3-47)$$

要满足电桥平衡条件,即 $\dot{U}_o = 0$,则有

$$Z_1 Z_4 = Z_2 Z_3 \qquad (3-48)$$

取 $Z_1 = Z_2 = Z_3 = Z_4$,将式(3-47)代入式(3-48),可得

$$\frac{R_1}{1 + j\omega R_1 C_1} R_4 = \frac{R_2}{1 + j\omega R_2 C_2} R_3 \qquad (3-49)$$

整理式(3-49),可得

$$\frac{R_3}{R_1} + j\omega R_3 C_1 = \frac{R_4}{R_2} + j\omega R_4 C_2 \qquad (3-50)$$

其实部、虚部分别相等,并整理可得交流电桥的平衡条件为

$$\frac{R_2}{R_1} = \frac{R_4}{R_3}$$

或

$$\frac{R_2}{R_1} = \frac{C_1}{C_2} \qquad (3-51)$$

交流电桥平衡调节电路如图 3-12 所示。

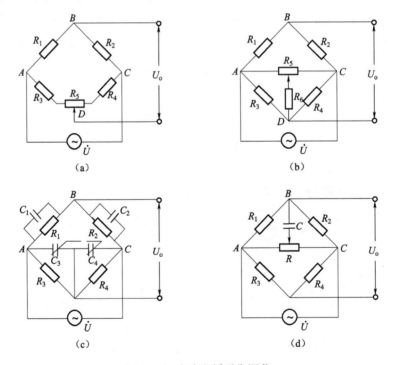

(a)　　　　　　　　　　(b)

(c)　　　　　　　　　　(d)

图 3-12　交流电桥平衡调节

当被测应力变化引起 $Z_1 = Z_{10} + \Delta Z$，$Z_2 = Z_{20} - \Delta Z$ 变化时（且 $Z_{10} = Z_{20} = Z_0$），则电桥输出为

$$\dot{U}_o = \dot{U}\left(\frac{Z_0 + \Delta Z}{2Z_0} - \frac{1}{2}\right) = \frac{1}{2}\dot{U}\frac{\Delta Z}{Z_0} \tag{3-52}$$

3.5　应变式传感器的应用

3.5.1　应变式力传感器

被测物理量为负载或力的应变式传感器时，统称为应变式力传感器。其主要用途是作为各种电子秤与材料实验机的测力元件，以及用于发动机的推力测试、水坝坝体承载状况监测等。

应变式力传感器要求有较高的灵敏度和稳定性，当传感器在受到侧向作用力或力的作用点少量变化时，不应对输出有明显的影响。

1. 柱(筒)式力传感器

图 3-13(a)、(b)分别为柱式、筒式力传感器，应变片粘贴在弹性体外壁应力分布均匀的中间部分，对称地粘贴多片。电桥连线时考虑尽量减小负载偏心和弯矩影响，贴片在圆柱面上的展开位置及其在桥路中的连接如图 3-13(c)、(d)所示，R_1 和 R_3 串联，R_2 和 R_4 串联，并置于桥路对臂上，以减小弯矩影响，横向贴片 R_5 和 R_7 串联，R_6 和 R_8 串联，作为温度补偿用，串联在另两个桥臂上。

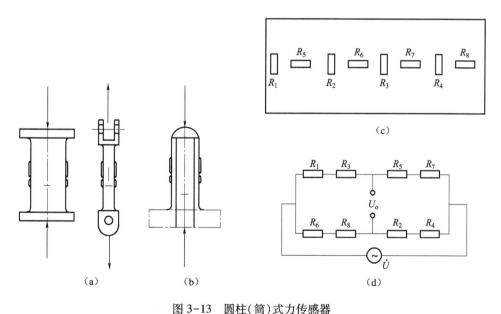

图 3-13　圆柱(筒)式力传感器

(a) 柱式；(b) 筒式；(c) 圆柱面展开图；(d) 桥路连线图

2. 环式力传感器

图 3-14(a)所示为环式力传感器结构图，与柱式相比，应力分布变化较大，且有正有负。

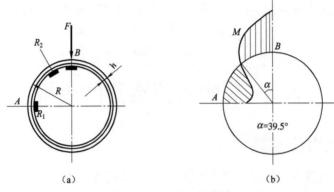

图 3-14 环式力传感器

（a）环式传感器结构图；（b）应力分布

对 $\dfrac{R}{h} > 5$ 的小曲率圆环，可用下面的公式计算出 A、B 两点的应变，即

$$\varepsilon_{\mathrm{A}} = -\frac{1.09FR}{bh^2 E} \tag{3-53}$$

$$\varepsilon_{\mathrm{B}} = \frac{1.91FR}{bh^2 E} \tag{3-54}$$

式中：h 为圆环厚度；b 为圆环宽度；E 为材料弹性模量。

这样，测出 A、B 处的应变，即可得到载荷 F。

3.5.2　应变式压力传感器

应变式压力传感器主要用来测量流动介质的动态或静态压力，如动力管道设备的进出口气体或液体的压力、发动机内部的压力、枪管及炮管内部的压力、内燃机管道的压力等。应变式压力传感器大多采用膜片式或筒式弹性敏感元件。

图 3-15 所示为膜片式压力传感器，应变片贴在膜片内壁，在压力 p 作用下，膜片产生的径向应变 ε_{r} 和切向应变 ε_{t} 分别为

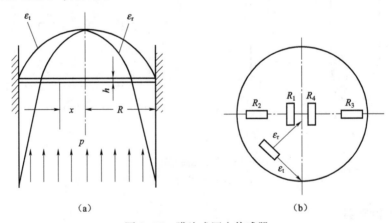

图 3-15　膜片式压力传感器

（a）应变变化图；（b）应变片粘贴

$$\varepsilon_r = \frac{3p(1-\mu^2)(R^2-3x^2)}{8h^2E} \tag{3-55}$$

$$\varepsilon_t = \frac{3p(1-\mu^2)(R^2-x^2)}{8h^2E} \tag{3-56}$$

式中：p 为膜片上均匀分布的压力；R、h 为膜片的半径和厚度；x 为离圆心的径向距离。

由应力分布图可知，膜片弹性敏感元件承受压力 p 时，其应变变化曲线的特点为：当 $x=0$ 时，$\varepsilon_{rmax}=\varepsilon_{tmax}$；当 $x=R$ 时，$\varepsilon_t=0$，$\varepsilon_r=2\varepsilon_{rmax}$。

根据以上特点，一般在平膜片圆心处切向粘贴 R_1、R_4 两个应变片，在边缘处沿径向粘贴 R_2、R_3 两个应变片，然后接成全桥测量电路。

3.5.3 应变式容器内液体重量传感器

图 3-16 所示为插入式测量容器内液体重量的传感器示意图。该传感器有一根传压杆，上端安装微压传感器，为了提高灵敏度，共安装了两只。下端安装感压膜，感压膜感受上面液体的压力。当容器中溶液增多时，感压膜感受的压力就增大。将其上两个传感器 R_t 的电桥接成正向串联的双电桥电路，此时输出电压为

$$U_o = U_1 - U_2 = (K_1 - K_2)h\rho g \tag{3-57}$$

式中：K_1、K_2 为传感器传输系数。

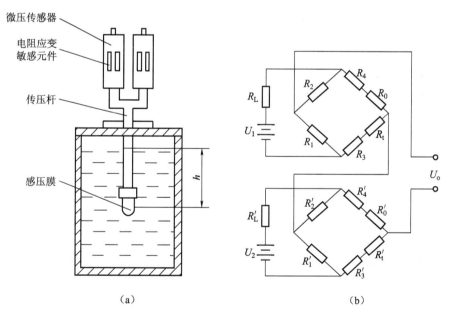

图 3-16 应变片容器内液体重量传感器

由于 $h\rho g$ 表征着感压膜上面液体的重量，对于等截面的柱式容器，有

$$h\rho g = \frac{Q}{A} \tag{3-58}$$

式中:Q 为容器内感压膜上面溶液的重量;A 为柱形容器的截面积。

将式(3-57)和式(3-58)联立,得到容器内感压膜上面溶液重量与电桥输出电压之间的关系为

$$U_o = \frac{(K_1 - K_2)Q}{A} \qquad (3-59)$$

式(3-59)表明,电桥输出电压与柱式容器内感压膜上面溶液的重量呈线性关系,因此用此种方法可以测量容器内储存溶液的质量。

3.5.4　应变式加速度传感器

应变式加速度传感器主要用于物体加速度的测量。其基本工作原理是:物体运动的加速度与作用在它上面的力成正比,与物体的质量成反比,即 $a = F/M$。

图 3-17 所示为应变式加速度传感器的结构示意图,图中 1 是等强度梁,自由端安装质量块 2,另一端固定在壳体 3 上。等强度梁上粘贴四个电阻应变敏感元件 4。为了调节振动系统阻尼系数,在壳体内充满硅油。

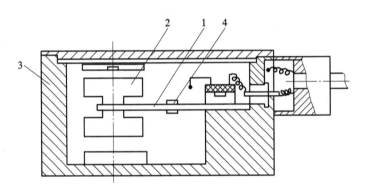

图 3-17　应变式加速度传感器结构图
1—等强度梁;2—质量块;3—壳体;4—电阻应变敏感元体

在测量时,将传感器壳体与被测对象刚性连接,当被测物体以加速度 a 运动时,质量块受到一个与加速度方向相反的惯性力作用,使悬臂梁变形,该变形被粘贴在悬臂梁上的应变片感受到并随之产生应变,从而使应变片的电阻发生变化。电阻的变化引起应变片组成的桥路出现不平衡,从而输出电压,即可得出加速度 a 的大小。

应变式加速度传感器不适用于频率较高的振动和冲击场合,一般适用频率为 10~60 Hz。

习　　题

3-1　金属电阻应变片与半导体材料的电阻应变效应有什么不同?

3-2　直流测量电桥和交流测量电桥有什么区别?

3-3　采用阻值为 120 Ω、灵敏度 $S = 2.0$ 的金属电阻应变片和阻值为 120 Ω 的固定电阻组成电桥,供桥电压为 4 V,并假设负载电阻无穷大。当应变片上的应变分别为 1 和 1 000 时,

试求单臂、双臂和全桥工作时的输出电压,并比较三种情况下的灵敏度。

3-4　采用阻值 $R=120\ \Omega$、灵敏度 $S=2.0$ 的金属电阻应变片与阻值 $R=120\ \Omega$ 的固定电阻组成电桥,供桥电压为 10 V。当应变片应变为 1 000 时,若要使输出电压大于 10 mV,则可采用何种工作方式(设输出阻抗为无穷大)?

3-5　图 3-18 所示为一直流电桥,供电电源电动势 $E=3$ V,$R_3=R_4=100\ \Omega$,R_1 和 R_2 为同型号的电阻应变片,其电阻均为 50 Ω,灵敏度 $S=2.0$。两只应变片分别粘贴于等强度梁同一截面的正反两面。设等强度梁在受力后产生的应变为 5 000,试求此时电桥输出端电压 U_o。

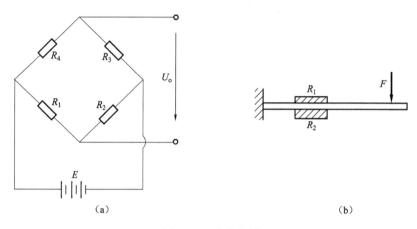

图 3-18　直流电桥

第 4 章

电感式传感器

4.1 变磁阻式传感器

4.1.1 工作原理

法拉第电磁感应定律(1831 年):当一个线圈中电流 i 变化时,该电流产生的磁通 $\boldsymbol{\Phi}$ 也随之变化,因而在线圈本身产生感应电势 e_1,这种现象称为自感;产生的感应电势称为自感电势。

变磁阻式传感器的结构如图 4-1 所示,它由线圈、铁芯和衔铁三部分组成。铁芯和衔铁由导磁材料如硅钢片或坡莫合金制成,在铁芯和衔铁之间有气隙,气隙厚度为 δ,传感器的运动部分与衔铁相连。当衔铁移动时,气隙厚度 δ 发生改变,引起磁路中磁阻变化,从而导致电感线圈的电感值变化,因此只要能测出这种电感量的变化,就能确定衔铁位移量的大小和方向。

根据电感的定义,线圈中电感量可由下式确定,即

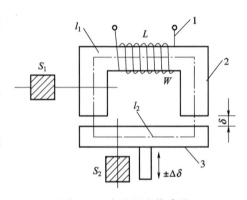

图 4-1 变磁阻式传感器

1—线圈;2—铁芯(定铁芯);3—衔铁(动铁芯)

$$L = \frac{\boldsymbol{\psi}}{I} = \frac{W\boldsymbol{\Phi}}{I} \qquad (4-1)$$

式中:$\boldsymbol{\Psi}$ 为线圈总磁链;I 为通过线圈的电流;W 为线圈的匝数;$\boldsymbol{\Phi}$ 为穿过线圈的磁通。

由磁路欧姆定律,可得

$$\boldsymbol{\Phi} = \frac{IW}{R_{\mathrm{m}}} \qquad (4-2)$$

式中:R_{m} 为磁路总磁阻。

对于变磁阻式传感器,因为气隙很小,所以可以认为气隙中的磁场是均匀的。若忽略磁路磁损,则磁路总磁阻为

$$R_{\mathrm{m}} = \frac{l_1}{\mu_1 S_1} + \frac{l_2}{\mu_2 S_2} + \frac{2\delta}{\mu_0 S_0} \qquad (4-3)$$

式中:μ_1 为铁芯材料的磁导率;μ_2 为衔铁材料的磁导率;l_1 为磁通通过铁芯的长度;l_2 为磁通通过衔铁的长度;S_1 为铁芯的截面积;S_2 为衔铁的截面积;μ_0 为空气的磁导率;S_0 为气隙的截面积;δ 为气隙的厚度。

通常气隙磁阻远大于铁芯和衔铁的磁阻,即

$$\begin{cases} \dfrac{2\delta}{\mu_0 S_0} \gg \dfrac{l_1}{\mu_1 S_1} \\[3mm] \dfrac{2\delta}{\mu_0 S_0} \gg \dfrac{l_2}{\mu_2 S_2} \end{cases} \tag{4-4}$$

则式(4-3)可写为

$$R_{\mathrm{m}} = \frac{2\delta}{\mu_0 S_0} \tag{4-5}$$

联立式(4-1)、式(4-2)和式(4-5),可得

$$L = \frac{W^2}{R_{\mathrm{m}}} = \frac{W^2 \mu_0 S_0}{2\delta} \tag{4-6}$$

式(4-6)表明,当线圈匝数为常数时,电感 L 仅仅是磁路中磁阻 R_{m} 的函数,改变 δ 或 S_0 均可导致电感变化,因此变磁阻式传感器又可分为变气隙厚度 δ 的传感器和变气隙面积 S_0 的传感器。目前,使用最广泛的是变气隙厚度式电感传感器。

4.1.2 输出特性

由式(4-6)可知 L 与 δ 之间是非线性关系,其 L-δ 特性曲线如图 4-2 所示。设电感式传感器初始气隙为 S_0,初始电感量为 L_0,衔铁位移引起的气隙变化量为 $\Delta\delta$。当衔铁处于初始位置时,初始电感量为

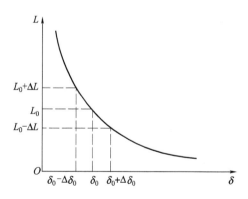

图 4-2 变隙式电感传感器的 L-δ 特性曲线

$$L_0 = \frac{\mu_0 S_0 W^2}{2\delta_0} \tag{4-7}$$

当衔铁上移 $\Delta\delta$ 时,传感器气隙减小 $\Delta\delta$,即 $\delta = \delta_0 - \Delta\delta$,则此时输出电感为 $L = L_0 + \Delta L$,将其代入式(4-6)并整理,可得

$$L = L_0 + \Delta L = \frac{W^2 \mu_0 S_0}{2(\delta_0 - \Delta\delta)} = \frac{L_0}{1 - \dfrac{\Delta\delta}{\sigma_0}} \tag{4-8}$$

当 $\dfrac{\Delta\delta}{\delta_0} \ll 1$ 时,可将式(4-8)用泰勒级数展开成如下的级数形式:

$$L = L_0 + \Delta L = L_0\left[1 + \frac{\Delta\delta}{\delta_0} + \left(\frac{\Delta\delta}{\delta_0}\right)^2 + \left(\frac{\Delta\delta}{\delta_0}\right)^3 + \cdots\right] \tag{4-9}$$

由式(4-9)可求得电感增量 ΔL 和相对增量 $\dfrac{\Delta L}{L_0}$ 的表达式,即

$$\Delta L = L_0 \frac{\Delta\delta}{\delta_0}\left[1 + \frac{\Delta\delta}{\delta_0} + \left(\frac{\Delta\delta}{\delta_0}\right)^2 + \cdots\right] \tag{4-10}$$

$$\frac{\Delta L}{L_0} = \frac{\Delta\delta}{\delta_0}\left[1 + \frac{\Delta\delta}{\delta_0} + \left(\frac{\Delta\delta}{\delta_0}\right)^2 + \cdots\right] \tag{4-11}$$

同理,当衔铁随被测物体的初始位置向下移动 $\Delta\delta$ 时,有

$$\Delta L = L_0 \frac{\Delta\delta}{\delta_0}\left[1 - \frac{\Delta\delta}{\delta_0} + \left(\frac{\Delta\delta}{\delta_0}\right)^2 - \left(\frac{\Delta\delta}{\delta_0}\right)^3 + \cdots\right] \tag{4-12}$$

$$\frac{\Delta L}{L_0} = \frac{\Delta\delta}{\delta_0}\left[1 - \frac{\Delta\delta}{\delta_0} + \left(\frac{\Delta\delta}{\delta_0}\right)^2 - \left(\frac{\Delta\delta}{\delta_0}\right)^3 + \cdots\right] \tag{4-13}$$

对式(4-11)和式(4-13)做线性处理,即忽略高次项后,可得

$$\frac{\Delta L}{L_0} = \frac{\Delta\delta}{\delta_0} \tag{4-14}$$

灵敏度为

$$S_0 = \frac{\dfrac{\Delta L}{L_0}}{\Delta\delta} = \frac{1}{\delta_0} \tag{4-15}$$

由此可见,变隙式电感传感器的测量范围与灵敏度及线性度相矛盾,因此变隙式电感传感器适用于测量微小位移的场合。为了减小非线性误差,实际测量中广泛采用差动变隙式电感传感器。差动变隙式电感传感器如图 4-3 所示。

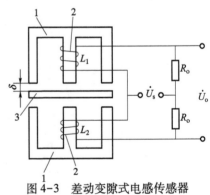

4.1.3 测量电路

电感式传感器的测量电路有交流电桥式、变压器式交流电桥以及谐振式等。

1. 电感式传感器的等效电路

从电路角度来看,电感式传感器的线圈并非是纯

图 4-3 差动变隙式电感传感器
1—铁芯;2—线圈;3—衔铁

电感,该电感由有功分量和无功分量两部分组成。有功分量包括:线圈线绕电阻和涡流损耗电阻及磁滞损耗电阻,这些都可折合成为有功电阻,其总电阻可用 R 表示;无功分量包括:线圈

的自感 L,绕线间分布电容,为简便起见可视为集中参数,用 C 表示。于是可得到电感式传感器的等效电路,如图 4-4 所示。

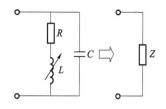

图 4-4　电感式传感器的等效电路

图 4-4 中,L 为线圈的自感,R 为折合有功电阻的总电阻,C 为并联寄生电容。图 4-4 的等效线圈阻抗为

$$Z = \frac{(R + j\omega L)\left(\dfrac{-j}{\omega C}\right)}{R + j\omega L - \dfrac{j}{\omega C}} \tag{4-16}$$

将式(4-16)有理化并应用品质因数 $Q = \dfrac{\omega L}{R}$,可得

$$Z = \frac{R}{(1 - \omega^2 LC)^2 + \left(\dfrac{\omega^2 LC}{Q}\right)^2} + \frac{j\omega L\left(1 - \omega^2 LC - \dfrac{\omega^2 LC}{Q^2}\right)}{(1 - \omega^2 LC)^2 + \left(\dfrac{\omega^2 LC}{Q}\right)^2} \tag{4-17}$$

当 $Q \ll \omega^2 LC$ 且 $\omega^2 LC \ll 1$ 时,式(4-17)可近似为

$$Z = \frac{R}{(1 - \omega^2 LC)^2} \tag{4-18}$$

令 $L' = \dfrac{L}{(1 - \omega^2 LC)^2}$,则

$$Z = R' + j\omega L' \tag{4-19}$$

从以上分析可以看出,并联电容的存在,使有效串联损耗电阻及有效电感增加,而有效品质因数 Q 值减小。在有效阻抗不大的情况下,它会使灵敏度有所提高,从而引起传感器性能的变化。因此,在测量中,若更换连接电缆线的长度,在激励频率较高时则应对传感器的灵敏度重新进行校准。

2. 交流电桥式测量电路

图 4-5 所示为交流电桥式测量电路,把传感器的两个线圈作为电桥的两个桥臂 Z_1 和 Z_2,另外两个相邻的桥臂用纯电阻 R 代替。设 $Z_1 = Z + \Delta Z_1$,$Z_2 = Z - \Delta Z_2$,其中,Z 为衔铁在中间位置时单个线圈的复阻抗,ΔZ_1、ΔZ_2 分别为衔铁偏离中心位置时两线圈阻抗的变化量。对于高品质因数 Q 值的差动式电感传感器,有 $\Delta Z_1 + \Delta Z_2 \approx j\omega(\Delta L_1 + \Delta L_2)$,则电桥输出电压为

$$\dot{U}_o = \frac{R\Delta Z}{Z(Z + R)}\dot{U} \propto (\Delta L_1 + \Delta L_2) \tag{4-20}$$

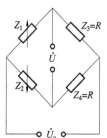

图 4-5　交流电桥式测量电路

当衔铁往上移动 $\Delta\delta$ 时,两个线圈的电感变化量 ΔL_1、ΔL_2 分别由式(4-10)及式(4-12)表示,差动式电感传感器电感的总变化量 $\Delta L = \Delta L_1 + \Delta L_2$,具体表达式为

$$\Delta L = \Delta L_1 + \Delta L_2 = 2L_0 \frac{\Delta \delta}{\delta_0} \left[1 + \left(\frac{\Delta \delta}{\delta_0} \right)^2 + \left(\frac{\Delta \delta}{\delta_0} \right)^4 + \cdots \right] \tag{4-21}$$

对式(4-21)进行线性处理,即忽略高次项,可得

$$\frac{\Delta L}{L_0} = 2 \frac{\Delta \delta}{\delta_0} \tag{4-22}$$

灵敏度为

$$S_0 = \frac{\dfrac{\Delta L}{L_0}}{\Delta \delta} = \frac{2}{\delta_0} \tag{4-23}$$

比较式(4-15)与式(4-23),单线圈式和差动式两种变隙式电感传感器的灵敏度特性,可以得到如下结论。

(1)差动式变隙电感传感器的灵敏度是单线圈式电感传感器的2倍。

(2)差动式变隙电感传感器的非线性项由式(4-21)可得$\frac{\Delta L}{L_0} = 2 \left(\frac{\Delta \delta}{\delta_0} \right)^3$(忽略高次项)。单线圈式电感传感器的非线性项由式(4-11)或式(4-13)可得$\frac{\Delta L}{L_0} = \left(\frac{\Delta \delta}{\delta_0} \right)^2$(忽略高次项)。由于$\frac{\Delta \delta}{\delta_0} \ll 1$,因此,差动式变隙电感传感器的线性度得到明显改善。将$\Delta L = 2L_0 \frac{\Delta \delta}{\delta_0}$代入式(4-20),可得

$$\dot{U}_o \propto 2L_0 \frac{\Delta \delta}{\delta_0}$$

电桥输出电压与$\Delta \delta$成正比关系。

3. 变压器式交流电桥

变压器式交流电桥测量电路如图4-6所示,电桥两臂Z_1、Z_2为传感器线圈阻抗,另外两个桥臂为交流变压器二次线圈的1/2阻抗。当负载阻抗为无穷大时,电桥输出电压为

$$\dot{U}_o = \frac{Z_1}{Z_1 + Z_2} \dot{U} - \frac{1}{2} \dot{U} = \frac{Z_1 - Z_2}{Z_1 + Z_2} \frac{\dot{U}}{2} \tag{4-24}$$

当传感器的衔铁处于中间位置,即$Z_1 = Z_2 = Z$时,电桥平衡。

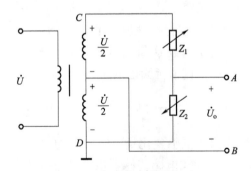

图4-6　变压器式交流电桥电路

当传感器衔铁上移时,如 $Z_1 = Z + \Delta Z, Z_2 = Z - \Delta Z$,

$$\dot{U}_o = -\frac{\Delta Z}{Z}\frac{\dot{U}}{2} = -\frac{\Delta L}{L}\frac{\dot{U}}{2} \tag{4-25}$$

当传感器衔铁下移时,如 $Z_1 = Z - \Delta Z, Z_2 = Z + \Delta Z$,

$$\dot{U}_o = -\frac{\Delta Z}{Z}\frac{\dot{U}}{2} = \frac{\Delta L}{L}\frac{\dot{U}}{2} \tag{4-26}$$

从式(4-25)及式(4-26)可知,衔铁上下移动相同距离时,输出电压相位相反,大小随衔铁的位移而变化。由于是交流电压,输出指示无法判断位移方向,必须配合相敏检波电路予以解决。

4. 谐振式测量电路

谐振式测量电路有谐振式调幅电路(图4-7)和谐振式调频电路(图4-8)。在调幅电路中,传感器电感 L 与电容 C、变压器一次绕组串联在一起,接入交流电源,变压器二次绕组边将有电压输出,输出电压的频率与电源频率相同,而幅值随电感 L 而变化,图4-7(b)所示为输出电压 $\dot{U}_o$ 与电感 L 的关系曲线,其中 L_0 为谐振点的电感值,此电路的灵敏度很高,但线性差,适用于线性度要求不高的场合。

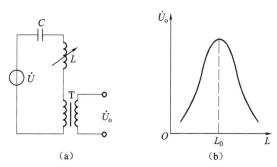

图 4-7 谐振式调幅电路和电压与电感的关系曲线

(a) 调幅电路;(b) 电压与电感的关系曲线

调频电路的基本原理是传感器电感 L 的变化将引起输出电压频率的变化。通常把传感器电感 L 和电容 C 接入一个振荡回路中,其振荡频率 $f = 1/(2\pi\sqrt{LC})$。当 L 变化时,振荡频率随之变化,根据 f 的大小即可测量出被测量的值。图4-8(b)所示为谐振式调频电路 f 与 L 的关系曲线,它具有严重的非线性关系。

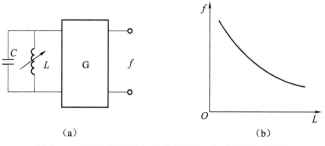

图 4-8 谐振式调频电路和频率与电感的关系曲线

(a) 调频电路;(b) 频率与电感的关系曲线

4.1.4 变磁阻式传感器的应用

变磁阻式电感压力传感器结构如图 4-9 所示。

当压力进入膜盒时,膜盒的顶端在压力 P 的作用下产生与压力 P 大小成正比的位移,于是衔铁也发生移动,从而使气隙发生变化,流过线圈的电流也发生相应的变化,电流表 A 的示值就反映了被测压力的大小。

图 4-10 所示为变隙式差动电感压力传感器。它主要由 C 形弹簧管、衔铁、铁芯和线圈等组成。

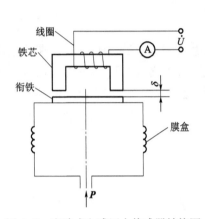

图 4-9　变隙式电感压力传感器结构图

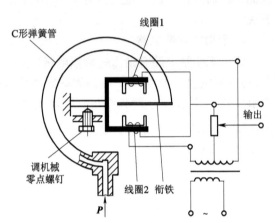

图 4-10　变隙式差动电感压力传感器

当被测压力进入 C 形弹簧管时,C 形弹簧管产生变形,其自由端发生位移,带动与自由端连接成一体的衔铁运动,使线圈 1 和线圈 2 中的电感发生大小相等、符号相反的变化。即一个电感量增大;另一个电感量减小。电感的这种变化通过电桥电路转换成电压输出,由于输出电压与被测压力之间成比例关系,所以只要用检测仪表测量出输出电压,即可得知被测压力的大小。

4.2　差动变压器式传感器

把被测量的非电量变化转换为线圈互感变化的传感器称为互感式传感器。这种传感器是根据变压器的基本原理制成的,并且二次绕组用差动形式连接,故称为差动变压器式传感器。

差动变压器的结构形式较多,有变隙式、变面积式和螺线管式等,图 4-11 所示为差动变压器的结构示意图。在非电量测量中,应用最多的是螺线管式差动变压器,它可以测量 1~100 mm 机械位移,并具有测量精度高、灵敏度高、结构简单、性能可靠等优点。

4.2.1 变隙式差动变压器

1. 工作原理

假设闭磁路变隙式差动变压器式传感器的结构如图 4-11(a)所示,在 A、B 两个铁芯上绕有 $W_{1a}=W_{1b}=W_1$ 的两个一次绕组和 $W_{2a}=W_{2b}=W_2$ 两个二次绕组。两个一次绕组的同名端顺向串联,而两个二次绕组的同名端则反相串联。

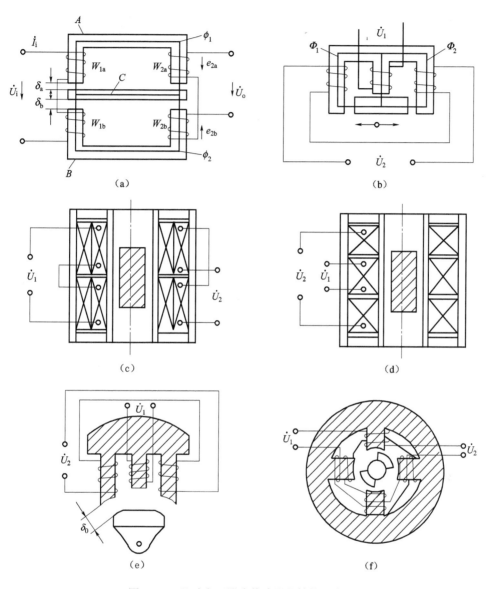

图 4-11　差动变压器式传感器的结构示意图

（a）变隙式差动变压器 1；（b）变隙式差动变压器 2；（c）螺线管式差动变压器 1；

（d）螺线管式差动变压器 2；（e）变面积式差动变压器 1；（f）变面积式差动变压器 2

当没有位移时，衔铁 C 处于初始平衡位置，它与两个铁芯的间隙有 $\delta_{a0} = \delta_{b0} = \delta_0$，则绕组 W_{1a} 和 W_{2a} 间的互感 M_a 与绕组 W_{1b} 和 W_{2b} 的互感 M_b 相等，致使两个二次绕组的互感电势相等，即 $e_{2a} = e_{2b}$。由于二次绕组反相串联，因此，差动变压器输出电压 $U_o = e_{2a} - e_{2b} = 0$。

当被测物体有位移时，与被测物体相连的衔铁的位置将发生相应的变化，使 $\delta_a \neq \delta_b$，互感 $M_a \neq M_b$，两个二次绕组的互感电势 $e_{2a} \neq e_{2b}$，输出电压 $\dot{U}_o = e_{2a} - e_{2b} \neq 0$，即差动变压器有电压输出，此电压的大小与极性反映被测物体位移的大小和方向。

2. 输出特性

在忽略铁损(涡流与磁滞损耗忽略不计)、漏感以及变压器二次绕组开路(或负载阻抗足够大)的条件下,图 4-11(a)所示的等效电路可用图 4-12 表示。图中 r_{1a} 与 L_{1a},r_{1b} 与 L_{1b},r_{2a} 与 L_{2a},r_{2b} 与 L_{2b},分别为 W_{1a},W_{1b},W_{2a},W_{2b} 绕组的直流电阻与电感。

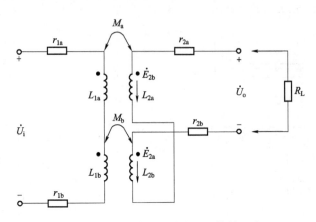

图 4-12　变间隙式差动变压器等效电路

根据电磁感应定律和磁路欧姆定律,当 $r_{1a} \ll \omega L_{1a}$,$r_{1b} \ll \omega L_{1b}$ 时,如果不考虑铁芯与衔铁中的磁阻影响,对图 4-12 所示的等效电路进行分析,可得变隙式差动变压器输出电压 $\dot{U}_o$ 的表达式,即

$$\dot{U}_o = \frac{\delta_b - \delta_a}{\delta_b + \delta_a} \frac{W_2}{W_1} \dot{U}_i \tag{4-27}$$

由式(4-27)可知,当衔铁处于初始平衡位置时,因 $\delta_a = \delta_b = \delta_0$,则 $\dot{U}_o = 0$。但是如果被测物体带动衔铁移动,例如,向上移动 $\Delta\delta$(假设向上移动为正)时,则有 $\delta_a = \delta_0 - \Delta\delta$,$\delta_b = \delta_0 + \Delta\delta$,将其代入式(4-27),可得

$$\dot{U}_o = -\frac{W_2}{W_1} \frac{\dot{U}_i}{\delta_0} \Delta\delta \tag{4-28}$$

式(4-28)即为闭磁路变隙式差动变压器的输出特性。它表明变压器输出电压 $\dot{U}_o$ 与衔铁位移量 $\frac{\Delta\delta}{\delta_0}$ 成正比。式中负号"−"的意义是:当衔铁向上移动时,$\frac{\Delta\delta}{\delta_0}$ 定义为正,变压器输出电压 $\dot{U}_o$ 与输入电压 $\dot{U}_i$ 反相(相位差 180°);而当衔铁向下移动时,$\frac{\Delta\delta}{\delta_0}$ 则为 $-\left|\frac{\Delta\delta}{\delta_0}\right|$,表明 $\dot{U}_o$ 与 $\dot{U}_i$ 同相。图 4-13 所示为变隙式差动变压器输出电压 $\dot{U}_o$ 与位移 $\Delta\delta$ 的关系曲线。

由式(4-28)可得变隙式差动变压器灵敏度 S 的

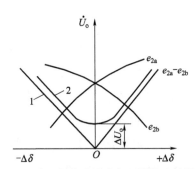

图 4-13　变隙式差动变压器输出特性
1—理想特性;2—实际特性

表达式为

$$S = \frac{\dot{U}_o}{\Delta\delta} = \frac{W_2}{W_1}\frac{\dot{U}_i}{\delta_0}$$ (4-29)

综合以上分析,可得到如下结论。

(1) 首先,供电电源 U_i 要稳定,以便使传感器具有稳定的输出特性;其次,电源幅值的适当提高可以提高灵敏度 S 值,但要以变压器铁芯不饱和以及允许温升为条件。

(2) 增加 $\frac{W_2}{W_1}$ 的比值和减小 δ_0 都能提高灵敏度 S 值。然而,$\frac{W_2}{W_1}$ 的比值与变压器的体积及零点残余电压有关,不论从灵敏度考虑,还是从忽略边缘磁通考虑,均要求变隙式差动变压器的 δ_0 越小越好。为兼顾测量范围的需要,一般选择传感器的 $\delta_0 = 0.5$ mm。

(3) 以上分析的结果是在忽略铁损和线圈中的分布电容等条件下得到的,如果考虑这些影响,将会使传感器性能变差(灵敏度降低,非线性加大等)。但是,在一般工程应用中是可以忽略的。

(4) 以上结果是在假设工艺上严格对称的前提下得到的,而实际上很难做到这一点,因此传感器实际输出特性如图4-13中曲线2所示,存在零点残余电压 ΔU_o。

(5) 进行上述推导的另一个条件是变压器二次绕组开路,对由电子电路构成的测量电路来讲,这个要求很容易满足。但是,如果直接配接低输入阻抗电路,就必须考虑变压器二次绕组电流对输出特性的影响。

4.2.2 螺线管式差动变压器

1. 工作原理

螺线管式差动变压器的结构如图4-14所示。

螺线管式差动变压器按绕组排列方式不同可分为一节式、二节式、三节式、四节式和五节式等类型,如图4-15所示。一节式灵敏度高,三节式零点残余电压较小,通常采用的是二节式和三节式两类。

差动变压器式传感器中的两个二次绕组反相串联,并且在忽略铁损、导磁体磁阻和线圈分布电容的理想条件下,差动变压器等效电路如图4-16所示。

当一次绕组加以激励电压 $\dot{U}$ 时,根据变压器的工作原理,在两个二次绕组 W_{2a} 和 W_{2b} 中便会产生感应电势 E_{2a} 和 E_{2b}。如果工艺上保证变压器结构完全对称,则当活动衔铁处于初始平衡位置时,必然会使两个互感系数相等,即 $M_1 = M_2$。根据电磁感应原理,将有 $E_{2a} = E_{2b}$。由于变压器两个二次绕组反相串联,因而 $\dot{U}_o = E_{2a} - E_{2b} = 0$,即差动变压器输出电压为零。

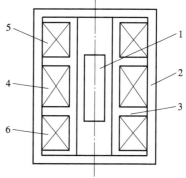

图4-14 螺线管式差动变压器的结构
1—活动衔铁;2—导磁外壳;3—骨架;
4—匝数为 W_1 的一次绕组;5—匝数为 W_{2a} 的二次绕组;6—匝数为 W_{2b} 的二次绕组

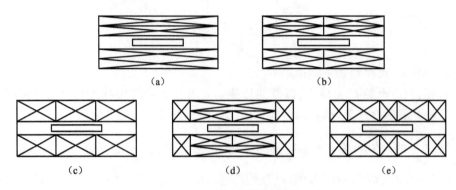

图 4-15 绕组排列方式

(a) 一节式;(b) 二节式;(c) 三节式;(d) 四节式;(e) 五节式

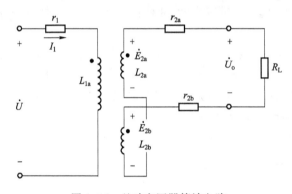

图 4-16 差动变压器等效电路

在零点总是有一个最小的输出电压,一般把这个最小的输出电压称为零点残余电压,零点残余电压的大小是判别传感器质量的重要表示之一。

当活动衔铁向上移动时,由于磁阻的影响,W_{2a} 中磁通将大于 W_{2b} 中磁通,使 $M_1 > M_2$,因而 E_{2a} 增加,而 E_{2b} 减小。反之,E_{2b} 增加,E_{2a} 减小。因为 $\dot{U}_o = E_{2a} - E_{2b}$,所以当 E_{2a}、E_{2b} 随着衔铁位移 x 变化时,$\dot{U}_o$ 也必将随 x 而变化。图 4-17 给出了差动变压器输出电压 $\dot{U}_o$ 与活动衔铁位移 Δx 的关系曲线。图中实线为理论特性曲线;虚线曲线为实际特性曲线。由图 4-17 可以看出,当衔铁位于中心位置时,差动变压器输出电压并不等于零,我们把差动变压器在零位移时的输出电压称为零点残余电压,记为 ΔU_o,它的存在使传感器的输出特性不经过零点,造成实际特性与理论特性不完全一致。

零点残余电压主要是由传感器的两个二次绕组的电气参数和几何尺寸不对称,以及磁性材料的非线性等引起的。零点残余电压的波形十分复杂,主要由基波和高次谐波组成。基波产生的主要原因是:传感器的两个二次绕组的电气参数、几何尺寸不对称,导致它们产生的感应电势幅值不等、相位不同,因此无论怎样调整衔铁位置,两个绕组中感应电势都不能完全抵消。高次谐波中起主要作用的是三次谐波,其产生的原因是磁性材料磁化曲线的非线性(磁饱和、磁滞)。零点残余电压一般在几十毫伏以下,在实际使用时,应设法减小 U_x,否则将会影响传感器的测量结果。

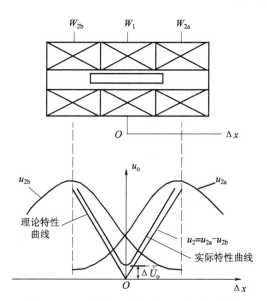

图 4-17　差动变压器输出电压的特性曲线

2. 基本特性

差动变压器等效电路如图 4-16 所示。当二次绕组开路时,有

$$I_1 = \frac{\dot{U}}{r_1 + j\omega L_1} \tag{4-30}$$

式中:$\dot{U}$ 为一次绕组激励电压;ω 为激励电压 U 的角频率;I_1 为一次绕组激励电流;r_1、L_1 为一次绕组直流电阻和电感。

根据电磁感应定律,二次绕组中感应电势的表达式分别为

$$\dot{E}_{2a} = -j\omega M_1 I_1 \tag{4-31}$$

$$\dot{E}_{2b} = -j\omega M_2 I_1 \tag{4-32}$$

式中:M_1、M_2 为一次绕组与两个二次绕组的互感。

由于两个二次绕组反相串联,并且考虑到二次绕组开路,则由以上关系可得

$$\dot{U}_o = \dot{E}_{2a} - \dot{E}_{2b} = -\frac{j\omega(M_1 - M_2)\dot{U}}{r_1 + j\omega L_1} \tag{4-33}$$

输出电压的有效值为

$$U_o = \frac{\omega(M_1 - M_2)U}{\sqrt{r_1^2 + (\omega L_1)^2}} \tag{4-34}$$

式(4-34)说明,当激磁电压的幅值 U 和角频率 ω、一次绕组的直流电阻 r_1 及电感 L_1 为定值时,差动变压器输出电压仅仅是一次绕组与两个二次绕组之间互感之差的函数。因此,只要求出互感 M_1 和 M_2 对活动衔铁位移 x 的关系式,再代入式(4-33)即可得到螺线管式差动变压器的基本特性表达式。

（1）活动衔铁处于中间位置时,有

$$M_1 = M_2 = M$$

故
$$U_o = 0$$

（2）活动衔铁向上移动时，有
$$M_1 = M + \Delta M, \quad M_2 = M - \Delta M$$

故 $U_o = \sqrt{r_1^2 + (\omega L_1)^2}$ 与 E_{2a} 同极性。

（3）活动衔铁向下移动时，有
$$M_1 = M - \Delta M, \quad M_2 = M + \Delta M$$

故 U_o 与 E_{2b} 同极性。

3. 差动变压器式传感器测量电路

差动变压器的输出是交流电压，若用交流电压表测量，只能反映衔铁位移的大小，不能反映移动的方向。另外，其测量值中将包含零点残余电压。为了达到能辨别移动方向和消除零点残余电压的目的，实际测量时，常常采用差动整流电路和相敏检波电路。

1）差动整流电路

差动整流电路是把差动变压器的两个二次绕组输出电压分别整流，然后将整流的电压或电流的差值作为输出。图 4-18 给出了几种典型的差动整流电路，图 4-18(a)、(c)适用于交流阻抗负载；图 4-18(b)、(d)适用于低阻抗负载，电阻 R_0 用于调整零点残余电压。

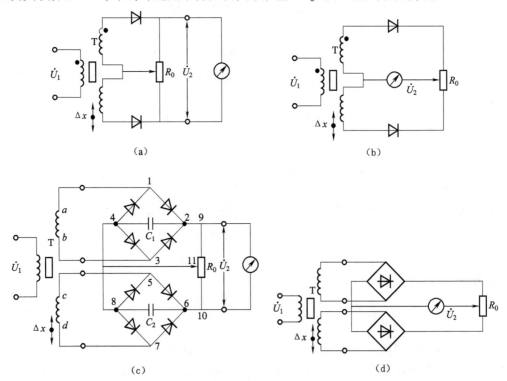

图 4-18　差动整流电路

(a) 半波电压输出；(b) 半波电流输出；(c) 全波电压输出；(d) 全波电流输出

从图 4-18(c)可知，无论两个二次线圈的输出瞬时电压极性如何，流经电容 C_1 的电流方向总是从 2 到 4，流经电容 C_2 的电流方向总是从 6 到 8，故整流电路的输出电压为

$$\dot{U}_2 = \dot{U}_{24} - \dot{U}_{68} \tag{4-35}$$

当衔铁在零位时,因为 $\dot{U}_{24} = \dot{U}_{68}$,所以 $\dot{U}_2 = 0$;当衔铁在零位以上时,因为 $\dot{U}_{24} > U_{68}$,则 $U_2 > 0$;当衔铁在零位以下时,则有 $\dot{U}_{24} < \dot{U}_{68}$,则 $\dot{U}_2 < 0$。$\dot{U}_2$ 的正负表示衔铁位移的方向。

差动整流电路具有结构简单、不需要考虑相位调整和零点残余电压的影响、分布电容影响小和便于远距离传输等优点,因而获得广泛应用。

2)相敏检波电路

相敏检波电路如图 4-19 所示。图中 $VD_1 \sim VD_4$ 为四个性能相同的二极管,以同一方向串联成一个闭合回路,形成环形电桥。输入信号 u_2(差动变压器式传感器输出的调幅波电压)通过变压器 T_1 加到环形电桥的一个对角线上。参考信号 u_s 通过变压器 T_2 加到环形电桥的另一个对角线上。输出信号 u_o 从变压器 T_1 与 T_2 的中心抽头引出。图中平衡电阻 R 起限流作用,以避免二极管导通时变压器 T_2 的二次绕组电流过大。R_L 为负载电阻。u_s 的幅值要远大于输入信号 u_2 的幅值,以便有效控制四个二极管的导通状态,且 u_s 和差动变压器式传感器激磁电压 u_1 由同一个振荡器供电,保证二者同频同相(或反相)。

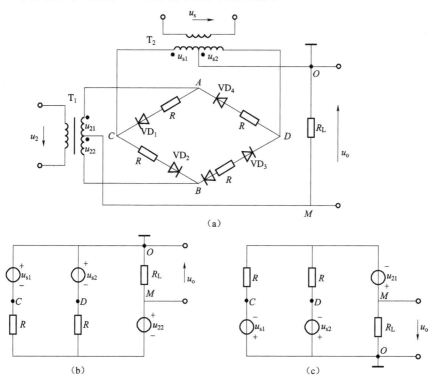

图 4-19 相敏检波电路

根据变压器的工作原理,考虑到 O、M 分别为变压器 T_1、T_2 的中心抽头,则

$$u_{s1} = u_{s2} = \frac{u_s}{2n_2} \tag{4-36}$$

$$u_{21} = u_{22} = \frac{u_1}{2n_1} \tag{4-37}$$

式中：n_1、n_2 分别为变压器 T_1、T_2 的变压比。

采用电路分析的基本方法，可求得图 4-19(b)所示电路的输出电压 u_o 的表达式，即

$$u_o = -\frac{R_L u_{22}}{\dfrac{R}{2} R_L} = \frac{R_L u_1}{n_1(R + 2R_L)} \tag{4-38}$$

同理，当 u_2 与 u_s 均为负半周时，二极管 VD_2、VD_3 截止，VD_1、VD_4 导通。其等效电路如图 4-19(c)所示。输出电压 u_o 表达式与式(4-38)相同（图 4-20）。说明只要位移 $\Delta x > 0$，无论 u_2 与 u_s 是正半周还是负半周，负载电阻 R_L 两端得到的电压 u_o 始终为正。

当 $\Delta x < 0$ 时，u_2 与 u_s 为同频反相。采用上述相同的分析方法不难得到当 $\Delta x < 0$ 时，不论 u_2 与 u_s 是正半周还是负半周，负载电阻 R_L 两端得到的输出电压 u_o 表达式为

$$u_o = -\frac{R_L u_2}{n_1(R + 2R_L)} \tag{4-39}$$

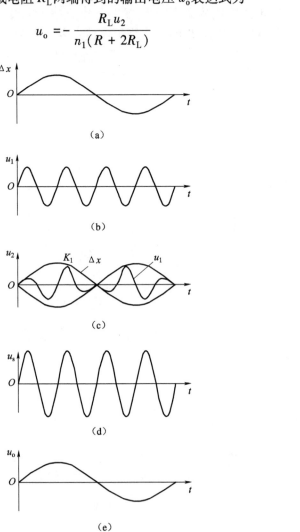

图 4-20 波形图

(a) 被测位移变化波形图；(b) 差动变压器激磁电压波形；(c) 差动变压器输出电压波形；
(d) 相敏检波解调电压波形；(e) 相敏检波输出电压波形

4.3　电涡流式传感器

4.3.1　工作原理

电涡流式传感器的工作原理如图 4-21 所示。

金属导体置于变化着的磁场中，导体内就会产生感应电流，这种电流像水中旋涡一样在导体转圈，这种现象称为涡流效应。

根据法拉第定律，当传感器线圈通以正弦交变电流 $\dot{i}_1$ 时，线圈周围空间必然产生正弦交变磁场 $\dot{H}_1$，使置于此磁场中的金属导体中感应电涡流 $\dot{i}_2$，$\dot{i}_2$ 又产生新的交变磁场 $\dot{H}_2$。根据焦耳—楞次定律，$\dot{H}_2$ 的作用将反抗原磁场 $\dot{H}_1$，由于磁场 $\dot{H}_2$ 的作用，涡流要消耗一部分能量，导致传感器线圈的等效阻抗发生变化。由此可知，线圈阻抗的变化完全取决于被测金属导体的电涡流效应。电涡流效应既与被测体的电阻率 ρ、磁导率 μ 以及几何形状有关，又与线圈的几何参数、线圈中激磁电流频率 f 有关，同时还与线圈与导体间的距离 x 有关。因此，传感器线圈受电涡流影响时的等效阻抗 Z 的关系式为

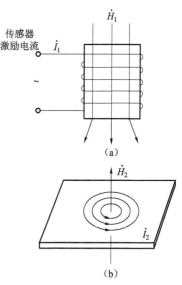

图 4-21　电涡流式传感器的工作原理
（a）传感器激励线圈；（b）被测金属导体

$$Z = F(\rho, \mu, r, f, x) \tag{4-40}$$

式中：r 为线圈与被测物体的尺寸因子。

如果保持式（4-40）中其他参数不变，而只改变其中一个参数，传感器线圈阻抗 Z 就仅仅是这个参数的单值函数。通过与传感器配用的测量电路测出阻抗 Z 的变化量，即可实现对该参数的测量。

涡流式传感器的特点是结构简单，易于进行非接触的连续测量，灵敏度较高，适用性强，因此得到了广泛的应用。它的变换量既可以是位移，也可以是被测材料的性质，其主要应用包括以下几个方面。

（1）利用位移作为变换量，也可以是被测量位移、厚度、振幅、振摆、转速等传感器，也可做成接近开关、计数器等。

（2）利用材料电阻率 ρ 作为变换量，可以做成测量温度、材质判别等传感器。

（3）利用磁导率 μ 作为变换量，可以做成测量应力、硬度等传感器；利用变换量 ρ、μ 等的综合影响，可以做成探伤装置等。

4.3.2　基本特性

电涡流式传感器简化模型如图 4-22 所示，图中，把在被测金属导体上形成的电涡流等效成一个短路环，即假设电涡流仅分布在环体之内，模型中 h（电涡流的贯穿深度）可由下式求

得,即

$$h = \sqrt{\frac{P}{\pi\mu_0\mu_r f}} \qquad (4-41)$$

式中:f 为线圈激磁电流的频率。

根据简化模型,可画出如图 4-23 所示的等效电路图,图中 R_2 为电涡流短路环等效电阻,其表达式为

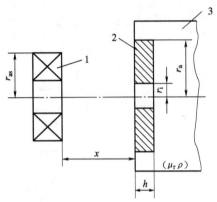

图 4-22 电涡流式传感器简化模型
1—传感器线圈;2—短路环;3—被测金属导体

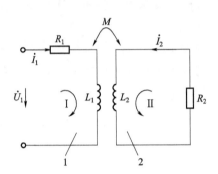

图 4-23 电涡流式传感器等效电路图
1—传感器线圈;2—电涡流短路环

$$R_2 = \frac{2\pi\rho}{h\ln\dfrac{r_a}{r_i}} \qquad (4-42)$$

根据基尔霍夫第二定律,可列出如下方程:

$$\begin{cases} R_1\dot{I}_1 + j\omega L_1\dot{I}_1 - j\omega M\dot{I}_2 = \dot{U}_1 \\ -j\omega M\dot{I}_1 + R_2\dot{I}_2 + j\omega L_2\dot{I}_2 = 0 \end{cases} \qquad (4-43)$$

式中:ω 为线圈激磁电流角频率;R_1、L_1 为线圈电阻和电感;L_2 为短路环等效电感;R_2 为短路环等效电阻;M 为互感系数;$\dot{I}_1$、$\dot{I}_2$ 为线圈电流与环路等效电流。

由式(4-43)解得等效阻抗 Z 的表达式为

$$Z = \frac{\dot{U}_1}{\dot{I}_1} = R_1 + \frac{\omega^2 M^2}{R_2^2 + \omega^2 L_2^2}R_2 + j\omega\left[L_1 - \frac{\omega^2 M^2}{R_2^2 + \omega^2 L_2^2}L_2\right]$$
$$= R_{eq} + j\omega L_{eq} \qquad (4-44)$$

式中:R_{eq} 为线圈受电涡流影响后的等效电阻,其表达式为

$$R_{eq} = R_1 + \frac{\omega^2 M^2}{R_2^2 + \omega^2 L_2^2}R_2$$

L_{eq} 为线圈受电涡流影响后的等效电感,其表达式为

$$L_{eq} = L_1 - \frac{\omega^2 M^2}{R_2^2 + \omega^2 L_2^2}L_2$$

线圈的等效品质因数值为

$$Q = \frac{\omega L_{eq}}{R_{eq}} \tag{4-45}$$

综上所述,根据电涡流式传感器的简化模型和等效电路,运用电路分析的基本方法得到的式(4-44)和式(4-45)为电涡流传感器基本特性表达式。

4.3.3　电涡流形成范围

1. 电涡流的径向形成范围

线圈—导体系统产生的电涡流密度既是线圈与导体间距离 x 的函数,又是沿线圈半径方向 r 的函数。当 x 一定时,电涡流密度 J 与半径 r 的关系曲线如图 4-24 所示(图中 J_0 为金属导体表面电涡流密度,即电涡流密度最大值,J_r 为半径 r 处的金属导体表面电涡流密度)。

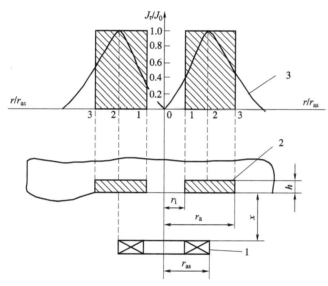

图 4-24　电涡流密度 J 与半径 r 的关系曲线
1—电涡流线圈;2—等效短路环;3—电涡流密度分布

由图 4-24 可得如下结论。

(1)电涡流径向形成范围在传感器线圈外径 r_{as} 的 1.8~2.5 倍范围内,且分布不均匀。

(2)电涡流密度在 $r_i = 0$ 处为零。

(3)电涡流的最大值在 $r = r_{as}$ 附近的一个狭窄区域内。

(4)可以用一个平均半径为 $r_{as}\left(r_{as} = \dfrac{r_i + r_a}{2}\right)$ 的短路环集中表示分散的电涡流(图中阴影部分)。

2. 电涡流强度与距离的关系

理论分析和实验都已证明,当 x 改变时,电涡流密度也发生变化,即电涡流强度随距离 x 的变化而变化。根据线圈—导体系统的电磁作用,可以得到金属导体表面的电涡流强度为

$$I_2 = I_1 \left[1 - \frac{x}{\sqrt{x^2 + r_{as}^2}} \right] \tag{4-46}$$

式中:I_1 为线圈激励电流;I_2 为金属导体中等效电流;x 为线圈到金属导体表面距离;r_{as} 为线圈外径。

以上分析表明:① 电涡流强度与距离 x 呈非线性关系,且随着 $\dfrac{x}{r_{as}}$ 的增加而迅速减小;

② 当利用电涡流式传感器测量位移时,只有在 $\dfrac{x}{r_{as}} \ll 1$(一般取 $0.05 \sim 0.15$)的条件下才能得到较好的线性和较高的灵敏度。

根据式(4-46)做出的归一化曲线如图 4-25 所示。

3. 电涡流的轴向贯穿深度

贯穿深度是指把电涡流强度减小到表面强度的 $1/e$ 处的表面厚度。由于金属导体的趋肤效应,电磁场不能穿过导体的无限厚度,仅作用于表面薄层和一定的径向范围内,并且导体中产生的电涡流强度是随导体厚度的增加按指数规律下降的,其指数衰减分布规律可表示为:

$$J_d = J_0 e^{-d/h} \tag{4-47}$$

式中:d 为金属导体中某一点与表面的距离;J_d 为沿 H_1 轴向 d 处的电涡流密度;J_0 为金属导体表面电涡流密度,即电涡流密度最大值;h 为电涡流轴向贯穿的深度(趋肤深度)。

图 4-26 所示为电涡流密度轴向分布曲线,由图可见,电涡流密度主要分布在表面附近。

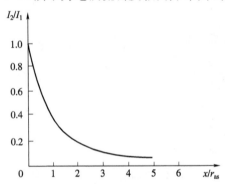

图 4-25 电涡流强度与距离归一化曲线

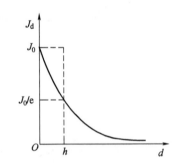

图 4-26 电涡流密度轴向分布曲线

由前面分析所得的式(4-41)可知,被测物体电阻率越大,相对磁导率越小,以及传感器线圈的激磁电流频率越低,则电涡流贯穿深度 h 越大,因而透射式电涡流传感器一般都采用低频激励。

4.3.4 电涡流传感器测量电路

用于电涡流传感器的测量电路主要有调频式、调幅式电路两种。

1. 调频式测量电路

调频式测量电路如图 4-27 所示。

传感器线圈接入 LC 振荡回路,当传感器与被测物体距离 x 改变时,在涡流影响下,传感器的电感变化,将导致振荡频率的变化,该变化的频率是距离 x 的函数,即 $f = L(x)$。该频率可用数字频率计直接测量,或者通过 f—V 变换,用数字电压表测量对应的电压。振荡电路如图 4-27(b)所示。它由克拉泼电容三点式振荡器(C_2、C_3、L、C 和 VT_1)以及发射极输出电路两部分组成,振荡器的频率为

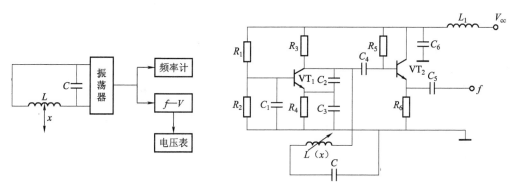

图 4-27　调频式测量电路

（a）测量电路框图；（b）振荡电路

$$f = \frac{1}{2\pi\sqrt{L(x)\,C}}$$

为了避免输出电缆的分布电容的影响，通常将 L、C 装在传感器内。此时电缆分布电容并联在大电容 C_2、C_3 上，因而对振荡频率 f 的影响将大大减小。

2. 调幅式测量电路

由传感器线圈 L、电容器 C 和石英晶体组成的石英晶体振荡电路，如图 4-28 所示。石英晶体振荡器起恒流源的作用，给谐振回路提供一个频率（f_0）稳定的激励电流 i_0，LC 回路输出电压为

$$U_0 = i_0 f(Z) \tag{4-48}$$

式中：Z 为 LC 回路的阻抗。

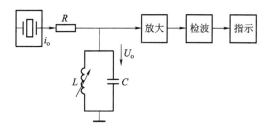

图 4-28　石英晶体振荡电路

当金属导体远离或去掉时，LC 并联谐振回路谐振频率即为石英振荡频率 f_0，回路呈现的阻抗最大，谐振回路上的输出电压也最大；当金属导体靠近传感器线圈时，线圈的等效电感 L 发生变化，导致回路失谐，从而使输出电压降低，电感 L 的数值随距离 x 的变化而变化。因此，输出电压 U_0 也随 x 而变化。输出电压经放大、检波后，由指示仪表直接显示出 x 的大小。除此之外，交流电桥也是常用的测量电路。

4.3.5　涡流式传感器的应用

1. 低频透射式涡流厚度传感器

图 4-29 所示为透射式涡流厚度传感器的工作原理图。在被测金属板的上方设有发射传

感器线圈 L_1，在被测金属板下方设有接收传感器线圈 L_2。当在 L_1 上加低频电压 $\dot{U}_1$ 时，L_1 上产生交变磁通 $\pmb{\Phi}_1$，若两线圈间无金属板，则交变磁通直接耦合至 L_2 中，L_2 产生感应电压 $\dot{U}_2$。如果将被测金属板放入两线圈之间，则线圈 L_1 产生的磁场将导致在金属板中产生电涡流，并将贯穿金属板，此时磁场能量受到损耗，使到达 L_2 的磁通将减弱为 $\pmb{\Phi}'_1$，从而使 L_2 产生的感应电压 $\dot{U}_2$ 下降。金属板越厚，涡流损失就越大，电压 $\dot{U}_2$ 就越小。因此，可根据电压 $\dot{U}_2$ 的大小得知被测金属板的厚度。透射式涡流厚度传感器的检测范围可达 $1\sim100\ \text{mm}$，分辨率为 $0.1\ \mu\text{m}$，线性度为 1%。

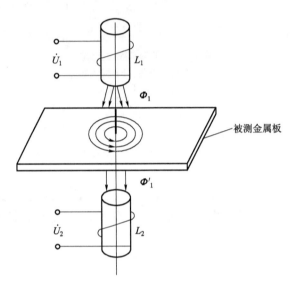

图 4-29　透射式涡流厚度传感器工作原理图

2. 高频反射式涡流厚度传感器

高频反射式涡流测厚仪测试系统如图 4-30 所示。

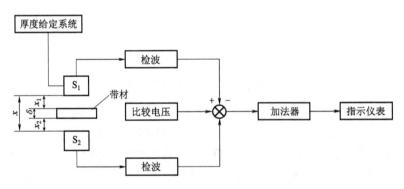

图 4-30　高频反射式涡流测厚仪测试系统

为了克服带材不够平整或运行过程中上下波动的影响，在带材的上、下两侧对称地放置了两个特性完全相同的涡流传感器 S_1 和 S_2。S_1 和 S_2 与被测带材表面之间的距离分别为 x_1 和 x_2。若带材厚度不变，则被测带材上、下表面之间的距离总有 $x_1+x_2=$ 常数的关系存在。两个传感器的输出电压之和为 $2U_o$,数值不变。如果被测带材厚度改变量为 $\Delta\delta$,则两个传感器与带材之间的距离也改变一个 $\Delta\delta$,两个传感器输出电压此时为 $2U_o \pm \Delta U$。ΔU 经放大器放大后,通过指示仪表即可指示出带材的厚度变化值。带材厚度给定值与偏差指示值的代数和就是被测带材的厚度。

3. 电涡流式转速传感器

图 4-31 所示为电涡流式转速传感器工作原理。在软磁材料制成的输入轴上加工一个键槽,在距输入表面 d_0 处设置电涡流传感器,输入轴与被测旋转轴相连。

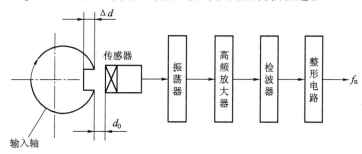

图 4-31　电涡流式转速传感器工作原理

当被测旋转轴转动时,电涡流式转速传感器与输出轴的距离变为 $d_0 + \Delta d$。由于电涡流效应使传感器线圈阻抗随 Δd 的变化而变化,这种变化将导致振荡谐振回路的品质因数发生变化,它们将直接影响振荡器的电压幅值和振荡频率,因此,随着输入轴的旋转,从振荡器输出的信号中包含有与转速成正比的脉冲频率信号。该信号由检波器检出电压幅值的变化量,然后经整形电路输出频率为 f_n 的脉冲信号。该信号经电路处理便可得到被测转速。

这种转速传感器可实现非接触式测量,抗污染能力很强,可安装在旋转轴近旁长期对被测转速进行监视。最高测量转速可达 600 000 r/min。

习　　题

4-1　影响差动变压器输出线性度和灵敏度的主要因素是什么?

4-2　电涡流式传感器的灵敏度主要受哪些因素影响?它的主要优点是什么?

4-3　试说明图 4-32 所示的差动相敏检波电路的工作原理。

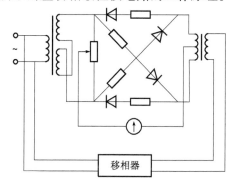

图 4-32　差动相敏检波电路

4-4　图 4-33 所示为差动式电感传感器的桥式测量电路,其中,L_1、L_2 为传感器的两个差动电感线圈的电感,其初始值均为 L_0。R_1、R_2 为标准电阻,u 为电源电压。试写出输出电压 u_o 与传感器电感变化量 ΔL 间的关系。

4-5　图 4-34 所示为差动整流电路,试分析此电路的工作原理。

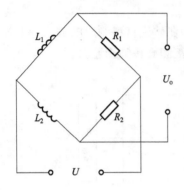

图 4-33　差动式电感式传感器桥式测量电路

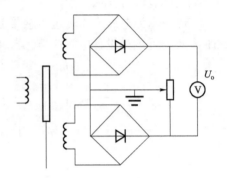

图 4-34　差动整流电路

第 5 章

电容式传感器

5.1 工作原理和结构

电容式传感器是将被测量的变化转换成电容量变化的一种装置,实质上就是一个具有可变参数的电容器。由绝缘介质分开的两个平行金属板组成的平板电容器,如果不考虑边缘效应,其电容量为

$$C = \frac{\varepsilon S}{d} \tag{5-1}$$

式中: ε 为电容极板间介质的介电常数, $\varepsilon = \varepsilon_0 \varepsilon_r$,其中 ε_0 为真空介电常数, ε_r 为极板间介质的相对介电常数; S 为两平行板所覆盖的面积; d 为两平行板之间的距离。

当被测参数变化使得式(5-1)中的 S、d 或 ε 发生变化时,电容量 C 也随之变化。如果保持其中两个参数不变,而仅改变其中一个参数,就可把该参数的变化转换为电容量的变化,通过测量电路就可转换为电量输出。因此,电容式传感器可分为变极距型、变面积型和变介电常数型三种。图 5-1 所示为常用电容器的结构形式。图 5-1(b)、(c)、(d)、(f)、(g)和(h)为变面积型;图 5-1(a)、(e)为变极距型;图 5-1(i)~(l)则为变介电常数型。

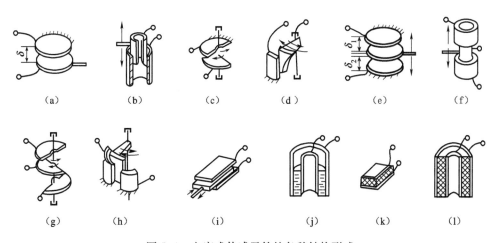

图 5-1 电容式传感元件的各种结构形式

5.1.1　变极距型电容式传感器

图5-2所示为变极距型电容式传感器的工作原理。当传感器的 ε_r 和 S 为常数,初始极距为 d_0 时,由式(5-1)可知其初始电容量为

$$C_0 = \frac{\varepsilon_0 \varepsilon_r S}{d_0} \tag{5-2}$$

若电容器极板间距离由初始值 d_0 缩小了 Δd,电容量增大了 ΔC,则有

$$C = C_0 + \Delta C = \frac{\varepsilon_0 \varepsilon_r S}{d_0 - \Delta d} = \frac{C_0}{1 - \dfrac{\Delta d}{d_0}} = \frac{C_0 \left(1 + \dfrac{\Delta d}{d_0}\right)}{1 - \left(\dfrac{\Delta d}{d_0}\right)^2} \tag{5-3}$$

在式(5-3)中,若 $\dfrac{\Delta d}{d_0} \ll 1$ 时,$1 - \left(\dfrac{\Delta d}{d_0}\right)^2 \approx 1$,则式(5-3)可写为

$$C = C_0 + C_0 \frac{\Delta d}{d_0} \tag{5-4}$$

如图5-3所示,此时 C 与 Δd 近似呈线性关系,所以变极距型电容式传感器只有在 $\dfrac{\Delta d}{d_0}$ 很小时,才有近似的线性关系。

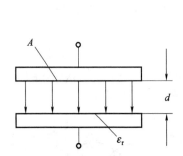

图5-2　变极距型电容式传感器的工作原理

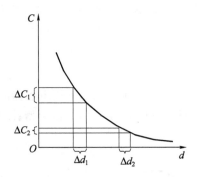

图5-3　电容量与极板间距离的关系

另外,由式(5-4)可以看出,在 d_0 较小时,对于同样的 Δd 变化所引起的 ΔC 可以增大,从而使传感器灵敏度提高。但 d_0 过小,容易引起电容器击穿或短路。因此,极板间可采用高介电常数的材料(云母、塑料膜等)作为介质,如图5-4所示,此时电容变为

$$C = \frac{S}{\dfrac{d_g}{\varepsilon_0 \varepsilon_g} + \dfrac{d_0}{\varepsilon_0}} \tag{5-5}$$

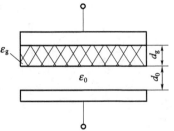

式中:ε_g 为云母片的相对介电常数,$\varepsilon_g = 7$;ε_0 为空气的介电常数,$\varepsilon_0 = 1$;d_0 为空气隙厚度;d_g 为云母片的厚度。

图5-4　放置云母片的电容器

云母片的相对介电常数是空气的 7 倍,其击穿电压不小于 1 000 kV/mm,而空气仅为 3 kV/mm。因此有了云母片,极板间起始距离可大大减小。同时,式(5-5)中的 $\dfrac{d_g}{\varepsilon_0 \varepsilon_g}$ 项是恒定值,它能使传感器的输出特性的线性度得到改善。

一般变极板间距离电容式传感器的起始电容为 20~100 pF,极板间距离为 25~200 μm。最大位移应小于间距的 $\dfrac{1}{10}$,故在微位移测量中应用最广。

5.1.2 变面积型电容式传感器

图 5-5 所示为变面积型电容式传感器原理结构示意图。被测量通过动极板移动引起两极板有效覆盖面积 S 改变,从而得到电容量的变化。当动极板相对于定极板沿长度方向平移 Δx 时,则电容变化量为

$$\Delta C = C - C_0 = \frac{\varepsilon_0 \varepsilon_r (a - \Delta x) b}{d} \tag{5-6}$$

式中:$C_0 = \varepsilon_0 \varepsilon_r ba/d$ 为初始电容。

电容相对变化量为

$$\frac{\Delta C}{C_0} = \frac{\Delta x}{a} \tag{5-7}$$

很明显,这种形式的传感器其电容量 C 与水平位移 Δx 呈线性关系。

图 5-6 所示为电容式角位移传感器原理图。当动极板有一个角位移 θ 时,与定极板间的有效覆盖面积就发生改变,从而改变了两极板间的电容量。当 $\theta \neq 0°$ 时,则

$$C_0 = \frac{\varepsilon_0 \varepsilon_r S_0}{d_0} \tag{5-8}$$

式中:ε_r 为介质的相对介电常数;d_0 为两极板间距离;S_0 为两极板间初始覆盖面积。

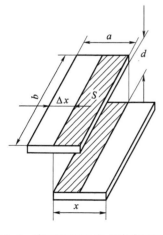

图 5-5 变面积型电容式传感器原理

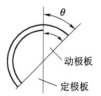

图 5-6 电容式角位移传感器原理

当 $\theta\neq0°$ 时,则

$$C=\frac{\varepsilon_0\varepsilon_{\mathrm{r}}S_0\left(1-\dfrac{\theta}{\pi}\right)}{d_0}=C_0-C_0\frac{\theta}{\pi} \tag{5-9}$$

5.1.3 变介质型电容式传感器

图 5-7 所示为一种电容式液位变换器用于测量液位高低的结构原理。设被测介质的介电常数为 ε_1,液面高度为 h,变换器总高度为 H,内筒外径为 d,外筒内径为 D,此时变换器电容值为

$$C=\frac{2\pi\varepsilon_1 h}{\ln\dfrac{D}{d}}+\frac{2\pi_1(H-h)}{\ln\dfrac{D}{d}}=\frac{2\pi\varepsilon H}{\ln\dfrac{D}{d}}+\frac{2\pi h(\varepsilon_1-\varepsilon)}{\ln\dfrac{D}{d}}=C_0+\frac{2\pi h(\varepsilon_1-\varepsilon)}{\ln\dfrac{D}{d}} \tag{5-10}$$

式中:ε 为空气的介电常数;C_0 为由变换器的基本尺寸决定的初始电容值,其表达式为

$$C_0=\frac{2\pi\varepsilon H}{\ln\dfrac{D}{d}}$$

由式(5-10)可见,此变换器的电容增量正比于被测液位高度 h。

变介质型电容式传感器有较多的结构形式,可以用来测量纸张、绝缘薄膜等的厚度,也可用来测量粮食、纺织品、木材或煤等非导电固体介质的湿度。图 5-8 所示为变介质型电容式传感器常用的结构形式,图中两平行电极固定不动,极距为 d_0,相对介电常数为 $\varepsilon_{\mathrm{r2}}$ 的电介质以不同深度插入电容器中,从而改变两种介质的极板覆盖面积。传感器总电容量为

$$C=C_1+C_2=\varepsilon_0 b_0\frac{\varepsilon_{\mathrm{r1}}(L_0-L)+\varepsilon_{\mathrm{r2}}L}{d_0} \tag{5-11}$$

式中:L_0、b_0 为极板间的长度和宽度;L 为第二种介质进入极板间的长度。

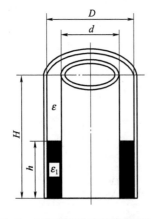

图 5-7 电容式液位变换器结构原理

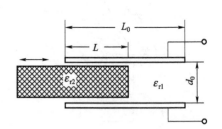

图 5-8 变介质型电容式传感器

若电介质 $\varepsilon_{r1} = 1$，当 $L = 0$ 时，传感器初始电容 $C_0 = \dfrac{\varepsilon_0 \varepsilon_r L_0 b_0}{d_0}$。当被测介质 ε_{r2} 进入极板间 L 深度后，引起电容相对变化量为

$$\frac{\Delta C}{C_0} = \frac{C - C_0}{C_0} = \frac{(\varepsilon_{r2} - 1)L}{L_0} \tag{5-12}$$

由式(5-12)可见，电容量的变化与电介质 ε_{r2} 的移动量 L 呈线性关系。常用的电介质材料的相对介电常数见表5-1。

表5-1　电介质材料的相对介电常数

材料	相对介电常数 ε_r	材料	相对介电常数 ε_r
真空	1.000 000	硬橡胶	4.3
其他气体	1~1.2	石英	4.5
纸	2.0	玻璃	5.3~7.5
聚四氟乙烯	2.1	陶瓷	5.5~7.0
石油	2.2	盐	6
聚乙烯	2.3	云母	6~8.5
硅油	2.7	三氧化二铝	8.5
米及谷类	3~5	乙醇	20~25
环氧树脂	3.3	乙二醇	35~40
石英玻璃	3.5	甲醇	37
二氧化硅	3.8	丙三醇	47
纤维素	3.9	水	80
聚氯乙烯	4.0	钛酸钡	1 000~10 000

5.2　灵敏度及非线性

由式(5-4)可知，电容的相对变化量为

$$\frac{\Delta C}{C_0} = \frac{1}{1 - \dfrac{\Delta d}{d_0}} \tag{5-13}$$

当 $\left| \dfrac{\Delta d}{d_0} \right| \ll 1$ 时，式(5-13)可按级数展开，得

$$\frac{\Delta C}{C_0} = \frac{\Delta d}{d_0} \left[1 + \frac{\Delta d}{d_0} + \left(\frac{\Delta d}{d_0} \right)^2 + \left(\frac{\Delta d}{d_0} \right)^3 + \cdots \right] \tag{5-14}$$

由式(5-14)可见，输出电容的相对变化量 $\dfrac{\Delta C}{C_0}$ 与输入位移 Δd 之间成非线性关系，当 $\left| \dfrac{\Delta d}{d_0} \right| \ll 1$ 时可略去高次项，得到近似的线性关系，即

$$\frac{\Delta C}{C_0} \approx \frac{\Delta d}{d_0} \tag{5-15}$$

电容式传感器的灵敏度为

$$S = \frac{\dfrac{\Delta C}{C_0}}{\Delta d} = \frac{1}{d_0} \tag{5-16}$$

式(5-16)说明了单位输入位移所引起的输出电容相对变化的大小与 d_0 呈反比关系。如果考虑式(5-14)中的线性项与二次项,则

$$\frac{\Delta C}{C_0} = \frac{\Delta d}{d_0}\left(1 + \frac{\Delta d}{d_0}\right) \tag{5-17}$$

由此可得出传感器的相对非线性误差为

$$\delta = \frac{\left(\dfrac{\Delta d}{d_0}\right)^2}{\left|\dfrac{\Delta d}{d_0}\right|} \times 100\% = \left|\frac{\Delta d}{d_0}\right| \times 100\% \tag{5-18}$$

由式(5-16)与式(5-18)可以看出,要提高灵敏度,应减小起始间隙 d_0,但非线性误差却随着 d_0 的减小而增大。

在实际应用中,为了提高灵敏度,减小非线性误差,大多采用差动式结构。图 5-9 所示为变极距型差动平板式电容传感器结构。在差动平板式电容器中,当动极板位移 Δd 时,电容器 C_1 的间隙 d_1 变为 $d_0 - \Delta d$,电容器 C_2 的间隙 d_2 变为 $d_0 + \Delta d$,则

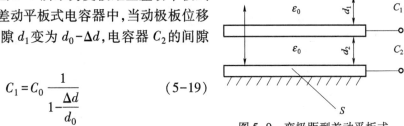

$$C_1 = C_0 \frac{1}{1 - \dfrac{\Delta d}{d_0}} \tag{5-19}$$

$$C_2 = C_0 \frac{1}{1 + \dfrac{\Delta d}{d_0}} \tag{5-20}$$

图 5-9　变极距型差动平板式
电容传感器结构

5.3　等 效 电 路

电容式传感器的等效电路如图 5-10 所示,图中考虑了电容器的损耗和电感效应,R_p 为并联损耗电阻,它代表极板间的泄漏电阻和介质损耗。这些损耗在低频时影响较大,随着工作频率增高,容抗减小,其影响就减弱。R_s 代表串联损耗,即代表引线电阻、电容器支架和极板电阻的损耗。电感 L 由电容器本身的电感和外部引线电感组成。

由等效电路图 5-10 可知,它有一个谐振频率,通常为几十兆赫。当工作频率等于或接近谐振频率时,谐振频率破坏了电容的正常作用。因此,工作频率应该选择低于谐振频率,否则电容式传感器不能正常工作。

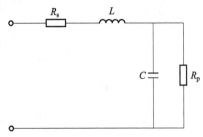

图 5-10　电容式传感器的等效电路

传感器的有效电容 C_e 可由下式计算(为了计算方便,忽略 R_s 和 R_p),即

$$\begin{cases} \dfrac{1}{j\omega C_e} = j\omega L + \dfrac{1}{j\omega C} \\[2mm] C_e = \dfrac{1}{1-\omega^2 LC} \\[2mm] \Delta C_e = \dfrac{\Delta C}{1-\omega^2 LC} + \dfrac{\omega^2 LC \Delta C}{(1-\omega^2 LC)^2} = \dfrac{\Delta C}{(1-\omega^2 LC)^2} \end{cases} \tag{5-21}$$

在这种情况下,电容的实际相对变化量为

$$\frac{\Delta C_e}{C_e} = \frac{\dfrac{\Delta C}{C}}{1-\omega^2 LC} \tag{5-22}$$

式(5-22)表明,电容式传感器的实际相对变化量与传感器的固有电感 L 的角频率 ω 有关,因此,在实际应用时必须与标定的条件相同。

5.4　测　量　电　路

5.4.1　调频电路

调频测量电路把电容式传感器作为振荡器谐振回路的一部分,当输入量导致电容量发生变化时,振荡器的振荡频率就发生变化。虽然可将频率作为测量系统的输出量,用于判断被测非电量的大小,但此时系统是非线性的,不易校正,因此必须加入鉴频器,将频率的变化转换为电压振幅的变化,经过放大就可以用仪器指示或记录仪记录下来。调频式测量电路的工作原理框图如图 5-11 所示,图中调频振荡器的振荡频率为

$$f = \frac{1}{2\pi\sqrt{LC}} \tag{5-23}$$

式中:L 为振荡回路的电感;C 为振荡回路的总电容,$C = C_1 + C_2 + C_x$,其中 C_1 为振荡回路固有电容,C_2 为传感器引线分布电容,$C_x = C_0 \pm \Delta C$ 为传感器的电容。

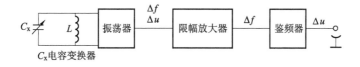

图 5-11　调频式测量电路的工作原理框图

当被测信号为零时,$\Delta C = 0$,则 $C = C_1 + C_2 + C_0$,所以振荡器有一个固有频率 f_0 ,其表达式为

$$f_0 = \frac{1}{2\pi\sqrt{(C_1+C_2+C_0)L}} \tag{5-24}$$

当被测信号不为零时,$\Delta C \neq 0$,振荡器频率有相应变化,此时频率为

$$f = \frac{1}{2\pi\sqrt{(C_1 + C_2 + C_0 \mp \Delta C)L}} = f_0 \pm \Delta f \tag{5-25}$$

调频电容式传感器测量电路具有较高的灵敏度,可以测量高至 0.01 μm 级位移变化量。信号的输出频率易于用数字仪器测量,并与计算机通信,抗干扰能力强,可以发送、接收,以达到遥测遥控的目的。

5.4.2 运算放大器式电路

由于运算放大器的放大倍数非常大,而且输入阻抗 Z_i 很高,运算放大器的这一特点可以作为电容式传感器的比较理想的测量电路。图 5-12 所示为运算放大器式电路的工作原理图,图中 C_x 为电容式传感器电容;U_i 是交流电源电压;U_o 是输出信号电压;Σ 是虚地点。由运算放大器工作原理可得

$$\dot{U}_o = -\frac{C}{C_x}\dot{U}_i \tag{5-26}$$

如果传感器是一只平板电容,则 $C_0 = \dfrac{\varepsilon S}{d}$,将其代入式(5-26),可得

$$\dot{U}_o = -\dot{U}_I \frac{C}{\varepsilon S}d \tag{5-27}$$

式中:"−"号表示输出电压 $\dot{U}_o$ 的相位与电源电压反相。

式(5-27)说明运算放大器的输出电压与极板间距离 d 呈线性关系。运算放大器式电路虽然解决了单个变极距型电容式传感器的非线性问题,但要求 Z_i 及放大倍数足够大。为了保证仪器精度,还要求电源电压 $\dot{U}_i$ 的幅值和固定电容 C 值稳定。

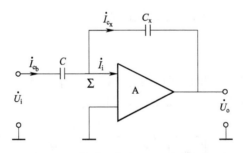

图 5-12 运算放大器式电路的工作原理

5.4.3 二极管双 T 形交流电桥

图 5-13 所示为二极管双 T 形交流电桥电路原理图,图中 e 是高频电源,它提供了幅值为 U 的对称方波,VD_1、VD_2 为特性完全相同的两只二极管,固定电阻 $R_1 = R_2 = R$,C_1、C_2 为传感器的两个差动电容。

当传感器没有输入时,$C_1 = C_2$。其电路工作原理如下:当 e 为正半周时,二极管 VD_1 导通、VD_2 截止,于是电容 C_1 充电,其等效电路如图 5-13(b)所示;在随后负半周出现时,电容

C_1 上的电荷通过电阻 R_1，负载电阻 R_L 放电，流过 R_L 的电流为 I_1。当 e 为负半周时，VD_2 导通、VD_1 截止，则电容 C_2 充电，其等效电路如图 5-13(c) 所示；在随后出现正半周时，C_2 通过电阻 R_2，负载电阻 R_L 放电，流过 R_L 的电流为 I_2。根据上面所给的条件，则电流 $I_1 = I_2$，且方向相反，在一个周期内流过 R_L 的平均电流为零。

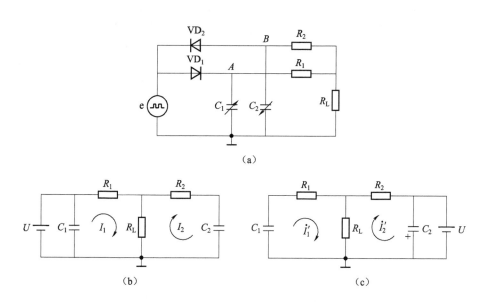

图 5-13 　二极管双 T 形交流电桥电路原理图

若传感器输入不为零，则 $C_1 \neq C_2$，$I_1 \neq I_2$，此时在一个周期内通过 R_L 上的平均电流不为零，因此产生输出电压，输出电压在一个周期内的平均值为

$$U_o = I_L R_L = \frac{1}{T} \int_0^1 [I_1(t) - I_2(t)] \mathrm{d}t R_L$$

$$\approx \frac{R(R + 2R_L)}{(R + R_L)} \cdot R_L U f(C_1 - C_2) \tag{5-28}$$

式中:f 为电源频率。

当 R_L 已知，式(5-28)中

$$\left[\frac{R(R+2R_L)}{(R+R_L)^2}\right] R_L = M(\text{常数})$$

则式(5-28)可改写为

$$U_o = U f M(C_1 - C_2) \tag{5-29}$$

从式(5-29)可知，输出电压 U_o 不仅与电源电压幅值和频率有关，而且与 T 形网络中的电容 C_1 和 C_2 的差值有关。当电源电压确定后，输出电压 U_o 是电容 C_1 和 C_2 的函数。该电路输出电压较高，当电源频率为 1.3 MHz，电源电压 $U = 46$ V 时，电容为 $-7 \sim 7$ pF，可以在 1 MΩ 负载上得到 $-5 \sim 5$ V 的直流输出电压。电路的灵敏度与电源电压幅值和频率有关，故输入电源要求稳定。当 U 幅值较高，使二极管 VD_1、VD_2 工作在线性区域时，测量的非线性误差很小。电路的输出阻抗与电容 C_1、C_2 无关，而仅与 R_1、R_2 及 R_L 有关，电阻值为 1~100 kΩ。输出信号的

上升沿时间取决于负载电阻。对于 1 kΩ 的负载电阻上升时间为 20 μs 左右,故可用来测量高速的机械运动。

5.4.4　环形二极管充放电法

用环形二极管充放电法测量电容的基本原理是以一个高频方波为信号源,通过一个环形二极管电桥,对被测电容进行充放电,环形二极管电桥输出一个与被测电容成正比的微安级电流。环形二极管电容测量电路原理如图 5-14 所示,输入方波加在电桥的 A 点和地之间,C_x 为被测电容,C_d 为平衡电容传感器初始电容的调零电容,C 为滤波电容,A 为直流电流表。在设计时,由于方波脉冲宽度足以使电容器 C_x 和 C_d 充、放电过程在方波平顶部分结束,因此,电桥将发生如下的过程。

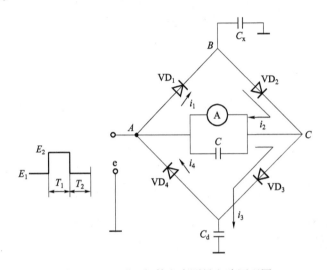

图 5-14　环形二极管电容测量电路原理图

当输入的方波由 E_1 跃变到 E_2 时,电容 C_x 和 C_d 两端的电压皆由 E_1 充电到 E_2。对电容 C_x 充电的电流如图 5-14 中 i_1 所示的方向,对电容 C_d 充电的电流如 i_3 所示方向。在充电过程中(T_1 这段时间),VD_2、VD_4 一直处于截止状态。在 T_1 这段时间内由 A 点向 C 点流动的电荷量 $q_1 = C_d(E_2 - E_1)$。

当输入的方波由 E_2 返回到 E_1 时,电容 C_x、C_d 放电,它们两端的电压由 E_2 下降到 E_1,放电电流所经过的路径分别为 i_2、i_4 所示的方向。在放电过程中(T_2 时间内),二极管 VD_1、二极管 VD_3 截止。在 T_2 这段时间内由 C 点向 A 点流过的电荷量 $q_2 = C_x(E_2 - E_1)$。

设方波的频率 $f = \dfrac{1}{T_0}$(每秒要发生的充放电过程的次数),则由 C 点流向 A 点的平均电流 $I_2 = C_x f(E_2 - E_1)$,而从 A 点流向 C 点的平均电流 $I_3 = C_d f(E_2 - E_1)$,流过此支路的瞬时电流的平均值为

$$I = C_x f(E_2 - E_1) - C_d f(E_2 - E_1) = f\Delta E(C_x - C_d) \tag{5-30}$$

式中:ΔE 为方波的幅值,$\Delta E = E_2 - E_1$。

令电容 C_x 的初始值为 C_0,ΔC_x 为 C_x 的增量,则 $C_x = C_0 + \Delta C_x$,调节 $C_d = C_0$,则

$$I = f\Delta E(C_x - C_d) = f\Delta E\Delta C_x \tag{5-31}$$

由式(5-31)可以看出,电流 I 正比于 ΔC_x。

5.4.5　脉冲宽度调制电路

脉冲宽度调制电路如图 5-15 所示;脉冲宽度调制电路电压波形如图 5-16 所示。

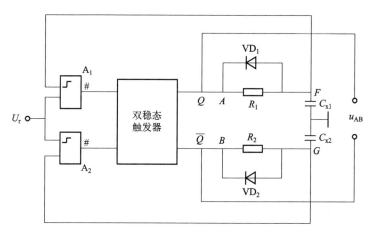

图 5-15　脉冲宽度调制电路图

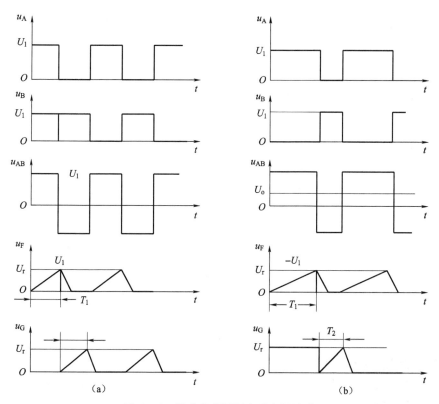

图 5-16　脉冲宽度调制电路电压波形

电路各点电压波形如图 5-16(b) 所示，此时 u_A、u_B 脉冲宽度不相等，一个周期 (T_1+T_2) 时间内的平均电压值不为零。此 u_{AB} 电压经低通滤波器滤波后，可获得输出电压

$$U_o = U_A - U_B = U_1 \frac{T_1 - T_2}{T_1 + T_2} \tag{5-32}$$

式中：U_1 为触发器输出高电平；T_1、T_2 为 C_{x1}、C_{x2} 充电至 U_r 时所需要的时间。

由电路知识可知

$$T_1 = R_1 C_{x1} \ln \frac{U_1}{U_1 - U_r} \tag{5-33}$$

$$T_2 = R_2 C_{x2} \ln \frac{U_2}{U_2 - U_r} \tag{5-34}$$

将 T_1、T_2 代入式 (5-32)，可得

$$U_o = \frac{C_{x1} - C_{x2}}{C_{x1} + C_{x2}} U_1 \tag{5-35}$$

把平行板电容的公式代入式 (5-35)，在变极板距离的情况下，可得

$$U_o = \frac{d_1 - d_2}{d_1 + d_2} U_1 \tag{5-36}$$

式中：d_1、d_2 分别为 C_{x1}、C_{x2} 极板间距离。

当差动电容 $C_{x1} = C_{x2} = C_0$，即 $d_1 = d_2 = d_0$ 时，$U_o = 0$；若 $C_{x1} \neq C_x$，设 $C_{x1} > C_{x2}$，即 $d_1 = d_0 - \Delta d$，$d_2 = d_0 + \Delta d$，则有

$$U_o = \frac{\Delta d}{d_0} U_1 \tag{5-37}$$

同理，在变面积型电容式传感器中，则有

$$U_o = \frac{\Delta S}{S} U_1 \tag{5-38}$$

由此可知，差动脉宽调制电路适用于变极板距离以及变面积型差动式电容传感器，并具有线性特性，且转换效率高，经过低通放大器就有较大的直流输出，调宽频率的变化对输出没有影响。

5.5 电容式传感器的应用

5.5.1 电容式压力传感器

图 5-17 所示为差动式电容压力传感器的结构，图中所示膜片为动电极，两个在凹形玻璃上的金属镀层为固定电极，构成差动电容器。

当被测压力或压力差作用于膜片并产生位移时，所形成的两个电容器的电容量，一个增大，一个减小。该电容值的变化经测量电路转换成与压力或压力差相对应的电流或电压的变化。

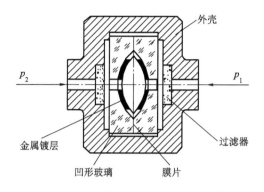

图 5-17 差动式电容压力传感器结构

5.5.2 电容式加速度传感器

图 5-18 所示为差动式电容加速度传感器结构。当传感器壳体随被测对象沿垂直方向做直线加速运动时,质量块在惯性空间中相对静止,两个固定电极将相对于质量块在垂直方向产生大小正比于被测加速度的位移。此位移使两电容的间隙发生变化,一个增加,一个减小,从而使 C_1、C_2 产生大小相等、符号相反的增量,此增量正比于被测加速度。

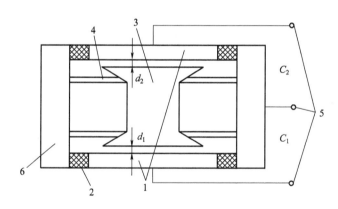

图 5-18 差动式电容加速度传感器结构

1—固定电极;2—绝缘垫;3—质量块;4—弹簧;5—输出端;6—壳体

电容式加速度传感器的主要特点是频率响应快和量程范围大,大多采用空气或其他气体做阻尼物质。

5.5.3 差动式电容测厚传感器

差动式电容测厚传感器是用来对金属带材在轧制过程中厚度的检测,其工作原理是在被测带材的上下两侧各置放一块面积相等、与带材距离相等的极板,这样极板与带材就构成了两个电容器 C_1、C_2。把两块极板用导线连接起来成为一个极,而带材就是电容的另一个极,其总电容为 $C_1 + C_2$。如果带材的厚度发生变化,将引起电容量的变化,用交流电桥将电容的变化测出来,经过放大即可由电表指示测量结果。差动式电容测厚传感器系统组成如图 5-19 所示。

音频信号发生器产生的音频信号,接入变压器 T 的一次绕组,变压器二次绕组的两个线圈作为测量电桥的两臂,电桥的另外两桥臂由标准电容 C_0 和带材与极板形成的被测电容 C_x($C_x = C_1 + C_2$)组成。电桥的输出电压经放大器放大后整流为直流,再经差动放大,即可用指示电表指示出带材厚度的变化。

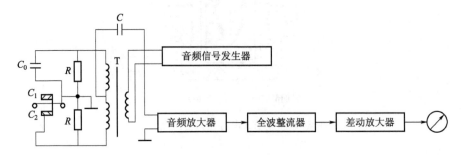

图 5-19 差动式电容测厚传感器系统组成

习　　题

5-1 试分析变面积型电容式传感器和变隙型电容式传感器的灵敏度?为了提高传感器的灵敏度可采取什么措施?

5-2 为什么说变隙型电容式传感器特性是非线性的?采取什么措施可改善其非线性特征?

5-3 有一平面直线位移差动传感器特性,其测量电路采用变压器交流电桥,结构组成如图 5-20(a)所示。电容式传感器起始时 $b_1 = b_2 = b = 200$ mm,$a_1 = a_2 = 20$ mm,极距 $d = 2$ mm,极间介质为空气,测量电路 $u_i = 3\sin\omega t$ V,且 $u = u_0$。试求当动极板上输入一位移量 $\Delta x = 5$ mm 时,电桥输出电压 u_0。

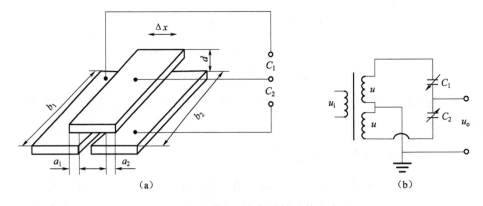

图 5-20 变压器交流电桥结构及其电路图

5-4 变隙型电容式传感器的测量电路为运算放大器电路,如图 5-21 所示。$C_0 = 200$ pF,传感器的起始电容量 $C_{x0} = 20$ pF,定动极板距离 $d_0 = 1.5$ mm,运算放大器为理想放大

$(K \to \infty, Z_i \to \infty)$，$R_f$ 极大，输入电压 $u_1 = 5\sin\omega t$ V。试求当电容式传感器动极板上输入一个位移量 $\Delta x = 0.15$ mm 使 d_0 减小时，电路输出电压 u_o 为多少？

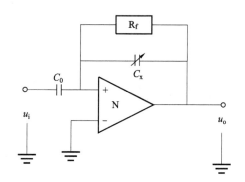

图 5-21　运算放大器电路

5-5　如图 5-22 所示为正方形平板电容器，极板长度 $a = 4$ cm，极板间距离 $\delta = 0.2$ mm。若用此变面积型电容式传感器测量位移 x，试计算该传感器的灵敏度并画出传感器的特性曲线，极板间介质为空气，$\varepsilon_0 = 8.85 \times 10^{-12}$ F/m。

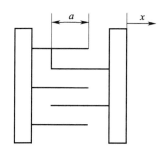

图 5-22　正方形平板电容器

第 6 章

压电式传感器

6.1 压电效应及压电材料

6.1.1 压电效应

压电式传感器是基于某些电介质的压电效应,压电效应可分为正压电效应和逆压电效应。当电介质(晶体)受到一定方向外力的作用而产生变形时,就会引起它内部正负电荷中心相对转移而产生极化现象,从而导致在相应的两个表面上产生符号相反的电荷;当外力作用除去时,表面的电荷也随之消失,又重新恢复不带电状态;当外力作用方向改变时,电荷的极性也随之改变。这种现象称为正压电效应,或简称压电效应。相反,当对电介质沿极化方向施加电场作用时,在一定的晶轴方向将产生机械变形或机械应力;当外加电场撤去后,其内部的应力或变形也随之消失,这种现象称为逆压电效应,又称为电致伸缩效应。

具有压电效应的电介质称为压电材料,能实现机械能—电能之间的相互转换,因此压电式传感器是双向传感器。常见的压电材料有石英(SiO_2)晶体、钛酸钡、锆钛酸铅等。

石英晶体具有各向异性特性,即在不同晶向其性能不同。图 6-1 所示为天然石英晶体结构,其外形是一个六棱柱,两端是一对称的六棱锥(图中所示为其剖开的 $\frac{1}{2}$)。在讨论晶体结构时,常采用 $Oxyz$ 右手笛卡儿坐标表示,其中纵向轴 z 轴称为光轴(或称为中性轴),沿 z 轴方向无压电效应;经过六棱柱棱线并垂直于光轴的 x 轴称为电轴,垂至于 x 轴的表面压电效应最强;与 x 轴和 z 轴同时垂直的 y 轴称为机械轴,在电场的作用下,沿 y 轴方向的机械变形最明显。

常将沿 x 轴方向的力作用下产生电荷的压电效应称为纵向压电效应;将沿 y 轴方向的力作用下产生电荷的压电效应,称为横向压电效应;当外力沿 z 轴方向作用时,不产生压电效应。

通常从晶体上切下一个平行六面体切片,并使其晶面分别平行 z-z、y-y、x-x 轴线,如图 6-2 所示,这个晶片在正常状态下不呈现电性。当沿 x 轴方向施加作用力 F_x 时,则在与 x 轴垂直的平面上产生电荷 q_x(纵向压电效应),如图 6-2 所示,电荷的大小为

$$q_x = d_{11}F_x \tag{6-1}$$

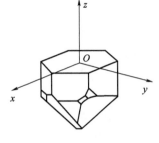

图 6-1 天然石英晶体

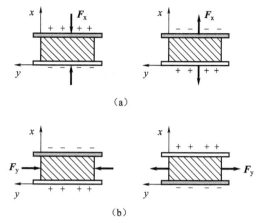

图 6-2　石英晶体切片上电荷极性与受力方向的关系

(a) 纵向压电效应；(b) 横向压电效应

式中：d_{11} 为晶体在 x 轴方向受力时的压电常数（C/N）。

由式（6-1）可知，产生电荷的大小与切片的几何尺寸无关，与所受外力大小成正比。产生电荷的极性视作用力 F_x 是受压或受拉而决定。

若作用力沿着 y 轴方向，产生的电荷仍然在与 x 轴垂直的平面上出现（即横向压电效应），但极性相反，此时电荷的大小为

$$q_y = d_{12} \frac{a}{b} F_y = - d_{11} \frac{a}{b} F \tag{6-2}$$

式中：d_{12} 为晶体在 y 轴方向受力时的压电常数（C/N）（石英轴对称，$d_{12} = -d_{11}$）；a、b 为晶体切片的长度和厚度。

由式（6-2）可见，沿机械轴方向施加作用力时，产生的电荷大小与晶体切片的几何尺寸有关。式中的负号"−"说明沿 y 轴的压力所引起的电荷极性与沿 x 轴的压力所引起的电荷极性是相反的。

石英晶体除纵向、横向压电效应外，在剪切力作用下也会产生电荷，即剪切压电效应，产生的电荷仍然与所受到的剪切力大小成正比，如图 6-3 所示。

如果在石英晶片的两个电极上施加交流电压，将产生机械振动，即逆压电效应。利用压电材料的这种性能可制作电声设备、超声波发射探头等。

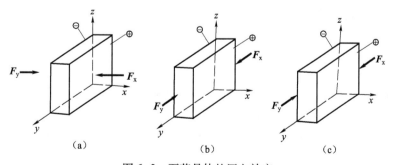

图 6-3　石英晶体的压电效应

(a) 纵向效应；(b) 横向效应；(c) 切向效应

显然,为了利用石英晶体的压电效应进行力—电转换,需要将晶体沿一定的方向切割成晶片。针对不同的应用有许多切割的方法,最常用的是将石英晶体沿垂直于 x 轴的平面切成薄片,称为 $0°x$ 切。

综上所述,压电晶体的正压电效应和逆压电效应是相互对应的,哪个方向上有正压电效应,则在此方向上必定存在逆压电效应,而且力—电之间呈线性关系。石英晶体不是在任何方向上都存在压电效应。

(1)在 x 方向:只有 d_{11} 的纵向压电效应、d_{12} 的横向压电效应和 d_{14} 的剪切压电效应。

(2)在 y 方向:只有 d_{25} 和 d_{26} 的剪切压电效应。

(3)在 z 方向:无任何压电效应。

6.1.2 压电材料

1. 压电材料的主要特性

压电材料具有以下主要特性。

(1)机电转换性能。应具有较大的压电系数。

(2)力学性能。压电元件作为受力元件,希望它的机械强度高、机械刚度大,以期获得宽的线性范围和高的固有频率。

(3)电性能。应具有高的电阻率和大的介电常数,以减小电荷泄漏并获得良好的低频特性。

(4)温度和湿度的稳定性要好。具有较高的居里点,以得到宽的工作温度范围。

(5)时间稳定性。其电压特性应不随时间而蜕变。

压电材料的主要特性参数有:压电常数、弹性常数、介电常数、机电耦合系数、电阻、居里点。

2. 压电材料的分类

压电材料可分为压电晶体(单晶)、压电陶瓷(多晶)和新型压电材料三类。其中压电晶体中的石英晶体和压电多晶中的钛酸钡与锆钛酸铅系列压电陶瓷应用较普遍。

1)压电晶体

(1)石英晶体。石英晶体是典型的压电晶体,分为天然石英晶体和人工石英晶体,其化学成分是二氧化硅(SiO_2),其压电常数 $d_{11} = 2.1 \times 10^{-12}$ C/N,压电常数虽小,但时间和温度稳定性极好,在 20 ℃~200 ℃,其压电常数几乎不变;达到 573 ℃时,石英晶体就失去压电特性,该温度称为居里点,并无热释电性(了解更多)。另外,石英晶体的力学性能稳定,机械强度和机械品质因素高,且刚度大,固有频率高,动态特性好;且绝缘性、重复性均好。

下面以石英晶体为例说明压电晶体内部发生极化产生压电效应的物理过程。在一个晶体单元体中,有 3 个硅离子和 6 个氧离子,后者是成对的(如图 6-4 所示),构成六边的形状。在没有外力的作用时,电荷互相平衡,外部没有带电现象。如果在 x 轴方向或 y 轴方向受压,由于离子之间造成错位,所以电荷的平衡关系受到破坏,产生极化现象,使表面产生电荷。当在 z 轴方向受力时,由于离子对称平移,表面不呈现电荷,所以没有压电效应。这就是石英晶体产生压电效应的机理。

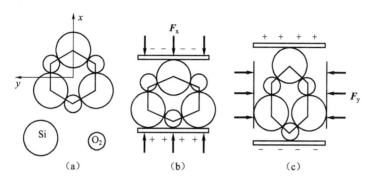

图 6-4　石英晶体模型

（2）其他压电晶体。锂盐类压电和铁电单晶如铌酸锂（$LiNbO_3$）、钽酸锂（$LiTaO_3$）、锗酸锂（$LiGeO_3$）等压电材料，也得到广泛应用，其中以铌酸锂为典型代表。

铌酸锂是一种无色或浅黄色透明铁电晶体。从结构上看，它是一种多畴单晶。它必须通过极化处理后才能成为单畴单晶，从而呈现出类似单晶体的特点，即力学性能各向异性。它的时间稳定性好，居里点高达 1 200 ℃，在高温、强辐射条件下，仍具有良好的压电性，且力学性能，如机电耦合系数、介电常数、频率等均保持不变。此外，它还具有良好的光电、声光效应，因此在光电、微声和激光等器件方面都有重要应用。不足之处是质地脆、抗机械和热冲击性差。

2）压电陶瓷

压电陶瓷是人工合成的多晶体压电材料，它由无数细微的电畴组成。这些电畴实际上是自发极化的小区域，自发极化的方向完全是任意排列的，如图 6-5(a)所示。在无外电场作用时，各电畴的极化作用相互抵消，因此不具有压电效应，只有经过极化处理后才具有压电效应，即在一定的温度和强电场（如 20~30 kV/cm 直流电场）作用下，内部电畴自发极化方向都趋向于电场的方向，如图 6-5(b)所示，极化处理后压电陶瓷具有一定极化强度。在外电场去除

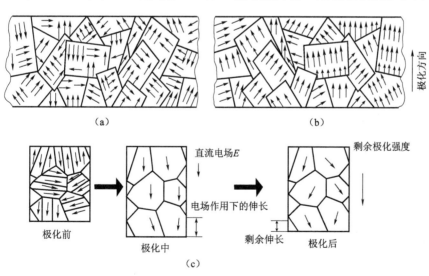

图 6-5　压电陶瓷的极化处理

（a）极化前；（b）极化后；（c）极化过程

后,各电畴的自发极化在一定程度上按原外电场方向取向,其内部仍有很强的剩余极化强度,使得压电陶瓷极化的两端就出现束缚电荷(一端为正电荷,另一端为负电荷),由于束缚电荷的作用,在压电陶瓷的电极表面就会吸附自由电荷。这些自由电荷与压电陶瓷内的束缚电荷符号相反而数值相等,如图6-6所示。

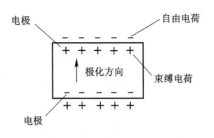

图6-6 陶瓷片内束缚电荷与电极上吸附的自由电荷示意图

当压电陶瓷受到与极化方向平行的外力作用而产生压缩变形,电畴发生偏转,内部正负束缚电荷之间的距离变小,剩余极化强度也将变小,因此,原来吸附的自由电荷,有一部分被释放而出现放电现象。当外力撤销后,压电陶瓷恢复原状,内部的正负束缚电荷之间的距离变大,极化强度也变大,电极上又吸附一部分自由电荷而出现充电现象。充、放电电荷的多少与外力的大小成比例关系,这种由机械能转变为电能的现象,称为压电陶瓷的正压电效应。同样,压电陶瓷也存在逆压电效应。

通常将压电陶瓷的极化方向定义为 z 轴,在垂直于 z 轴的平面上任意选择一个正交轴系作为 x 轴和 y 轴。对于 x 轴和 y 轴,其压电效应是相同的(即压电常数相等),这是与石英晶体的不同之处。

常见的压电陶瓷有锆钛酸铅系压电陶瓷(PZT)、钛酸钡陶瓷($BaTiO_3$)、铌酸盐系压电陶瓷,如铌酸铅($PbNb_2O_3$)、铌镁酸铅压电陶瓷(PMN)等,压电陶瓷的特点是:压电常数大,灵敏度高;制造工艺成熟,可通过合理配方和掺杂等人工控制达到所要求的性能。压电陶瓷除有压电性外,还具有热释电性,因此它可制作热电传感器件而用于红外探测器中。但作为压电器件应用时,会给压电传感器造成热干扰,降低稳定性。所以,对高稳定性的传感器,压电陶瓷的应用受到限制。另外,压电陶瓷的成型工艺性也好,成本低廉,有利于广泛应用。压电陶瓷按照受力和变形的形式不同可以制成各种形状的压电元件,常见的有片状和管状,管状压电元件的极化方向可以是轴向的,也可以是圆环的径向。

3)新型压电材料

新型压电材料可分为压电半导体和有机高分子压电材料两种。

(1)压电半导体。硫化锌(ZnS)、碲化镉(CeTe)、氧化锌(ZnO)、硫化镉(CdS)等材料具有显著的特点,即既具有压电特性又具有半导体特性。因此既可用其压电性研制传感器,又可用其半导体特性制作电子器件;也可以两者合一,集元件与线路于一体,研制成新型集成压电传感器测试系统。

(2)有机高分子压电材料。一些合成的高分子聚合物,如聚氟乙烯(PVF)、聚二氟乙烯(PVF_2)、聚氯乙烯(PVC)等经延展拉伸和电极化后可以制成压电材料,这种材料质地柔软、不易破碎,在很宽的频率范围内有平坦的响应,性能稳定,能和空气的声阻抗自然匹配。另外,高分子化合物中掺杂压电陶瓷 PZT 或 $BaTiO_3$ 粉末也可制成高分子压电薄膜。

6.2 测 量 电 路

6.2.1 等效电路

在压电元件两个电极表面进行金属蒸镀形成金属膜(两电极间的压电陶瓷或石英为绝缘体),因此,压电元件实质上是一个以压电材料为介质的电容器,其电容量为

$$C_a = \frac{\varepsilon_r \varepsilon_0 A}{\delta} \tag{6-3}$$

式中:ε_r 为压电材料的相对介电常数;ε_0 为真空介电常数,$\varepsilon_0 = 8.85 \times 10^{-12} \text{F/m}$;$A$ 为压电元件电极面的面积;δ 为压电元件的厚度。

压电元件在外力作用下两个表面产生数量相等、极性相反的电荷 q,其开路电压 U_a(负载电阻无穷大时)为

$$U_a = \frac{q}{C_a} \tag{6-4}$$

因此,压电元件可以等效为一个与电容 C_a 串联的电压源,也可等效为一个与 C_a 并联的电荷源,如图 6-7 所示。

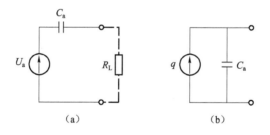

图 6-7 压电元件的等效电路
(a)电压源;(b)电荷源

必须指出,上述等效电路及其输出电压只有在压电元件本身理想绝缘、无泄漏、输出端开路(绝缘电阻 $R_a = R_L = \infty$)条件下才成立。在构成压电式传感器时,总要利用电缆将压电元件接入测量电路。这样,就引入了连接电缆的分布电容 C_c,后续测量电路(测量放大器等)的输入电阻 R_i 和输入电容 C_i 等形成的负载阻抗影响;加之压电元件并非是理想器件,它内部存在泄漏电阻 R_a,则由压电元件构成的压电式传感器的实际等效电路如图 6-8 所示。

由此可见,压电式传感器只有在负载电阻无穷大、内部无泄漏时,受力后产生的电压(电荷)才能长期保存下来,若负载电阻不是无穷大,则电路就要以时间常数 $(R_a + R_i)(C_a + C_c + C_i)$ 按指数规律放电,从而造成测量误差。因此,利用压电式传感器测量静态量或准静态量时,必须采取措施(如极高阻抗负载等)来防止电荷经测量电路的漏失或使之减小到最低程度;而在动态测量时,电荷量可以不断得到补充,故压电式传感器适宜于动态测量。而且,动态测量时,为了保持一定的输出电压和扩展频带的低频段,也必须提高回路的时间常数。常常采用提高输入阻抗 R_i 的方法增大时间常数,使漏电造成的电压降很小,不致造成显著的测量误差。

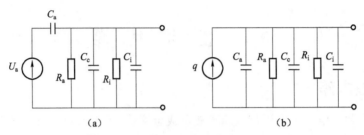

图 6-8　压电式传感器实际的等效电路

(a) 电压源；(b) 电荷源

在实际应用的压电式传感器中,为提高灵敏度使表面有足够的电荷,往往将两个或两个以上压电晶片组合在一起使用。由于压电晶片是有极性的,因此有并联连接和串联连接两种连接方式,如图 6-9 所示。

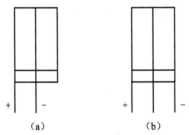

图 6-9　压电晶片的连接方式

(a) 并联；(b) 串联

并联时,输出电压 U_o、输出电容 C_o、极板上的电荷量 q_o 与单片各值的关系为

$$U_o = U, \quad C_o = 2C, \quad q_o = 2q \tag{6-5}$$

串联时,输出电压 U_o、输出电容 C_o、极板上的电荷量 q_o 与单片各值的关系为

$$U_o = 2U, \quad C_o = /2C, \quad q_o = q \tag{6-6}$$

式(6-6)中,U、C、q 分别为单个压电晶片的电压、电容和电荷。

(1) 并联连接。两压电元件的负极集中在中间极板上,正极在上、下两边并连接在一起,此时电容量大,输出电荷量大,时间常数大,适用于测量缓变信号和以电荷为输出的场合。

(2) 串联连接。上极板为正极,下极板为负极,在中间是一个元件的负极与另一个元件的正极相连接,此时输出电压大,电容小,时间常数小,适用于要求以电压为输出的场合,并要求测量电路有高的输入阻抗。

6.2.2　测量电路

压电式传感器本身内阻很大($R_a \geqslant 1\,010\,\Omega$),输出信号又很微弱,这样便给后续测量电路(放大电路等)提出了很高的要求。为了减小测量误差,通常把传感器的输出信号先接入一个高输入阻抗的前置放大器,然后再接入一般的放大电路及其他电路。压电式传感器测量电路的关键在于高阻抗的前置放大器,它有两个作用:一是将压电式传感器的微弱信号放大;二是将压电式传感器高阻抗输出变换为低阻抗输出。

压电式传感器的输出可以是电压,也可以是电荷,因此压电式传感器的前置放大器还包括电压放大器和电荷放大器两种形式。

1. 电压放大器

电压放大器又称阻抗变换器,其主要作用是把压电元件的高输出阻抗变换为低输出阻抗,并保持输出电压与输入电压成正比。

压电式传感器与电压放大器连接时的等效电路如图 6-10 所示,等效电阻为

$$R = \frac{R_a R_i}{R_a + R_i} \tag{6-7}$$

等效电容为

$$C = C_a + C_c + C_i \tag{6-8}$$

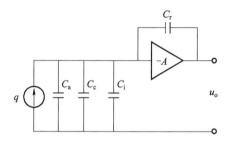

图 6-10　压电式传感器与电压放大器连接的等效电路

由等效电路可知,电压放大器的输入电压为

$$\dot{U}_i = \dot{I} \frac{R}{1 + j\omega RC} \tag{6-9}$$

假设作用在压电元件上的正弦交变力为 $\boldsymbol{F} = \boldsymbol{F}_m \sin\omega t$,则压电元件上产生的电荷 $q = d\boldsymbol{F}$,因此

$$i = \frac{dq}{dt} = \omega d\boldsymbol{F}_m \cos\omega t \tag{6-10}$$

将式(6-10)写成复数形式,即

$$\dot{I} = j\omega d\dot{\boldsymbol{F}} \tag{6-11}$$

将式(6-11)代入式(6-9),可得

$$\dot{U}_i = d\dot{\boldsymbol{F}} \frac{j\omega R}{1 + j\omega RC} \tag{6-12}$$

因此,电压放大器的输入电压的幅值为

$$U_{im} = \frac{d\boldsymbol{F}_m \omega R}{\sqrt{1 + (\omega R)^2 (C_a + C_c + C_i)^2}} \tag{6-13}$$

输入电压 $\dot{U}_i$ 与作用力 $\boldsymbol{F}$ 之间的相位差为

$$\varphi = \frac{\pi}{2} - \arctan(C_a + C_c + C_i)R \tag{6-14}$$

在理想情况下,传感器的绝缘电阻 R_a 和电压放大器的输入电阻 R_i 都为无限大,即电荷没有泄漏,则电压放大器的输入电压(传感器的开路电压)为

$$U_a = \frac{q}{C} = \frac{\mathrm{d}F_m}{C}\sin\omega t \tag{6-15}$$

电压放大器输入电压的幅值为

$$U_{am} = \frac{\mathrm{d}F_m}{C_a + C_c + C_i} \tag{6-16}$$

它与实际输入电压 U_{im} 的幅值之比为

$$\frac{U_{im}}{U_{am}} = \frac{\omega R(C_a + C_c + C_i)}{\sqrt{1 + (\omega R)^2 (C_a + C_c + C_i)^2}} \tag{6-17}$$

令 $\omega_n = \dfrac{1}{R(C_a + C_c + C_i)} = \dfrac{1}{\tau}$（$\tau$ 为测量回路的时间常数），即 $\tau = R(C_a + C_c + C_i)$，则式 (6-17) 和式 (6-14) 可分别写为

$$\frac{U_{im}}{U_{am}} = \frac{\dfrac{\omega}{\omega_n}}{\sqrt{1 + \left(\dfrac{\omega}{\omega_n}\right)^2}} \tag{6-18}$$

$$\varphi = \frac{\pi}{2} - \arctan\left(\frac{\omega}{\omega_n}\right) \tag{6-19}$$

由此得到电压幅值比和相角与频率比的关系曲线,如图6-11所示。

由图 6-11 可得如下特性。

（1）当作用在压电元件上的力是静态力（$\omega = 0$）时,电压放大器的输入电压等于零,因此压电式传感器不能测量静态物理量。

（2）高频特性。当 $\dfrac{\omega}{\omega_n} \gg 1$ 时,即 $\omega_\tau \gg 1$ 时,被测量频率越高（一般只要 $\dfrac{\omega}{\omega_n} \geqslant 3$ 时）,则电压放大器的输入电压与作用力的频率无关,这表明压电式传感器的高频响应特性好。这也是压电式传感器的一个突出优点。

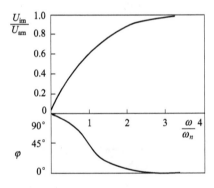

图 6-11　电压幅值比和相角与频率比的关系曲线

（3）低频特性。当被测量是缓慢变化的动态量,而测量回路的时间常数又不大,即当 $\omega_\tau \ll 1$ 时,则会造成传感器的低频动态误差越大。因此,为了扩大传感器的低频响应范围,就必须尽量提高回路的时间常数。但这不能靠增加测量回路的电容来提高时间常数（输出电压与电容 C 相关）,有效的方法是提高测量回路的电阻。由于传感器本身的绝缘电阻一般都很大,所以测量回路的电阻主要取决于电压放大器的输入电阻。电压放大器的输入电阻越大,测量回路的时间常数就越大,传感器的低频响应也就越好。

电压放大器电路简单、元件少、价格便宜、工作可靠,但是,电缆长度对传感器测量精度的影响较大（因为电缆长度变化,电缆电容 C_c 也将改变,因而电压放大器的输入电压随之变

化,进而引起电压放大器的输出电压变化,使用时更换电缆就要求重新标定),在一定程度上限制了压电式传感器的应用场合。在实际应用中,为了提高传感器的测量精度,尽量减小电缆长度的影响,可将电压放大器装入压电式传感器内部,组成一体化传感器,大大方便了使用。

2. 电荷放大器

电荷放大器是一个带有深度反馈电容 C_f 的高增益运算放大器。因为传感器的漏电阻 R_a 和电荷放大器的输入电阻 R_i 很大,所以可视为开路。传感器与电荷放大器连接时的等效电路如图 6-12 所示。

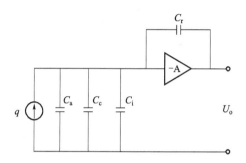

图 6-12　压电式传感器与电荷放大器连接的等效电路

根据图 6-12,则有

$$q \approx U_i(C_a + C_c + C_i) + (U_i - U_o)C_f = U_iC + (U_i - U_o)C_f \tag{6-20}$$

式中:U_i 为电荷放大器输入端电压;U_o 为电荷放大器输出端电压;C_f 为电荷放大器反馈电容。

根据 $U_o = -KU_i$(K 为电荷放大器开环增益),可得

$$U_o = \frac{-Kq}{(C + C_f) + KC_f} \tag{6-21}$$

当电荷放大器的开环增益 K 足够大, $KC_f \gg C + C_f$ 时 ,式(6-21)可简化为

$$U_o \approx \frac{-q}{C_f} \tag{6-22}$$

由式(6-22)可知,电荷放大器的输出电压仅于输入电容量和反馈电容 C_f 有关,若保持 C_f 数值不变,输出电压正比于输入电荷量。而且,当 $KC_f \gg C + C_f$ 时,其输出电压与电缆电容 C_c 无关,这是电荷放大器的最大优点。但是与电压放大器比较,其电路复杂,调整困难,成本较高。另外,在实际使用中,传感器与测量仪器总有一定的距离,它们之间由长电缆连接,由于电缆噪声增加,所以降低了信噪比,使低电平振动的测量受到一定程度的限制。

反馈电容 C_f:为了提高测量精度,C_f 的温度和时间稳定性要好;在电荷放大器的实际电路中,考虑到被测量的不同及后级放大器不致因输入信号太大而引起饱和,反馈电容 C_f 做成可调的,电容值一般为 100~10 000 pF。在电荷放大器中采用深度电容负反馈,在直流工作时相当于开路状态,故零漂较大而产生误差。为了减小零漂,提高电荷放大器的工作稳定性,一般在反馈电容 C_f 的两端并联一个大电阻 R_f(约 1 010 Ω),以提供直流反馈。

6.3 压电式传感器的应用

压电元件是一种典型的力敏元件,通过选取合适的压电材料、变形方式、机械上串联或并联的晶片数目、晶片的几何尺寸和合理的传力结构等就构成实现力—电转换的压电式传感器的基本结构。因此,凡是能转换成力的被测量如位移、压力、冲击、振动加速度等,都可用压电式传感器测量。

在制作和使用压电式传感器时,必须对压电元件施加一定的预紧力,以保证在作用力变化时,压电元件始终受到压力;其次是保证压电元件与作用力之间的均匀接触,获得输出电压(电荷)与作用力的线性关系。但作用力太大将会影响压电式传感器的灵敏系数。

压电式传感器的灵敏系数定义如下:

电压灵敏系数: $K_u = \dfrac{U_a}{F}$

电荷灵敏系数: $K_q = \dfrac{q}{F}$

两者之间的关系: $K_u = \dfrac{K_a}{C_a}, K_u = \dfrac{K_q}{C_a}$

此外,基于逆压电效应的超声波发生器(换能器)是超声检测技术及仪器的关键器件,逆压电效应还可做力和运动(位移、速度、加速度)发生器——压电驱动器。利用压电陶瓷的逆压电效应也可实现微位移测量,具有位移分辨力极高(可达 10^{-3} μm)、结构简单、尺寸小、发热少、无杂散磁场和便于遥控等特点。

6.3.1 压电式加速度传感器

压电式加速度传感器又称为压电加速度计,具有体积小、重量轻、频带宽(从几赫到数十千赫)、测量范围宽($10^{-6} \sim 10^3 \, g$)等特点,使用温度可达 400 ℃以上,因此在振动加速度测量中应用广泛(在众多形式的测振传感器中,压电式加速度传感器占 80% 以上)。

1. 结构原理

根据压电元件的受力和变形形式可构成不同结构的压电式加速度传感器,最常见的是基于厚度变形的压缩式和基于剪切变形的剪切式两种形式,前者使用更为普遍。基于厚度变形的压缩式加速度传感器的结构(如图6-13所示),压电元件一般由两片压电晶片组成,在压电晶片的两个表面上镀银层,并在银层上焊接输出引线,或在两片压电晶片之间夹一片金属,引线就焊接在金属片上,输出端的另一根引线直接与传感器基座相连。在压电晶片上放置惯性质量块,然后用硬弹簧或螺栓、螺母对质量块预加负载。整个组件装在一个厚基座的金属壳体中,为了隔离试件的任何应变传递到压电元件上,避免产生虚假信号,一般要加厚基座或选

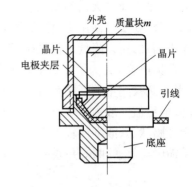

图 6-13 压缩式加速度传感器

用刚度较大的材料制造基座。

测量时，将传感器基座与试件刚性固结在一起，因此，传感器感受与试件同样的振动，此时惯性质量产生一个与加速度成正比的交变惯性力 F 作用在压电晶片上，由于压电效应而在压电晶片的表面上产生了交变电荷（电压）。当被测振动频率远低于传感器的固有频率时，则压电晶片产生的电荷（电压）与所测加速度成正比。通过后续的测量放大电路就可以测量出试件的振动加速度。如果在放大电路中加入适当的积分电路，就可以测量出相应的振动速度或位移。

2. 灵敏度及产生误差的影响因素

灵敏度是压电式加速度传感器的重要性能参数之一，有电荷灵敏度 S_q 和电压灵敏度 S_V 两种表示方法，其表达式分别为

$$S_q = \frac{q}{a} \tag{6-23}$$

$$S_V = \frac{U_a}{a} \tag{6-24}$$

式中：q 为传感器输出电荷量；U_a 为传感器的开路电压；a 为被测加速度。

压电元件受力后表面产生的电荷 $q = dF$，而施加在压电元件上的力是通过加速度的作用得到的，即 $F = ma$，这样压电式加速度传感器的灵敏度可表示为

$$S_q = dm \tag{6-25}$$

$$S_V = \frac{dm}{C_a} \tag{6-26}$$

因此，压电式加速度传感器的灵敏度取决于压电元件的压电系数和惯性质量块的质量大小。为了提高灵敏度，应当选用压电系数大的压电材料作为压电元件，在一般精度要求的测量中，大多采用压电陶瓷作为压电敏感元件。还可以采用增加压电晶片数目和合理的连接方法提高传感器的灵敏度。增加质量块的质量，虽然也可提高灵敏度，但对传感器的高频响应不利。

一只理想的压电式加速度传感器，只有当振动沿传感器的纵轴方向运动时才有输出信号。压电式加速度传感器在纵轴方向的灵敏度称为纵向灵敏度或主轴灵敏度。若在与纵轴方向正交的加速度作用下传感器也产生电信号输出，则此输出信号与横向作用的加速度之比称为传感器的横向灵敏度。横向灵敏度通常以主轴灵敏度的百分数表示，最大横向灵敏度应小于主轴灵敏度的 5%。

横向灵敏度产生的原因包括：晶片切割或极化方向有偏差；压电晶片表面粗糙度或两个表面不平行；基座平面与主轴方向互不垂直；质量块或压紧螺母加工精度不够；传感器装配、安装不精确等。这些偏差使传感器灵敏度最大的方向与传感器几何主轴方向不一致，即传感器最大灵敏度向量与传感器几何主轴的正交平面不正交，使得传感器横向作用的加速度在传感器最大灵敏度方向上的分量不为零，从而引起传感器的输出。

横向灵敏度是具有方向的，图 6-14 所示为最大灵敏度在垂直于几何主轴的平面上的投影和横向灵敏度在正交平面内的分布情况，其中 S_m 为最大灵敏度向量，S_L 为纵向灵敏度向量，$S_{T_{max}}$ 为横向灵敏度最大值且将此方向确定为正交平面内的 0°。当沿 0° 方向或 180° 方向作用有横向加速度时，都将引起最大的误差输出；当在其他方向作用横向加速度时，产生的误差输出将正比于 S_T 在此方向的投影值。所以从 0°~360° 横向灵敏度的分布是对称的两个圆环。

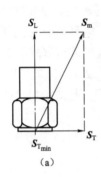 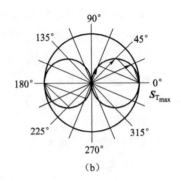

图 6-14　横向灵敏度在正交平面中的分布

横向加速度干扰通过传感器横向灵敏度引起的误差为

$$\gamma_T = \frac{a_T S_T}{a_L S_L} \tag{6-27}$$

式中：a_T 为横向干扰加速度；S_T 为 a_T 作用方向的横向灵敏度；a_L 为被测加速度，即沿传感器主轴方向作用的加速度；S_L 为传感器的纵向灵敏度。

为减小测量误差，在实际使用中合理的安装方法是将传感器的最小横向灵敏度 $S_{T_{min}}$ 置于存在最大横向干扰的方向。

另外，环境温度、湿度的变化会引起压电元件的压电系数、介电常数、电阻率以及绝缘电阻等的变化，从而使传感器的灵敏度也随着发生变化；周围存在的磁场和声场也会使传感器产生误差输出，因此在使用中应根据传感器具体的工作环境及对测量误差提出的要求选择传感器类型以及采取相应的隔离、屏蔽、密封等保护措施。

在实际使用中，产生误差的其他因素还包括电缆噪声和接地回路噪声等。普通的同轴电缆在受到突然的弯曲、振动、缠绕和大幅度的晃动时，会由于其屏蔽层、绝缘保护套（通常为聚乙烯或聚四氟乙烯材料）与电缆芯线间的相互摩擦而产生静电，此静电将直接与压电晶片的输出互相叠加，形成电缆噪声。为此，传感器的输出电缆应使用特制的低噪声电缆（电缆的芯线与绝缘套间以及绝缘套与屏蔽层间加入石墨层以减小相互摩擦）。此外，将输出电缆固紧，通常用夹子、胶布、涂蜡等固定电缆以避免振荡，且电缆离开试件的点也应选在振动最小处，如图 6-15 所示。接地回路噪声是压电式传感器接入二次测量线路或仪表而构成测试系统后，由于不同电位处的多点接地，形成了接地回路和回路电流所致，有效的方法是整个测试系统在一点接地。

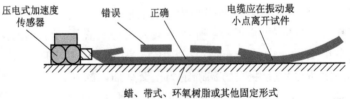

图 6-15　压电式加速度传感器输出电缆的固定方法

3. 频率特性

压电式加速度传感器可以简化为由质量 m、弹簧 k 和阻尼 c 组成的二阶系统,因此它的高频响应取决于传感器机械系统的固有频率和阻尼比。由于压电式加速度传感器具有很高的固有频率(一般可达 40~60 kHz,最高可达 180 kHz),而在传感器中没有特别的阻尼装置,其阻尼比很小,一般在 0.01 以下,所以它的可测量上限频率很高$\left(实际测量上限频率为固有频率的 \dfrac{1}{5}~\dfrac{1}{3}\right)$,这正是压电式加速度传感器的优点。压电式加速度传感器的可测频率下限取决于压电元件两极上产生的电荷的泄漏情况及前置放大器的下限截止频率,一般可低至 1~2 Hz,甚至更低。

实际使用中,压电式加速度传感器的安装方式对其测量频率的上限也有很大影响,安装不当会大大降低其最高可测量频率。如图 6-16 所示为常用的几种安装方法,其中图 6-16(a)用钢制螺钉将压电式加速度传感器固定在试件上,拧紧力要适中,利用这种方法可测量的频率上限;图 6-16(b)适用于压电式加速度传感器与试件之间需要绝缘的情况,采用绝缘螺钉固紧,用云母垫圈衬在传感器和试件之间,利用该方法的测量频率上限较图 6-16(a)略低些;图 6-16(f)是手持带有可更换的圆头或尖头探针,此方法使用方便,但测量频率上限很低,不宜用来测量高于 1 000 Hz 的振动;除上述三种方法外,还可以用永久磁铁(图 6-16(c)),黏结(图 6-16(d))和涂蜡(图 6-16(e))等方法固定。

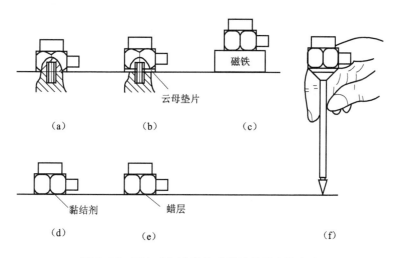

图 6-16　压电式加速度传感器的几种安装方法

6.3.2　压电式测力传感器

压电式测力传感器按测力状态分为单向力和多向力传感器两大类。压电式测力传感器的测量范围为 10^{-3} N~10^4 kN,动态范围一般为 60 dB,测量频率上限高达数十千赫,故适合于动态力,尤其是冲击力的测量。

压电式单向测力传感器的结构原理如图 6-17 所示,其中上盖为传力元件,其厚度(0.1~0.5 mm)由测力范围决定,被测力通过上盖使压电晶片受到压力作用,基于压电效应输出的电压(电荷)与作用力成正比。基座内外底面对其中心线的垂直度、上盖以及晶片、电极的上下底面的平行度与表面粗糙度等都有严格的要求,否则会使横向灵敏度增加,或使晶片因应力集中而过早破碎。压电式三向力传感器的结构如图 6-18 所示,它可以将作用在其上的 x、y、z 三个方向的分力分别测出。其内部的压电元件由三对不同切型的晶片组成,分别敏感三个方向的分力。其中一组为 x_{0° 切型晶片,利用纵向压电效应测量 z 向分力;另外两组为 y_{0° 切型晶片,利用剪切压电效应分别测量 x 向分力和 y 向分力。

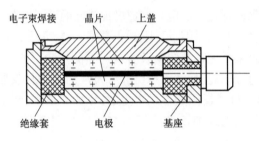

图 6-17 压电式单向测力传感器结构原理

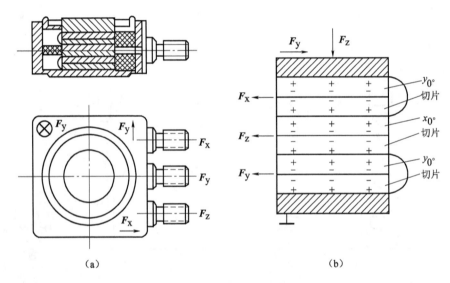

（a）　　　　　　　　　　　　　　（b）

图 6-18 压电式三向力传感器结构

（a）三向测力传感器的结构;（b）用于三向测力的压电晶片组合

6.3.3 压电式压力传感器

压电式压力传感器的结构形式与种类很多,根据弹性敏感元件和受力机构的形式可分为膜片式和活塞式两类。图 6-19 所示为膜片式压力传感器的结构,主要由本体、膜片和压电元件组成。压电元件支撑于本体上,由膜片将被测压力传递给压电元件,再由压电元件输出与被测压力成一定关系的电信号。这种传感器的测量范围很宽,能测低至 10^2 Pa 的压力,高至 10^8 Pa 的压力,且频响特性好、结构坚实、体积和质量小、耐高温等,广泛应用于内燃机的气缸、油管、进排气管的压力测量。特别要指出的是,压电材料最适合于制成在高温下工作的压力传感器,目前比较有效的办法是选择适合高温条件的石英晶体切割方法,例如,$XY\delta(20° \sim 30°)$ 切型的石英晶体可耐 350 ℃ 的高温。而 LiN-bO₃ 单晶的居里点高达 1 210 ℃，是制造高温压力传感器的理想压电材料。

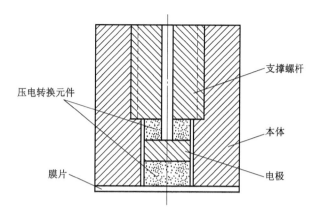

图 6-19 膜片式压力传感器的结构

习   题

6-1 为什么说压电式传感器只适用于动态测量而不能用于静态测量？

6-2 压电式传感器测量电路的作用是什么？其核心是解决什么问题？

6-3 一个压电式传感器的灵敏系数 $K_1 = 10$ pC/MPa，连接灵敏系数 $K_2 = 0.008$ V/pC 的电荷放大器，所用的笔式记录仪的灵敏系数 $K_3 = 25$ mm/V，当压力变化 $\Delta p = 8$ MPa 时，记录笔在记录纸上的偏移为多少？

6-4 某加速度计的校准振动台，它能做 50 Hz 和 $1g$ 的振动，现有压电加速度计出厂时标出灵敏系数 $K = 100$ mV/g，由于测试要求需加长导线，因此要重新标定加速度计灵敏度。假定所用的阻抗变换器放大倍数为 1，电压放大器放大倍数为 100，标定时晶体管毫伏表上指示为 9.13 V，试画出标定系统的框图，并计算加速度计的电压灵敏系数。

第7章

光电式传感器

7.1 光 电 效 应

光电式传感器是将光信号转换成电量的一种变换器,光电式传感器工作的理论基础是光电效应。

光可以看成是由具有一定能量的光子所组成,而每个光子所具有的能量 E 正比于其频率。光射到物体上就可看成是一连串具有能量 E 的光子轰击在物体上,所谓光电效应是指由于物体吸收了能量为 E 的光子后产生的电效应。从传感器本身来看,光电效应可分为三类。

7.1.1 外光电效应

在光线作用下,使电子逸出物体表面的现象称为外光电效应,或称为光电发射效应。基于外光电效应的光电元件有光电管、光电倍增管等。

下面简要介绍外光电效应产生的物理过程。

根据爱因斯坦假说,一个光子的能量只能给一个电子。因此,如果一个电子要从物体中逸出表面,必须使光子能量 $E=h\nu$ 大于表面逸出功 A,这时,逸出表面的电子就具有动能,即

$$E_k = \frac{1}{2}mv^2 = h\nu - A \tag{7-1}$$

式中:h 为普朗克常量,$h = 6.63 \times 10^{-34}$ J·s;ν 为光的频率;m 为电子质量;v 为电子逸出初速度。

式(7-1)称为爱因斯坦光电效应方程。根据式(7-1)可以得出以下结论。

(1) 光电子逸出物体表面时,具有初始动能,它与光的频率有关,频率越高则动能越大;而不同的材料具有不同的逸出功 A,因此对某种特定的材料而言将有一个频率限。当入射光的频率低于此频率限时,无论它有多强,也不能激发电子;当入射光的频率高于此频率限时,不论它有多微弱,也会使被照射的物质激发出电子。此频率限称为"红限",红限的波长为

$$\lambda_k = \frac{hc}{A} \tag{7-2}$$

式中:c 为光速,$c = 3 \times 10^8$ m/s。

(2) 在入射光的频谱成分不变时,发射的光电子数正比于光强。即光强越大,意味着入射

光子数目越多,逸出的电子数也就越多。

7.1.2　内光电效应

在光的照射下材料的电阻率发生改变的现象称为内光电效应,或称为光电导效应。基于这种效应的光电元件有光敏电阻等。

内光电效应的物理过程:光照射到半导体材料上时,价带(价电子所占能带)中的电子受到能量大于或等于禁带(不存在电子所占能带)宽度的光子轰击,使其由价带越过禁带跃入导带(自由电子所占能带),使材料中导带内的电子和价带内的空穴浓度增大,从而使电导率增大。

显然,材料的光电导性能决定于禁带宽度,光子能量 $h\nu$ 应大于禁带宽度 E_g(单位为 eV),由此可得产生光导效应的临界波长为

$$\lambda_0 = \frac{12\ 390}{E_g} \tag{7-3}$$

7.1.3　光生伏特效应

光照射半导体 PN 结后,能使 PN 结产生电动势,或使 PN 结的光电流增加的现象称为光生伏特效应,或称为 PN 结的光电效应。基于光生伏特效应的元件有光电池、光敏二极管和光敏三极管等。

7.2　光电管及光电倍增管

7.2.1　光电管

1. 光电管的结构原理

光电管的典型结构如图 7-1 所示,它由阴极和阳极组成,并装在一个抽成真空的玻璃管内。阴极可以做成多种形式,最简单的是在玻璃管内壁上涂以阴极材料,或在玻璃管内装入涂有阴极材料的柱面形金属板。阳极为置于光电管中心的环形金属丝或是置于柱面中心轴位置上的金属丝柱。

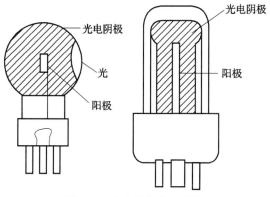

图 7-1　光电管的典型结构

当光电管的阴极受到适当的光线照射后便发射电子,这些电子被具有一定电位的阳极吸引,在光电管内形成空间电子流。如果在外电路中串联一个适当阻值的电阻,则在此电阻上将有一个正比于光电管中空间电流的电压降,其电压值与阴极上的光照强度成一定的关系。

另外还有充气式光电管,其结构与真空式光电管相同,只是管内充以少量的惰性气体,如氩、氖气等。当阴极被光照射产生电子后,在向阳极运动过程中,由于电子对气体分子的撞击,使惰性气体分子电离,从而得到正离子和更多的自由电子,使电流增加,提高了光电管的灵敏度。但由于充气光电管的频率特性较差、伏安特性为非线性、温度影响大等,所以不适宜做精密测量用。

2. 光电管的基本特性

1)光照特性

光电管的光照特性是指光电管两端所加电压不变时,光通量 Φ 与光电流 I 间的关系。如图 7-2 所示,对于氧铯阴极的光电管,I 与 Φ 呈线性关系,但对于锑铯阴极的光电管,当光通量较大时,I 与 Φ 呈非线性关系。光照特性曲线的斜率称为光电管的灵敏度。

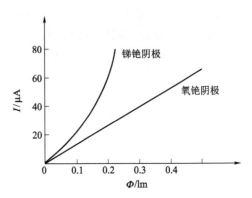

图 7-2　光电管的光照特性

2)光谱特性

光电管的光谱特性主要取决于光电阴极的材料。不同的阴极材料对同一种波长的光有不同的灵敏度;同一种阴极材料对不同波长的光也具有不同的灵敏度,可用光谱特性描述。

光谱特性又称频谱特性,如图 7-3 所示的光电管的光谱特性,特性曲线峰值对应的波长称为峰值波长,特性曲线占据的波长范围称为光谱响应范围。

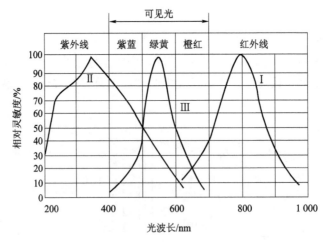

图 7-3　光电管的光谱特性

Ⅰ—氧铯阴极光谱特性;Ⅱ—锑铯阴极光谱特性;Ⅲ—正常人的眼睛视觉特性

由图 7-3 可知,对不同波长区域的光应选用不同材料的光电管,使其最大灵敏度处于需要检测的光谱范围内。例如,被检测的光主要成分在红外区时,应选用氧铯阴极光电管。

3）伏安特性

光电管的伏安特性是指在一定的光通量照射下光电流与光电管两端的电压关系。如图 7-4 所示,在不同的光通量照射下,伏安特性是几条相似的曲线。

当极间电压高于 50 V 时,光电流开始饱和,所有的光电子都达到了阳极。真空光电管一般工作于饱和部分,内阻高达几百兆欧。

对于充气光电管,极间电压超过 50 V 时,随着电压的提高,光电流成正比增加,因此,在使用充气光电管时,极间电压可适当提高,但超过极限值时,阴极会很快被破坏。

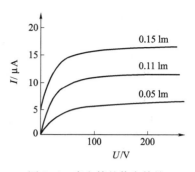

图 7-4　光电管的伏安特性

4）暗电流

光电管在全暗条件下,极间加上工作电压,光电流并不等于零,该电流称为暗电流。它对测量微弱光强及精密测量的影响很大,因此在特定的应用场合下应尽量选用暗电流小的光电管。

5）温度特性

光电管输出信号、特性与温度的关系称为温度特性。工作环境温度变化会影响光电管的灵敏度,因此应严格在各种阴极材料规定的温度下使用。

6）频率特性

在同样的极间电压和同样幅值的光强度下,当入射光强度以不同的正弦交变频率调制时,光电管输出的光电流 I(或灵敏度)与频率 f 的关系,称为频率特性。由于光电发射几乎具有瞬时性,所以真空光电管的调制频率可高达 1 MHz 以上。

7）稳定性和衰老

光电管有良好的短期稳定性,随着工作时间的增加,尤其是在强光照射下,其灵敏度将逐渐降低。实践证明,入射光越强或波长越短,其衰老速度越快。如果把已降低了灵敏度的光电管停止使用,放在黑暗的地方,可部分或全部恢复其灵敏度。

7.2.2　光电倍增管

1. 光电倍增管的结构原理

在光照很弱时,光电管所产生的光电流很小,为了提高灵敏度,常应用光电倍增管,其积分灵敏度可达几安每流明。光电倍增管的工作原理建立在光电发射和二次发射的基础上,光电倍增管的结构原理如图 7-5 所示。光电倍增极上涂有在电子轰击下可发射更多次级电子的材料,倍增极的形状和位置正好能使轰击进行下去,在每个倍增极间均应依次增大电压。光电倍增管的倍增极有许多形式,它的基本结构应把光电阴极和各光电倍增极及阳极隔开,防止光电子散射和在阳极附近形成的正离子向阴极返回,产生不稳定现象;另外,应使电子从一个倍增极发射出来无损失地到达下一级倍

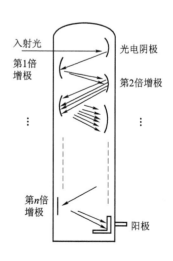

图 7-5　光电倍增管的结构原理

增极。设每极的倍增率为 δ，若有 n 级，则光电倍增管的光电流倍增率将为 δ^n。

2. 光电倍增管的基本特性

1）光照特性

在光通量不大时，阳极电流 I 和光通量 Φ 之间有良好的线性关系，如图 7-6 所示，但当光通量很大（$\Phi > 0.1$ lm）时，光电特性出现严重的非线性，这是由于在强光照射下，大的光电流将使后几级倍增极疲劳，造成二次发射系数降低；产生非线性的另一个原因是当光通量大时，阳极和最后几级倍增级将会受到附近空间电荷的影响。

2）光谱特性

光电倍增管的光谱特性与相同材料的光电管的光谱特性相似。在较长波长的范围时，光谱特性取决于光电阴极的材料性能，而在较短波长的范围时，光谱特性则取决于窗口材料的透射特性。锑钾铯光电阴极的光电倍增管的光谱特性如图 7-7 所示。

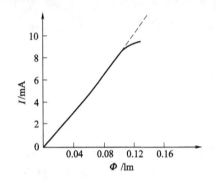

图 7-6 光电倍增管的光照特性   图 7-7 锑钾铯光电阴极的光电倍增管的光谱特性

3）伏安特性

光电倍增管的阳极电流 I 与最后一级倍增极和阳极间的电压 U 的关系称为光电倍增管的伏安特性，如图 7-8 所示。此时，其余各级电压保持恒定。在使用时，应使其工作在饱和区。

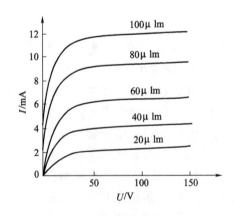

图 7-8 光电倍增管的伏安特性

4）暗电流

当光电倍增管不受光照,但极间加入电压时在阳极上会收到电子,这时产生的电流称为暗电流。产生暗电流的原因是热电子发射、极间漏电流、场致发射等。光电倍增管的暗电流对于测量微弱光强和精确测量的影响很大。

7.3　光敏电阻

7.3.1　结构原理

光敏电阻又称为光导管,其工作原理是基于内光电效应。由于内光电效应仅限于光线照射的表面层,所以光电半导体材料一般都做成薄片并封装在带有透明窗的外壳中。光敏电阻的典型结构和梳状电极如图 7-9 所示,电极一般做成梳状,以增加其灵敏度。

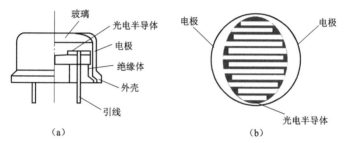

图 7-9　光敏电阻的典型结构和梳状电极
(a) 典型结构;(b) 梳状电极

光敏电阻没有极性,使用时在电阻两端加直流或交流电压,在光线的照射下可改变电路中电流的大小。光敏电阻的种类很多,一般由金属的硫化物、硒化物和碲化物等制成,如硫化镉、硫化铅、硒化铟、碲化铅等。由于材料不同,相应的光敏电阻的特性有很大不同。

7.3.2　基本特征

1. 暗电阻、亮电阻及光电流

光敏电阻在不受光照射时测得的阻值称为暗电阻,此时流过电阻的电流称为暗电流;受光照时的阻值称为亮电阻,此时流过的电流称为亮电流;亮电流与暗电流之差称为光电流。光敏电阻的暗电阻一般为兆欧级,而亮电阻一般为千欧级。光敏电阻的暗电阻越大,亮电阻越小,则性能越好,即光电流要尽可能大,此时光敏电阻的灵敏度就高。

2. 伏安特性

在一定的光照下,光电流与光敏电阻两端所加电压的关系称为光敏电阻的伏安特性,硫化镉光敏电阻的伏安特性如图 7-10 所示。由

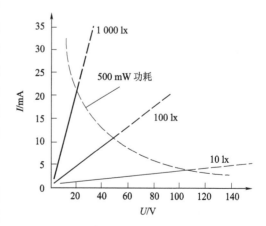

图 7-10　硫化镉光敏电阻的伏安特性

图可见,在一定的光照下,所加的电压越大,光电流越大,且没有饱和现象,但在使用时不允许超过功耗限。

3. 光照特性

光敏电阻的光电流 I 与光通量 Φ 之间的关系称为光照特性,如图 7-11 所示。大多数光敏电阻的光照特性是非线性的,这是光敏电阻的一大缺点。

4. 光谱特性

光敏电阻的光谱特性表示照射光的波长与光电流的关系。图 7-12 所示为光敏电阻的光谱特性,由图可见,不同的材料在不同波长的光的照射下具有不同的灵敏度,因此在选择光敏电阻时,应与所使用的光源相适应。

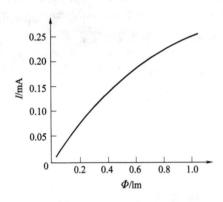

图 7-11　光敏电阻的光照特性

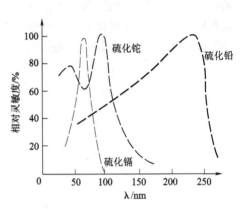

图 7-12　光敏电阻的光谱特性

5. 频率特性

流过光敏电阻的光电流并不是随着光照强度的变化而立刻做出相应的变化,而是存在一定的滞后,滞后时间一般用上升响应时间 t_L(从开始受光照到光电流上升到饱和电流值的63%时为止的时间)和下降响应时间 t_h(稳定的光照从突然消失到光电流从饱和值下降到37%为止的时间)表示。光敏电阻的响应时间 t_L 和 t_h 一般都为毫秒级,比较大,这也是它的缺点之一。

6. 温度特性

与其他半导体器件一样,光敏电阻的特性受温度影响很大。随着温度的升高,光敏电阻的暗电阻和灵敏度都将下降、光谱响应峰值将向左移。

硫化镉光敏电阻的主要技术参数见表 7-1。

表 7-1　硫化镉光敏电阻的主要技术参数

型号	亮电阻 (10 lx) /kΩ	暗电阻 (最小) /MΩ	最大定额(25 ℃)			外形尺寸 /mm	感光窗 尺寸 /mm	密封 方法
			允许耗电 /mW	外施电压 /V	最大分光 灵敏度波长 /nm			
MKY1-5H38	5~10	0.5	50	150	530~620	φ6.5×3.5	φ3.5	金属罩
MKY1-7H49	10~20	2	50	150	530~620	φ9.2×3.4	φ5.9	金属罩

型号	亮电阻 (10 lx) /kΩ	暗电阻 (最小) /MΩ	最大定额(25 ℃)			外形尺寸 /mm	感光窗 尺寸 /mm	密封 方法
			允许耗电 /mW	外施电压 /V	最大分光 灵敏度波长 /nm			
MPY-7H69	50~100	30	200	150	520	$\phi9.2\times4.3$	$\phi5.9$	金属罩
MPY-12H49	10~20	5	500	300	520	$\phi15.0\times4.7$	$\phi10.0$	金属罩
MPY-7C69	50~100	30	150	150	520	$\phi8.1\times4.1$	$\phi8.1$	涂 覆
MPY-12C49	10~20	5	300	300	520	$\phi12.0\times3.0$	$\phi12.0$	涂 覆
MPY-25C49	10~20	5	750	500	520	$\phi25.5\times2.5$	$\phi25.0$	涂 覆
MPB$_2$-7HC49	10~20	5	200	150	590	$\phi9.2\times4.3$	$\phi5.9$	金属罩
MPB$_2$-7C49	10~20	5	150	150	590	$\phi8.1\times4.1$	$\phi8.1$	涂 覆
MKB-5H38	5~10	100	75	150	700	$\phi6.5\times3.5$	$\phi3.5$	金属罩
MKB-7H69	50~100	400	150	300	700	$\phi9.2\times3.4$	$\phi5.9$	金属罩

7.4　光　电　池

7.4.1　硅光电池的结构原理

光电池是基于光生伏特效应制成的,是一种可直接将光能转换为电能的光电元件。制造光电池的材料很多,主要有硅、锗、硒、硫化镉、砷化镓和氧化亚铜等。其中硅光电池应用最为广泛,其光电转换效率高、性能稳定、光谱范围宽、频率特性好、能耐高温辐射等。

硅光电池是在一块 N 型硅片上,用扩散的方法掺入一些 P 型杂质,形成一个大面积的 PN 结,再在硅片的上、下两面制成两个电极,然后在受光照的表面上蒸发一层抗反射层,构成一个电池单体。如图 7-13 所示,光敏面采用梳状电极以减少光生载流子的复合,从而提高转换效率,减小表面接触电阻。

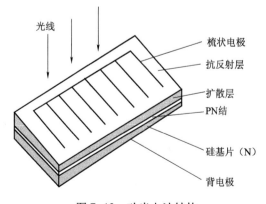

图 7-13　硅光电池结构

当光照射到电池上时,一部分被反射;另一部分被光电池吸收。被吸收的光能一部分变成热能;另一部分以光子形式与半导体中的电子相碰撞,在 PN 结处产生电子—空穴对。在 PN 结内电场的作用下,空穴移向 P 区,电子移向 N 区,从而使 P 区带正电,N 区带负电,于是 P 区和 N 区之间产生光电流或光生电动势。受光面积越大,接收的光能越多,输出的光电流越大。

7.4.2 光电池的基本特性

1. 光照特性

光照特性是指光电池的开路电压 U_{OC}、短路电流 I_{SC} 与光照度 E_V 之间的关系。硅光电池的光照特性曲线如图 7-14 所示。由图可见,短路电流与照度呈线性关系;开路电压与照度之间呈非线性关系,当照度大于 2 000 lx 时趋于饱和。因此,光电池作为测量元件使用时,应注意使其工作在接近短路状态为宜,即负载电阻应尽量小,在不同负载下光电流与照度间的关系如图 7-15 所示。因此,使用时应把光电池作为电流源来使用,并且根据具体应用情况选择合适的负载电阻,充分利用其线性关系。

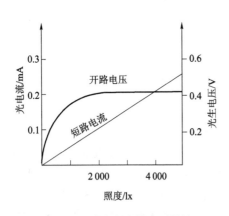

图 7-14　硅光电池的光照特性

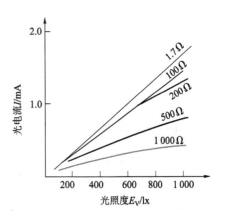

图 7-15　不同负载下光电流 I 与
光照度 E_V 间的关系

2. 光谱特性

光电池的光谱特性取决于所用材料,硅光电池和硒光电池的光谱特性如图 7-16 所示。硒光电池响应区段在 300~700 nm 波长间,峰值出现在 500 nm 左右;硅光电池响应区段在 400~1 200 nm 波长间,峰值出现在 800 nm 左右。硒光电池在可见光范围内有较高的灵敏度,常用于照度计测定光的强度。

实际使用中,应根据光源性质选择光电池,也可以根据现有光电池选择光源。还应注意,与光敏电阻一样,光电池的光谱峰值也会随着使用温度而变化。

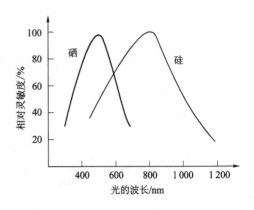

图 7-16　硅光电池和硒光电池的光谱特性

3. 频率特性

在实际应用中,如果光电池作为测量元件、计数元件及接收元件,则采用调制光输入。光电池的频率特性就是指调制光的频率与光电流的关系,频率特性与光电池的材料、结构、尺寸和使用条件有关。光电池的 PN 结面积大,极间电容大,因此频率特性差。硅光电池和硒光电池的频率特性曲线如图 7-17 所示。由图可见,相比之下,硅光电池有较好的频率特性。

4. 温度特性

光电池的温度特性是指光电池的开路电压 U_{OC} 和短路电流 I_{SC} 随温度变化的关系,如图 7-18所示。光电池的温度特性关系到应用光电池的仪器设备的温度漂移,是影响测量精度的主要性能指标之一,在光电池作为测量元件时,最好能保证温度恒定,或采取温度补偿措施。

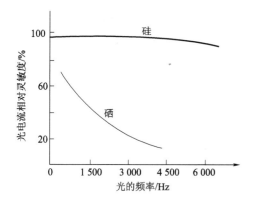

图 7-17 硅光电池和硒光电池的频率特性

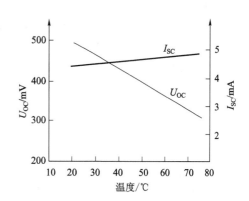

图 7-18 光电池的温度特性

硅光电池的主要技术参数见表 7-2。

表 7-2 硅光电池的主要技术参数

型 号	开路电压 /mV	短路电流 /(mA·cm^{-2})	转换效率 /%	光谱范围/nm	响应时间 /s	工作电压 /V	工作电流 /mA	外形尺寸 /mm
2CR21	500~600	4~8	>6	—	—	—	—	5×6
2CR	—	16~30	—	400~ 1 100	10^{-3}~10^{-4}	—	—	2.5×5 20×20
TDA	450~600	80~600	7~13	—	—	—	—	—
TDB-60	550~600	700~900	—	—	—	—	—	$\phi60~\phi70$
硅太阳电池组合板1.2D	≥8 300×180	0.25	≥10	—	—	6	200	—
10D	≥14 600×350	≥1.1	≥10	—	—	12	900	—

7.5　光电二极管和光电三极管

7.5.1　结构原理

　　光电二极管也称为光敏二极管,其结构与普通二极管相似,但其 PN 结位于管子顶部,可以直接受到光照射。使用时光电二极管一般处于反向工作状态,如图 7-19 所示。在没有光照射时,光电二极管的反向电阻很大,反向电流即暗电流很小。当光线照射 PN 结时,在 PN 结附近激发出光生电子—空穴对,它们在外加反向偏压和内电场的作用下做定向运动,形成光电流。光照度越大,光电流越大。

　　光电二极管有三种类型,即普通 PN 结型光电二极管(PD)、PIN 结型光电二极管(PIN)和雪崩型光电二极管(APD)。相比之下,PIN 二极管具有很高的频率响应速度和灵敏度,而APD 二极管除了响应时间短、灵敏度高外,还具有电流增益作用。有关这几种光电二极管的具体结构与工作原理可参考有关资料。

　　光电三极管的工作原理与反向偏置的光电二极管类似,不过它有两个 PN 结,像普通三极管一样能得到电流增益,其结构与普通三极管相似,只是它的基区做得很大,以扩大光的照射面积。基极一般不接引线,但也可以同时加上电信号和光信号进行双重控制。光电三极管有NPN 和 PNP 两种类型,NPN 型光电三极管的电路连接如图 7-20 所示。当集电极加上相对于发射极为正的电压而基极开路时,集电结处于反向偏置状态。当光线照射到集电结的基区,会产生光生电子—空穴对,光生电子被拉到集电极,基区留下了带正电的空穴,使基极与发射极间的电压升高。这样,发射极(N 型材料)便有大量电子经基极流向集电极,形成光电三极管的输出电流,从而使光电三极管具有电流增益作用。

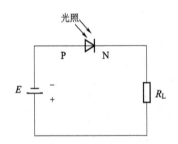

图 7-19　光电二极管的电路连接

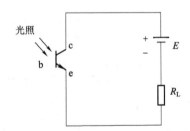

图 7-20　NPN 型光电三极管的电路连接

7.5.2　基本特性

1. 光照特性

　　外加偏置电压一定时,光电流 I 与照度 E_V 的关系称为光照特性,如图 7-21 所示。由图可见,相比之下光电二极管光照特性的线性度要好,但光电流由于没有增益而比光电三极管小很多,且当光照足够大时均会出现饱和,饱和值的大小和材料、掺杂浓度及外加偏压有关。

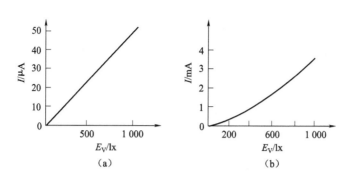

图 7-21 光电二极管与光电三极管的光照特性

(a) 光电二极管；(b) 光电三极管

2. 光谱特性

在照度一定时，光电流与入射光频率之间的关系称为光谱特性。光电二极管和光电三极管的入射光的频率（波长）决定光生载流子的产生与否及其能量大小。光电晶体管的光谱特性如图 7-22 所示，锗管的响应频段在 500~1 700 nm 波长范围内，最高灵敏度在 1 400 nm 附近；硅管的响应频段在 400~1 000 nm 波长范围内，最高灵敏度在 800 nm 附近。所以在探测红外光时，采用锗管；探测可见光和炽热状态物体时，都采用硅管。

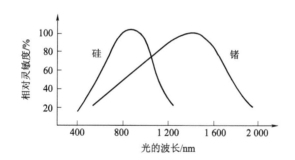

图 7-22 光电晶体管的光谱特性

3. 伏安特性

光电二极管和光电三极管的光电流与外加偏压的关系称为其伏安特性，如图 7-23 所示。由图可见，其特性与普通二极管和三极管的特性相似。光电二极管的光电流与所加偏压几乎无关，在入射照度一定时，它相当于一个恒流源。对光电三极管来说，偏压对光电流有明显的影响。当照度保持一定，偏压较小时，曲线陡峭，光电流随着偏压的增大而增大，偏压增大到一定程度时，光电流处于近似饱和状态。

4. 频率特性

频率特性是指光电流与光照度调制频率的关系，光电晶体管的频率特性如图 7-24 所示。一般来说，光电三极管的频率响应比光电二极管小很多。而在光电三极管中，锗管的频率响应要比硅管小一个数量级，实际使用时应根据具体情况进行选择。另外，通过减小负载电阻值可提高频率响应，但同时也减小了输出光电信号。

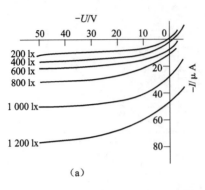 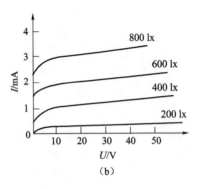

图 7-23　光电二极管和光电三极管的伏安特性

（a）光电二极管；（b）光电三极管

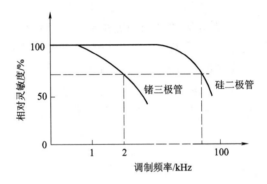

图 7-24　光电晶体管的频率特性

5. 温度特性

光电晶体管的亮电流对温度不是很敏感,但其暗电流受温度影响严重,而且是非线性的,这是因为热源会发出红外光。照度越强,温度影响越小。

使用光电晶体管时,应根据有关器件手册上的数据进行选择,同时注意不要超过光电流、极间偏压、耗散功率和环境温度的允许值;保持光的入射方向不变,否则将影响光照效应。

7.5.3　结构及技术参数

1. 光电二极管

根据半导体器件命名规定,国内普通光电二极管型号可分为硅 PN 型结构和 2CU 型。其中 2CU 型光电二极管采用金属密封顶端玻璃透镜管座,其外形尺寸为 $\phi 2$ mm 左右的管形,适合于程序控制中的线带光电读取。顶端入射窗口也有采用平面玻璃形式的,其结构如图 7-25 所示。

对于 2CU 型光电二极管,使用温度一般为 $-55\ ^{\circ}\mathrm{C} \sim 125\ ^{\circ}\mathrm{C}$,相对湿度为 $95\% \sim 98\%$ RH,冲击 $100g$,振动 $(11\pm1)g(50\ \mathrm{Hz})$。可广泛应用于光计数器、自动计数、测量、自动报警、光电耦合、编码器等场合。

2. 光电晶体管

光电晶体管的分类及结构如图 7-26 所示,光电晶体管的技术指标见表 7-3。

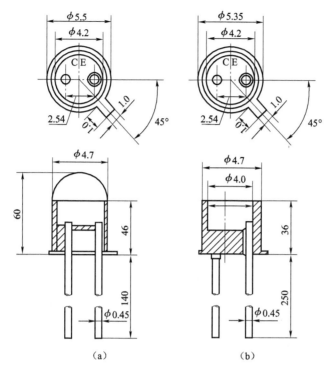

图 7-25 光电二极管的外形及管壳结构

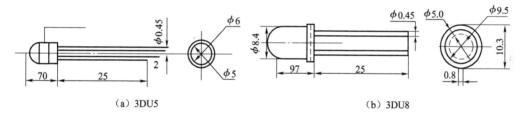

（a）3DU5   （b）3DU8

图 7-26 光电晶体管的分类与结构

表 7-3 光电晶体管的技术指标

名称	符号	单位	3DU2	3DU5	3DU8
反向击穿电压	$U_{(BR)}$	V	30	30	30
耗散功率	P_C	mW	30	70	100
储存温度	T_{stg}	℃	$-55 \sim 85$	$-55 \sim 125$	$-55 \sim 125$
工作温度	T_{op}	℃	$-40 \sim 85$	$-40 \sim 85$	$-40 \sim 85$

7.6　光电式传感器及其应用

7.6.1　光电式传感器的类型

光电式传感器是非接触式传感器,在非电量测量中应用十分广泛,根据其实际应用中输出量的性质可以将光电式传感器的应用分为两类:模拟量光电检测系统和开关量光电检测系统。

1. 模拟量光电检测系统

这种系统可将被测量转换为连续变化的光电流,该检测系统有下列几种形式。

(1) 用光电元件测量物体温度,如光电比色高温计就是采用光电元件作为敏感元件,将被测物在高温下辐射的能量转换为光电流。

(2) 用光电元件测量物体的透光能力。如测量液体、气体的透明度、混浊度的光电比色计,预防火警的光电报警器、无损检测中的黑度计等。

(3) 用光电元件测量物体表面的反射能力。光线投射到被测物体上后又反射到光电元件上,而反射光的强度取决于被测物体表面的性质和状态,如测量表面粗糙度等。

(4) 用光电元件检测位移。光源发出的光线被被测物体遮挡了一部分,使照射到光电元件上光的强度变化,光电流的大小与遮光多少有关。如检测加工零件的直径、长度、宽度、椭圆度等尺寸。

2. 开关量光电检测系统

这种系统是将被测量转换为断续变化的光电流。利用光电元件在有光照和无光照时的输出特性来制作开关式光电转换元件。属于这种类型的有计算机中的光电输入装置、光电测速传感器等。

7.6.2　应用实例

1. 光电比色计

光电比色计是用于化学分析的仪器,其工作原理如图 7-27 所示。光束分为两束强度相等的光线,其中一路光线通过标准样品;另一路光线通过被分析的样品溶液;左右两路光程的终点分别装有两个相同的光电元件,如光电池等。光电元件给出的电信号同时送给检测放大器,放大器后边接指示仪表,其指示值正比于被分析样品的某个指标,如颜色、浓度或浊度等。

2. 光电转速计

光电转速计分为反射式和透射式两大类,它们都是由光源、光路系统、调制器和光电元件组成,其工作原理如图 7-28 所示。调制器的作用是把连续光调制成光脉冲信号,它可以是一个带有均匀分布的多个小孔(缝隙)的圆盘,也可以是一个涂上黑白相间条纹的圆盘。当安装在被测轴上的调制器随被测轴一起旋转时,利用圆盘的透光性或反射性把被测转速调制成相应的光脉冲。光脉冲照射到光电元件上时,即产生相应的电脉冲信号,从而把转速转换成电脉冲信号。

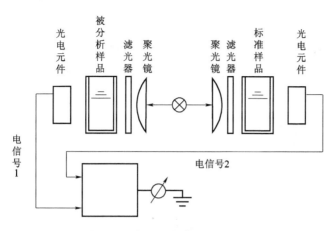

图 7-27　光电比色计的工作原理

透射式光电转速计的工作原理如图 7-28(a)所示,当被测轴旋转时,其上的圆盘调制器将光信号透射至光电元件,转换成相应的电脉冲信号,经放大整形电路输出 TTL 电平的脉冲信号,转速可由该脉冲信号的频率来决定。反射式光电转速计的工作原理如图 7-28(b)所示,当被测轴转动时,反光与不反光交替出现,光电元件接收光的反射信号,并转换成电脉冲信号。

频率可用一般的频率表或数字频率计测量。光电元件多采用光电池、光敏二极管或光敏三极管,以提高寿命、减小体积、减小功耗和提高可靠性。被测转轴转速与脉冲频率的关系为

$$n = \frac{60f}{N} \tag{7-4}$$

式中:n 为被测轴转速;f 为电脉冲频率;N 为测量孔数或黑白条纹数。

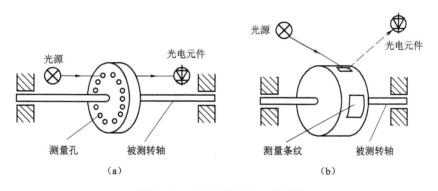

图 7-28　光电转速计的工作原理
(a)透射式;(b)反射式

3. 光电耦合器和光电开关

1)光电耦合器

光电耦合器有金属封装和塑料封装两种结构形式,如图 7-29 所示。发光部分一般采用砷化镓红外发光二极管,如图 7-30 所示。由于受光元件不同,因而产生了不同类型的光电耦合器。

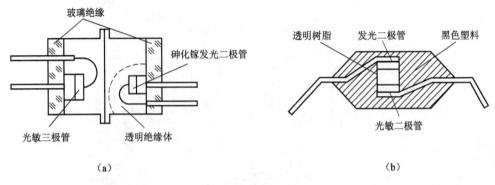

图 7-29　光电耦合器的结构

（a）金属封装；（b）塑料封装

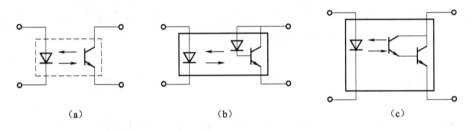

图 7-30　光电耦合器的组合形式

　　光电耦合器的一个重要特性参数是电流传输比（CTR），是指输出管的工作电压为额定值时，输出电流 I_c 和发光二极管正向电流 I_F 之比，用百分比表示。图 7-30（a）的 CTR ≤ 3%；图 7-30（b）的 CTR 可达 150%；图 7-30（c）达林顿型的 CTR 可达 100% ~ 1 000%。显然，CTR 值越大，传输效率越高。

　　因为光电耦合器是以光为媒介进行耦合来传递电信号的，因此它可以实现电隔离，在电器上实现绝缘耦合，因而提高了系统的抗干扰能力，避免了直接耦合造成前、后级之间相互影响。由于它具有单向信号传输功能，因而有脉冲转换和直流电平转换特性，所以适用于数字逻辑中开关信号的传输和在逻辑电路中作为隔离元件及不同逻辑电路间的接口。

　　使用光电耦合器的触发电路如图 7-31 所示。当有脉冲信号输入时，光电耦合器的发光二极管导通，通过光电耦合，由输出端控制晶闸管触发，从而使负载电路和控制电路有良好的隔离。

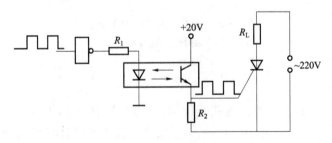

图 7-31　光电耦合器控制晶闸管触发电路

2）光电开关

光电开关又称光电断续器,它是将红外发光元件和光电元件组装在一起,典型的光电开关结构如图 7-32 所示。其中图 7-32(a)是透射式的光电开关,两者之间有一间隙,发光元件和接收元件的光轴是重合的,当被测物体位于或通过间隙时,遮断光路,输出端产生电平变化,起到检测的作用;图 7-32(b)是反射式的光电开关,它的发光元件和接收元件的光轴在同一平面上且以某一角度相交,交点一般即为待检物所在处。当有物体经过时,接收元件可按收到从物体表面反射的光,使输出产生电平变化。光电开关的特点是小型、高速、非接触,而且与TTL、MOS 等电路相匹配,使用方便。光电开关广泛应用于自动控制系统、生产流水线、机电一体化设备等。例如,在装载机的自动换挡系统中,常使用光电开关来检测换挡杆的位置;在复印机和打印机中,可用来检测复印纸的有无;在电子元件生产流水线上,检测印制电路板元件是否漏装等。因为光电开关的非接触性存在,所以大大提高了检测系统的使用寿命。

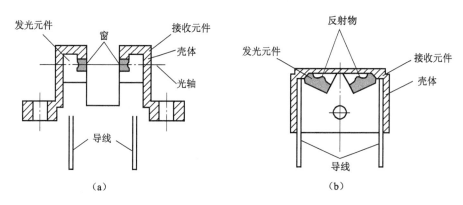

图 7-32　光电开关

（a）透射式光电开关；(b) 反射式光电开关

习　　题

7-1　光电效应有哪几种? 与之对应的光电元件各有哪些?

7-2　常用的半导体光电元件有哪些? 它们的电路符号如何?

7-3　对每种半导体光电元件,画出一种测量电路。

7-4　什么是光电元件的光谱特性?

7-5　光电式传感器由哪些部分组成? 被测量可以影响光电传感器的哪些部分?

7-6　模拟式光电传感器有哪几种常见形式?

第 8 章

热电式传感器

8.1　概　述

热电式传感器是一种将温度的变化转换为电量变化的装置,它利用传感元件的电磁参数随温度变化的特性达到测量的目的。温度是一个与人类生活息息相关的物理量,工业、农业、商业、科研、国防、医学及环保等部门都与温度有着密切的关系,在工业生产自动化流程中,测量温度要占全部测量的 $\frac{1}{2}$ 左右。热电式传感器是实现温度检测和控制的重要器件,在种类繁多的传感器中,测量温度用的热电式传感器是应用最广泛、发展最快的传感器之一。

8.1.1　测温方法

温度是工业过程中最常见、最基本的参数之一,物体的任何物理变化和化学变化都与温度有关。温度一般占全部过程参数的 50% 左右,因此,温度检测在工业生产中占有很重要的地位。温度是表征物体冷热程度的物理量,在机械加工中,工件、刀具以及机床的许多零部件的温度过高,往往会造成加工质量低劣、机床零部件磨损以及使机床无法正常工作,因而测量和控制温度在机械工程中是经常遇到的。

实践中,人们发现很多物质的物理特性都与温度有关,利用这种物质与温度有关的特性,可制成温度计测量温度。而温度测量不同于长度、质量等物理量测量那样可用基本标准直接进行比较,其特点是两个冷热程度不同的物体相接触时,热量将由受热程度高的物体向受热程度低的物体传递,直至两个物体冷热程度一样,而达到热平衡。另外,物体的某些性质随受热程度的不同而变化,如物理状态的变化、体积的变化、电性能的变化、辐射能力的变化等。常用的温度传感器有玻璃温度计、光辐射温度计、热电偶、热电阻、半导体集成温度传感器等。

测量温度的方法很多,按照测量体与被测物体接触与否,可分为接触式测温法和非接触式测温法两大类。

1. 接触式测温法

接触式测温法基于热平衡原理,感温元件与被测物体接触进行热交换,最后达到热平衡,处于热平衡状态时两个物体温度相等,这时感温元件的某一物理参数的量值代表了被测物体的温度值。这种测温方法的优点是直观可靠,缺点是感温元件影响被测温度场的分布,接触不良会带来测量误差;另外,温度太高和腐蚀性介质对感温元件的性能和寿命产生不利影响。按照感温元件的特性,接触式测温分为膨胀式、电阻式和热电偶三类。

（1）膨胀式。膨胀式温度计的测温是基于物体受热时产生膨胀的原理,可分为液体膨胀式和固体膨胀式两种。固体膨胀式温度计是利用两种不同线膨胀系数的材料制成的,分为杆式和双金属式两大类。这里主要介绍双金属式温度计。

双金属式温度计是把两种线膨胀系数不同的金属薄片焊接在一起制成的,结构简单、牢固。双金属式温度计可将温度变化转换成机械量变化,不仅用来测量温度,而且还可用于温度控制装置(尤其是开关的"通断"控制),使用范围相当广泛。

最简单的双金属式温度开关是由一端固定的双金属条形敏感元件直接带动电接点构成的,如图 8-1 所示。温度低时电接点接触,电热丝加热;温度高时双金属片向下弯曲,电接点断开,加热停止。温度切换可用调温旋钮调整,调整弹簧片的位置也就改变了切换温度的高低。双金属式温度计的结构如图 8-2 所示,它的感温元件通常绕成螺旋形,一端固定,另一端连接指针轴。温度变化时,感温元件的弯曲率发生变化,并通过指针轴带动指针偏转,在刻度盘上显示出温度的变化。为了满足不同用途的要求,双金属元件制成各种不同的形状,如 U 形、螺旋形、螺管形、直杆形等。

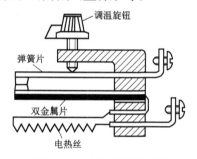

图 8-1　双金属式温度开关

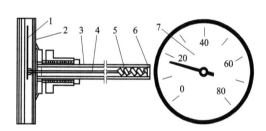

图 8-2　双金属式温度计结构

1—指针;2—表壳;3—金属保护管;4—指针轴;

5—双金属感温元件;6—固定端;7—刻度盘

（2）电阻式。电阻式温度计是利用金属或半导体材料的电阻随温度变化的特性工作的,在一定的温度范围内,电阻与温度近似为线性关系。

（3）热电偶。热电偶是由两种不同的金属材料制成的,是根据热电效应将温度转换成电势的原理工作的,是工业中最常用的测量装置。

2. 非接触式测温法

非接触式测温法的特点是感温元件不与被测对象接触,而是通过辐射进行热交换,故可避免接触测温法的缺点,具有较高的测温上限。另外,非接触式测温法热惯性小,可达 0.001 s,便于测量运动物体的温度和快速变化的温度。由于受物体的发射率、被测对象到仪表之间的距离以及烟尘、水气等其他介质的影响,这种测温方法一般误差较大。

任何物体的温度高于热力学零度(−273.15 ℃)时,都有一部分能量向外辐射,温度越高,辐射到周围的能量越多。辐射的能量是以电磁波的形式向外传递的,波长范围很宽,从几微米到几千米,包括 γ 射线、X 射线、紫外线、可见光、红外线、无线电波等。对测温来讲,主要是利用可以变成热能的红外线和可见光。通过物体不断向外发出红外辐射或可见光测量物体温度的方法称为热辐射测温。其测量范围很广,低温可到−170 ℃,高温可达 3 500 ℃。例如,工业上用的光学高温计、红外测温仪,军事上用的夜视仪、红外跟踪导航,以及遥感技术和火灾报警等都是利用这一原理的。

8.1.2 温度和温标

温度只能通过物体随温度变化的某些特性进行间接测量,用来度量物体温度数值的标尺称为温标。温标规定了温度的读数起点(零点)和测量温度的基本单位。目前,国际上用得较多的温标是经验温标和热力学温标。

(1)经验温标的基础是利用物质体积膨胀与温度的关系,认为在两个易于实现且稳定的温度点之间所选定的测温物质体积的变化与温度呈线性关系。把在两个温度之间体积的总变化分为若干等份,并把引起体积变化的一等份的温度定义为1℃。经验温标与测温介质有关,有多少种测温介质就有多少个温标。按照这个原则建立的有摄氏温标、华氏温标。

(2)热力学温标又称开尔文温标,它规定分子运动停止时的温度为0 K;水的三相点,即液体、固体、气体状态的水同时存在的温度,为273.15 K。水的凝固点,即相当于摄氏温标0℃,华氏温标32 ℉,开尔文温标为273.15 K。热力学温标的符号为T,单位为K(开尔文),其定义为水三相点的热力学温度的$\dfrac{1}{273.5}$为1 K。热力学温标T和摄氏温标t之间的关系为

$$t = T - 273.15 \tag{8-1}$$

8.2 电阻式温度传感器

电阻式温度传感器广泛用于测量−200℃~960℃范围内的温度,是利用导体或半导体的电阻随温度变化而变化的性质工作的,用仪表测量出热电阻的阻值变化,从而得到与电阻值对应的温度值。电阻式温度传感器分为金属热电阻式温度传感器和半导体热电阻式温度传感器两类,前者称为热电阻,后者称为热敏电阻。

8.2.1 热电阻

大多数金属的电阻值都随温度变化而变化,但作为测温用的热电阻应具有以下性能:电阻温度系数大而稳定,电阻率大,电阻与温度尽可能为线性关系,在整个测温范围内具有稳定的物理和化学性质,容易复制和价格便宜,等等。目前,应用比较广泛的热电阻材料是铂和铜。

1. 常用热电阻及结构

1)铂电阻

将直径为0.02~0.07 mm的铂丝绕成中空线圈,然后装入玻璃或陶瓷管等保护杆内,就构成了铂电阻。为了实现铂电阻的自动化生产,也有采用丝网印刷方法生产铂电阻,或采用真空镀膜方法生产铂电阻的。

铂金属由于易于提纯,在氧化介质及高温下的物理、化学性能极其稳定,并有良好的工艺性,因此,铂电阻作为感温元件具有示值稳定、测量准确度高等优点。按IEC标准,其使用温度范围为−200℃~850℃。除了广泛用于高精度的工业测温外,铂电阻还用作温度标准,按国际温标ITS—1990规定,在−259.346 7℃~961.78℃以铂电阻温度计作为基准器。

铂电阻阻值 R_t 与温度 t 之间的关系可以近似用以下公式表示。

在 0 ℃ ~850 ℃ 范围内，为

$$R_t = R_0(1 + At + Bt^2) \tag{8-2}$$

在 −200 ℃ ~0 ℃ 范围内，为

$$R_t = R_0\left[(1+At+Bt^2)+C(t-100)t^3\right] \tag{8-3}$$

式中：R_t、R_0 为温度分别为 t ℃，0 ℃ 时铂电阻的电阻值；t 为被测温度（℃）；A、B、C 为由实验测得的铂电阻温度系数，其表达式为

$$A = 3.968\ 47\times10^{-3}/℃$$

$$B = -5.084\ 7\times10^{-7}/℃^2$$

$$C = -4.22\times10^{-12}/℃^3$$

铂电阻的精度与铂的提纯度有关，通常用百度电阻比 $W(100) = \dfrac{R_{100}}{R_0}$ 表示。R_{100}、R_0 分别表示在 100 ℃ 和 0 ℃ 时铂电阻的电阻值。

由式（8-2）和式（8-3）可知，铂电阻在温度为 t ℃ 时的电阻值 R_t 与 R_0 有关。目前，我国统一设计的工业用标准铂电阻，其百度电阻比 $W(100) \geq 1.391$，电阻值 R_0 分为 50 Ω 和 100 Ω 两种，分度号分别为 Pt50 和 Pt100，其中以 Pt100 最为常用。在工业上将相应于 $R_0 = 50$ Ω 和 100 Ω 的 R_t—t 关系制成分度表，称为铂热电阻分度表。在实际测量中，只要测得铂电阻的电阻值 R_t，便可以从分度表上查出对应的温度值，分度表见表 8-1。

表 8-1 Pt100 热电阻分度表

温度/℃	0	1	2	3	4	5	6	7	8	9
	电阻值/Ω									
−40	84.27	83.87	83.48	83.08	82.69	82.29	81.89	81.50	81.10	80.70
−30	88.22	87.83	87.43	87.04	86.64	86.25	85.85	85.46	85.06	84.67
−20	92.16	91.77	91.37	90.98	90.59	90.19	89.80	89.40	89.01	88.62
−10	96.09	95.69	95.30	94.91	94.52	94.12	93.73	93.34	92.95	92.55
0	100.00	99.61	99.22	98.83	98.44	98.04	97.65	97.26	96.87	96.48
0	100.00	100.39	100.78	101.17	101.56	101.95	102.34	102.73	103.12	103.51
10	103.90	104.29	104.68	105.07	105.46	105.85	106.24	106.63	107.02	107.40
20	107.79	108.18	108.57	108.96	109.35	109.73	110.12	110.51	110.90	111.29
30	111.67	112.06	112.45	112.83	113.22	113.61	114.00	114.38	114.77	115.15
40	115.54	115.93	116.31	116.70	117.08	117.47	117.86	118.24	118.63	119.01
50	119.40	119.78	120.17	120.55	120.94	121.32	121.71	122.09	122.47	122.86
60	123.24	123.63	124.01	124.39	124.78	125.16	125.54	125.93	126.31	126.69
70	127.08	127.46	127.84	128.22	128.61	128.99	129.37	129.75	130.13	130.52
80	130.90	131.28	131.66	132.04	132.42	132.80	133.18	133.57	133.95	134.33
90	134.71	135.09	135.47	135.85	136.23	136.61	136.99	137.37	137.75	138.13
100	138.51	138.88	139.26	139.64	140.02	140.40	140.78	141.16	141.54	141.91
110	142.29	142.67	143.05	143.43	143.80	144.18	144.56	144.94	145.31	145.69
120	146.07	146.44	146.82	147.20	147.57	147.95	148.33	148.70	149.08	149.46
130	149.83	150.21	150.58	150.96	151.33	151.71	152.08	152.46	152.83	153.21
140	153.58	153.96	154.33	154.71	155.08	155.46	155.83	156.20	156.58	156.95

温度/℃	0	1	2	3	4	5	6	7	8	9
	电阻值/Ω									
150	157.33	157.70	158.07	158.45	158.82	159.19	159.56	159.94	160.31	160.68
160	161.05	161.43	161.80	162.17	162.54	162.91	163.29	163.66	164.03	164.40
170	164.77	165.14	165.51	165.89	166.26	166.63	167.00	167.37	167.74	168.11
180	168.48	168.85	169.22	169.59	169.96	170.33	170.70	171.07	171.43	171.80
190	172.17	172.54	172.91	173.28	173.65	174.02	174.38	174.75	175.12	175.49
200	175.86	176.22	176.59	176.96	177.33	177.69	178.06	178.43	178.79	179.16
210	179.53	179.89	180.26	180.63	180.99	181.36	181.72	182.09	182.46	182.82
220	183.19	183.55	183.92	184.28	184.65	185.01	185.38	185.74	186.11	186.47
230	186.84	187.20	187.56	187.93	188.29	188.66	189.02	189.38	189.75	190.11
240	190.47	190.84	191.20	191.56	191.92	192.29	192.65	193.01	193.37	193.74

铂电阻体常见形式如图 8-3 所示。图 8-3(a)为云母片做骨架,把云母片两边做成锯齿状,将铂丝绕在云母骨架上。然后用两片无锯齿云母夹住,再用银带扎紧。铂丝采用双线法绕制,以消除电感。图 8-3(b)采用石英玻璃,具有良好的绝缘和耐高温特性,把铂丝双绕在直径为 3 mm 的石英玻璃上,为使铂丝绝缘和不受化学腐蚀、机械损伤,在石英管外再套一个外径为 5 mm 的石英管,铂电阻体用银丝作为引出线。

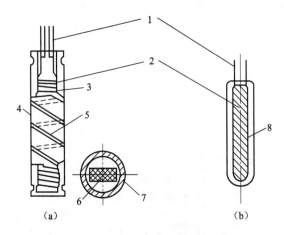

图 8-3 铂电阻体的结构

1—银引出线;2—铂丝;3—锯齿形云母骨架;4—保护用云母片;

5—银绑带;6—铜电阻横截面;7—保护套管;8—石英骨架

2) 铜电阻

由于铂是贵重金属,因此在一些测量精度要求不高且温度较低的场合,可采用铜电阻进行测温,其测温范围为-50 ℃~150 ℃。铜电阻有温度系数大、价格低廉、线性好等优点;但它的电阻率低、体积大、热惯性大,在 100 ℃以上时易氧化,不适宜在腐蚀性介质或高温下工作。

在-50 ℃~150 ℃的温度范围内,铜电阻与温度几乎呈线性关系,其电阻值可近似地表示为

$$R_t = R_0(1 + at) \tag{8-4}$$

式中：R_t、R_0 为温度分别为 t ℃，0 ℃时铜电阻的电阻值；t 为被测温度（℃）；a 为铜电阻温度系数，$a = 4.25 \times 10^{-3} \sim 4.28 \times 10^{-3}$/℃

目前，我国工业用标准铜电阻分度号为 Cu50 和 Cu100，电阻值 R_0 分别为 50 Ω 和 100 Ω。铜电阻的百度电阻比 $W(100) = 1.428 \pm 0.002$，相应的分度表见表 8-2 和表 8-3。

表 8-2　铜热电阻（分度号为 Cu50）分度表

温度 /℃	0	10	20	30	40	50	60	70	80	90
	电阻值/Ω									
−0	50.00	47.85	45.70	43.55	41.40	39.24	—	—	—	-
0	50.00	52.14	54.28	56.42	58.56	60.70	62.84	64.98	67.12	69.26
100	71.40	73.54	75.68	77.83	79.98	82.13	—	—	—	—

表 8-3　铜热电阻（分度号为 Cu100）分度表

温度 /℃	0	10	20	30	40	50	60	70	80	90
	电阻值/Ω									
−0	100.00	95.70	91.40	87.10	82.80	78.49	—	—	—	—
0	100.00	104.28	108.56	112.84	117.12	121.40	125.68	129.96	134.24	138.52
100	142.80	147.08	151.36	155.66	159.96	164.27	—	—	—	—

铜电阻体的结构如图 8-4 所示。它采用直径约 0.1 mm 的绝缘铜线，用双线绕法分层绕在圆柱形塑料支架上。用直径为 1 mm 的铜丝或镀银铜丝做引出线。

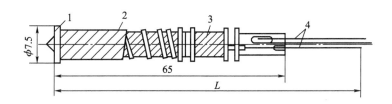

图 8-4　铜电阻体的结构

1—线圈骨架；2—铜热电阻丝；3—补偿组；4—铜引出线

上述两种热电阻对于低温和超低温测量性能均不理想，目前通常采用铟、锰、碳等热电阻材料制成的感温元件进行测量。

2. 热电阻测量电路

热电阻内部引线方式有两线制、三线制和四线制三种。由于热电阻的阻值较小，因此两线制中引线的电阻对测量影响大，主要用于测温精度不高的场合。三线制可以减小热电阻与测量仪表之间连接引线的电阻因环境温度变化所引起的测量误差；四线制可以完全消除引线电阻对测量的影响，主要用于高精度温度检测。目前，工业热电阻测温常采用的是三线制或四线制。

1）三线制电桥测量电路

三线制电桥测量电路如图 8-5 所示,其中 R_t 为热电阻,r_1、r_2、r_3 为引线电阻,R_1、R_2 为两只桥臂电阻,一般取 $R_1=R_2$,R_3 为调整电桥的精密电阻。由于毫伏表 M 的内阻很大,故流过 r_3 的电流很小,r_3 上的压降可忽略不计,因此 M 的读数可认为等于电桥的不平衡输出。若使 $r_1=r_2$,测量之前,先通过调整 R_3 使电桥输出为零,即电桥平衡,也就是 $U_A=U_B$,则 $R_3=R_1$。这样,桥臂的引线电阻 r_1 和 r_2 相当于分别串入 R_1 和 R_3 中。由电路分析可知,正常工作时,电桥的不平衡输出电压 U_{AB} 基本上与 R_t 的变化量成正比,引线电阻对该电压的影响非常小。

2）四线制测量电路

四线制测量电路如图 8-6 所示,其中 R_t 为热电阻,r_1、r_2、r_3、r_4 为引线电阻。由电路分析可知,电压表测得的电压 $E_M=(I_M-I_V)R_t+I_V(r_2+r_3)$,由于 $I_V\approx0$,则

$$E_M \approx I_M R_t \tag{8-5}$$

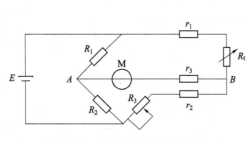

图 8-5　三线制电桥测量电路

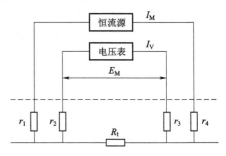

图 8-6　四线制测量电路

由式(8-5)可知,在四线制测量电路中,引线电阻 $r_1\sim r_4$ 将不引起测量误差,即电压表的值 E_M 可认为是热电阻 R_t 上的压降,据此可计算出微小温度变化。

8.2.2　热敏电阻

热敏电阻是由一些过渡金属氧化物,如钴、锰、镍、铁等的氧化物,根据产品性能的不同,采用不同比例配方高温烧结而成的。热敏电阻由热敏探头、引线和壳体组成。热敏电阻按结构形式可分为体型、薄膜型、厚膜型三种;按工作方式可分为直热式、旁热式、延迟电路三种;按工作温区可分为常温区($-60\ ℃\sim200\ ℃$)、高温区(大于 $200\ ℃$)、低温区热敏电阻三种。热敏电阻可根据使用要求封装加工成各种形状的探头,如珠形、圆片形及柱形、锥形等,如图 8-7 所示。

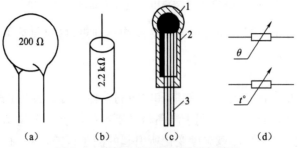

图 8-7　热敏电阻的结构外形与符号

(a)圆片形;(b)柱形;(c)珠形;(d)热敏电阻符号

1—热敏电阻;2—玻璃外壳;3—引出线

1. 热敏电阻的温度特性

热敏电阻是根据其组成材料的不同来调整它的常温电阻及温度特性的。按其温度特性的不同可分为三类：① 负温度系数（NTC）型热敏电阻，即当温度升高时电阻值减小，同时灵敏度也下降；② 正温度系数（PTC）型热敏电阻，即当温度升高时电阻值增大，同时灵敏度也变大；③ 临界温度系数（CTR）型热敏电阻。图 8-8 所示为三种类型热敏电阻的典型温度特性，其中横坐标轴为温度，纵坐标轴为电阻率。从图中可以看出，CTR 型热敏电阻有一个突变温度。因此，它一般作为温度开关在自动控温和报警电路中使用。在实际应用中，主要采用的是 NTC 型和 PTC 型热敏电阻。其中 NTC 型热敏电阻主要用于点温、表面温度、温差等的测量以及自动控制电子线路中的热补偿；而 PTC 型热敏电阻主要用于各种电器设备的过热保护、发热源的定温控制、彩电消磁、温控限流等场合。目前，使用最多的是 NTC 型热敏电阻。

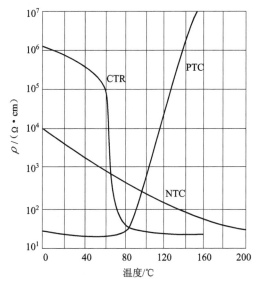

图 8-8 热敏电阻的典型温度特性

由图 8-8 可知，热敏电阻的阻值与温度的关系呈非线性。在实际应用中，对热敏电阻进行线性化处理的最常用方法是用温度系数很小的精密电阻与热敏电阻串联或并联构成电阻网络代替单个热敏电阻，其等效电阻与温度呈一定程度的线性关系。另外，由于热敏电阻的温度系数 α 是一般金属热电阻的 10~100 倍，因此可不计引线电阻的影响。

2. 热敏电阻的伏安特性

伏安特性是指在稳态下，热敏电阻上的端电压 U 与通过热敏电阻的电流 I 之间的关系，它是热敏电阻的主要特性之一。NTC 型热敏电阻的伏安特性如图 8-9 所示。由图可知，当 NTC 型热敏电阻在小电流范围内时，其电阻值只取决于环境温度，伏安特性是直线，遵循欧姆定律。当电流增大到一定值时，流过热敏电阻的电流使之加热，本身温度升高。根据 NTC 型热敏电阻的压阻（U-R）特性，电阻值将减小，使端电压下降，因此要根据热敏电阻的允许功耗确定电流。热敏电阻所能升高的温度与周围介质温度及散热条件有关，当电流和周围介质温度一定时，热敏电阻的电阻值取决于介质的流速、流量、密度等散热条件，热敏电阻就是根据此特性测量流体速度和介质密度的。

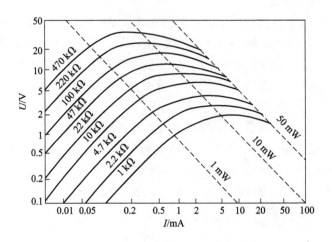

图 8-9　NTC 型热敏电阻的伏安特性

8.2.3　电阻式温度传感器的应用

1. 热敏电阻

热敏电阻是利用半导体的电阻值随温度显著变化的特性实现测温的,它的测温范围一般为-100 ℃~300 ℃,除高温热敏电阻外,不能用于 350 ℃以上的高温测量。其主要优点如下:

(1) 电阻温度系数大,灵敏度高;

(2) 结构简单,体积小,可以测量"点"温度;

(3) 电阻率高,热惯性小,动态特性好,适宜动态测量;

(4) 功耗小,不需要参考端补偿,适宜远距离的测量与控制。

其缺点是电阻值与温度的关系呈非线性,热敏元件的稳定性和互换性较差。热敏电阻应用范围很广,可在航天航空、医学、工业及家用电器等方面用于测温、控温、温度补偿、流速测量、液面指示等。

(1) 热敏电阻测温

热敏电阻温度计的原理如图 8-10 所示。作为测量温度的热敏电阻一般结构简单,价格较低廉。没有外面保护层的热敏电阻只能应用在干燥的地方,密封的热敏电阻不怕湿气的侵蚀,可以使用在较恶劣的环境下。由于热敏电阻的电阻值较大,故其连接导线的电阻和接触电阻可以忽略,使用时采用二线制即可。

图 8-10　热敏电阻温度计的原理

(2) 热敏电阻用于温度补偿

热敏电阻可在一定的温度范围内对某些元件进行温度补偿。例如,动圈式表头中的动圈由铜线绕制而成。温度升高,电阻增大,引起测量误差。可在动圈回路中串入由 NTC 型热敏电阻组成的电阻网络,从而抵消由于温度变化所产生的误差。在晶体管电路中也常用热敏电阻补偿电路,补偿由于温度引起的漂移误差,如图 8-11 所示。

为了对热敏电阻的温度特性进行线性化补偿,可采用串联或并联一个固定电阻的方式,如图 8-12 所示。

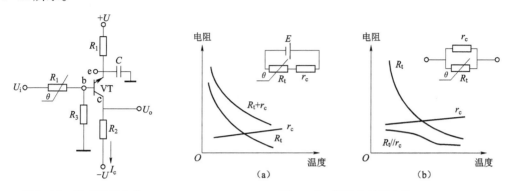

图 8-11 温度补偿电路

图 8-12 线性化补偿电路

(a)串联补偿电路;(b)并联补偿电路

(3)热敏电阻用于温度控制

热敏电阻用途十分广泛,如空调与干燥器、热水取暖器、电烘箱箱体温度检测等都用到热敏电阻。其中,继电保护和温度上下限报警就是最典型的应用。

(1)继电保护。将突变型热敏电阻埋设在被测物中,并与继电器串联,给电路加上恒定电压。当周围介质温度升到某一定数值时,电路中的电流可以由十分之几毫安突变为几十毫安,因此继电器动作,从而实现温度控制或过热保护。如图 8-13 所示,用热敏电阻作为对电动机过热保护的热继电器,把三只特性相同的热敏电阻放在电动机绕组中,紧靠绕组处每相各放一只,用万能胶固定。经测试,在 20 ℃时其阻值为 10 kΩ,100 ℃时为 1 kΩ,110 ℃时为 0.6 kΩ。当电动机正常运行时温度较低,三极管 VT 截止,继电器 J 不动作。当电动机过负载或断相或一相接地时,电动机温度急剧升高,使热敏电阻阻值急剧减小。到一定值后,三极管 VT 导通,继电器 J 吸合,使电动机工作回路断开,实现保护作用。根据电动机各种绝缘等级的允许升温值调节偏流电阻 R_2 值,从而确定三极管 VT 的动作点。

(2)温度上下限报警电路如图 8-14 所示。此电路中采用运算放大器构成迟滞电压比较器,晶体管 VT_1 和 VT_2 根据运放输入状态导通或截止。R_T、R_1、R_2、R_3,构成一个输入电桥。则

$$V_{ab} = E\left(\frac{R_1}{R_1 + R_T} - \frac{R_3}{R_3 + R_2}\right) \qquad (8\text{-}6)$$

当 T 升高时,R_T 减少,此时 $V_{ab}>0$,即 $V_a>V_b$,VT_1 导通,发光二极管(LED_1)发光报警。当 T 下降时,R_T 增加,此时 $V_{ab}<0$,即 $V_a<V_b$,VT_2 导通,LED_2 发光报警;当 T 等于设定值时,$V_{ab}=0$,即 $V_a=V_b$,VT_1 和 VT_2 都截止,LED_1 和 LED_2 都不发光。

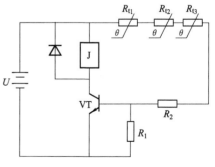

图 8-13 热继电器原理

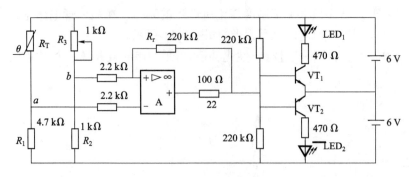

图 8-14　温度上下限报警电路

2. 热电阻式流量计

采用铂热电阻测量气体或液体流量的热电阻式流量计原理电路如图 8-15 所示。热电阻 R_{t1} 的探头放在气体或液体通路中,而另一只热电阻 R_{t2} 的探头则放置在温度与被测介质相同,但不受介质流速影响的连通室内。

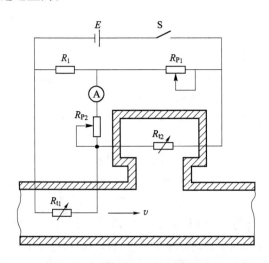

图 8-15　热电阻式流量计原理电路

热电阻式流量计是根据介质内部热传导现象制成的,如果将温度为 t_n 的热电阻放入温度为 t_c 的介质内,设热电阻与介质相接触的面积为 A,则热电阻的耗散热量 Q 可用下式描述:

$$Q = KA(t_n - t_c)$$

式中:K 为传热系数。

实验证明,K 与介质的密度、黏度、平均流速等参数有关。当其他参数为定值时,K 仅与介质的平均流速有关。这样,人们就可以通过测量热电阻的耗散热量 Q,获得介质的平均流速或流量。

电桥在介质静止不流动时处于平衡状态,此时,电流表中无电流指示。当介质流动时,由于介质会带走热量,因而使热电阻 R_{t1} 与 R_{t2} 的散热情况出现差异,R_{t1} 的温度下降,使电桥失去平衡,产生一个与介质流量变化相对应的电流,使电流表产生读数。如果事先将电流表按平均流量标定过,则从电流表的读数便可知介质流量的大小。

8.3　热　电　偶

热电偶是目前温度测量中使用最普遍的传感元件之一,它具有结构简单、精确度高、热惯性小、输出信号为电信号、便于远距离传输或信号转换等优点。另外,由于热电偶是一种有源传感器,测量时不需要外加电源,使用十分方便,所以常用于测量炉子、管道内的气体或液体的温度及固体的表面温度。微型热电偶还可用于快速及动态温度的测量。

8.3.1　热电偶的工作原理

1. 热电效应

热电效应原理如图 8-16 所示。把两种不同的导体或半导体 A 和 B 组合成如图 8-16(a)所示的闭合回路,只要两接点处的温度不同,一端(称为工作端或热端)温度为 T,另一端(称为自由端,也称参考端或冷端)温度为 T_0,在闭合回路中就会有电流产生。如果在回路中接入电流计 M,电流计 M 的指针就会发生偏转(如图 8-16(b)所示),这种现象称为热电效应,产生的电动势则称为热电动势(或热电势),用 $E_{AB}(T, T_0)$ 表示。两种导体组成的回路称为热电偶,这两种导体 A 和 B 称为热电极。这种现象是 1821 年由德国物理学家赛贝克(T.Seebeck)发现的,所以又称为赛贝克效应。

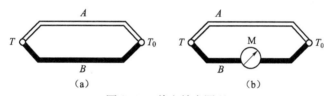

图 8-16　热电效应原理

由理论分析知道,回路中所产生的热电动势由两部分组成:一部分是两种导体的接触电动势;另一部分是单一导体的温差电动势。

1)接触电动势

由于所有的导体都具有自由电子,而且在不同的金属中自由电子的密度不同,因此当两种不同材料的导体 A 和 B 接触时,由于两者内部单位体积的自由电子数目不同(电子密度不同),电子在两个方向上扩散的速率就不一样。现假设导体 A 的自由电子密度大于导体 B 的自由电子密度,则导体 A 扩散到导体 B 的电子数要比导体 B 扩散到导体 A 的电子数多。所以导体 A 失去电子而带正电荷,导体 B 得到电子而带负电荷。于是,在 A、B 两导体的接触界面上便形成了一个由导体 A 到导体 B 的电场 E,如图 8-17 所示。该电场将引起反方向的电子转移,阻碍扩散作用的继续进行。当扩散作用与阻碍扩散作用相等时,即自导体 A 扩散到导体 B 的自由电子数与在电场作用下自导体 B 到导体 A 的自由电子数相等时,便处于一种动态平衡状态。在这种状态下,导体 A 与导体 B 的接触处就产生了电位差,称为接触电动势。

接触电动势的大小与两种金属的材料、接点的温度有关,与导体的直径、长度及几何形状无关。对于温度为 T 的接点,接触电动势公式为

$$e_{AB}(T) = \frac{kT}{e} \ln \frac{N_A}{N_B} \tag{8-7}$$

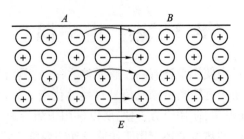

图 8-17　接触电动势原理

式中：$e_{AB}(T)$ 为导体 A 与导体 B 接点在温度为 T 时形成的接触电动势；e 为电子电荷电量，$e=1.6 \times 10^{-19}$ C；k 为波耳兹曼常数，$k=1.38 \times 10^{-23}$ J/K；N_A、N_B 为导体 A、B 在温度为 T 时的电子密度。

式(8-7)说明接触电动势的大小与接点温度的高低及导体中的电子密度有关。

2）温差电动势

将导体 A(或 B)的两端分别置于不同的温度场 T、$T_0(T > T_0)$ 中，在导体内部，由于热端的自由电子具有较大的动能，所以导体内部自由电子的运动总体上是由热端向冷端移动，使热端失去电子而带正电荷，冷端得到电子而带负电荷。这样，导体两端便产生了一个由热端指向冷端的静电场。该电场阻止电子从热端向冷端继续移动，并使电子反方向移动，最后也达到了动态平衡状态，导体两端便形成了恒定的电位差，将该电位差称为温差电动势，也称汤姆森电动势，如图 8-18 所示。温差电动势的大小取决于导体的材料及两端的温度，导体 A 两端的温差电动势为

$$e_A(T, T_0) = \int_{T_0}^{T} \sigma_A dT \tag{8-8}$$

式中：$e_A(T, T_0)$ 为导体 A 两端温度分别为 T、T_0 时形成的温差电动势；T、T_0 为高、低温端的热力学温度；σ_A 为汤姆森系数，表示导体 A 两端的温度差为 1 ℃ 时所产生的温差电动势(如 0 ℃ 时，铜的 $\sigma = 2$ μV/℃)。

同样，导体 B 两端的温差电动势为

$$e_B(T, T_0) = \int_{T_0}^{T} \sigma_B dT \tag{8-9}$$

3）回路总电动势

综上所述，若导体 A 和导体 B 首尾相接组成回路，如果导体 A 的电子密度大于导体 B 的电子密度，且两接点的温度不相等($T > T_0$)，则在热电偶回路中存在着四个电动势：两个接触电动势和两个温差电动势，如图 8-19 所示。

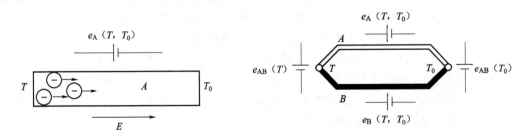

图 8-18　温差电动势原理　　　　　图 8-19　闭合回路总的热电动势

（1）导体 A 和导体 B 的一个接点在温度为 T 的一端产生的接触电动势为

$$e_{AB}(T) = U_{AT} - U_{BT}(\text{导体 } A \text{ 的电子密度大于导体 } B \text{ 的电子密度})$$

式中：U_{AT}、U_{BT} 分别为导体 A 和导体 B 在温度为 T 的一端的电势。

（2）导体 A 和导体 B 的另一个接点在温度为 T_0 的一端产生的接触电动势为

$$e_{AB}(T_0) = U_{AT_0} - U_{BT_0}(\text{导体 } A \text{ 的电子密度大于导体 } B \text{ 的电子密度})$$

式中：U_{AT_0}、U_{BT_0} 分别为导体 A 和导体 B 在温度为 T_0 的一端的电势。

（3）导体 A 两端温度为 T、T_0 时，形成的温差电动势为

$$e_A(T,T_0) = U'_{AT} - U'_{AT_0}(\text{设 } T > T_0)$$

（4）导体 B 两端温度为 T、T_0 时，形成的温差电动势为

$$e_B(T,T_0) = U'_{BT} - U'_{BT_0}(T > T_0)$$

因此，在整个闭合回路中总的热电动势为

$$E_{AB}(T,T_0) = [e_{AB}(T) - e_{AB}(T_0)] + [e_B(T,T_0) - e_A(T,T_0)]$$

$$= \frac{kT}{e}\ln\frac{N_{AT}}{N_{BT}} - \frac{kT_0}{e}\ln\frac{N_{AT_0}}{N_{BT_0}} + \int_{T_0}^{T}(\sigma_B - \sigma_A)\mathrm{d}T \qquad (8\text{-}10)$$

式中：N_{AT}、N_{BT} 为导体 A 和导体 B 分别在温度为 T 的一端的电子密度；N_{AT_0}、N_{BT_0} 为导体 A 和导体 B 分别在温度为 T_0 的一端的电子密度；σ_A、σ_B 为导体 A 和导体 B 的汤姆森系数。

由于在金属中自由电子数目很多，温度对自由电子密度的影响很小，这就使得：① 导体 A 或导体 B 在温度为 T 和 T_0 的两端的电子密度近似相等；② 因为温差电动势是由同一种金属导体两端温度不同导致两端的电子密度不同而产生的，既然金属导体两端的电子密度近似相等，故温差电动势可以忽略不计。在热电偶回路中起主要作用的是接触电动势。

把 N_{AT} 或 N_{AT_0} 记为 N_A，N_{BT} 或 N_{BT_0} 记为 N_B，则式（8-10）可以写为

$$E_{AB}(T,T_0) \approx e_{AB}(T) - e_{AB}(T_0) = \frac{k}{e}(T-T_0)\ln\frac{N_A}{N_B} \qquad (8\text{-}11)$$

式中，由于假设导体 A 的电子密度大于导体 B 的电子密度，所以导体 A 为正极，导体 B 为负极。下标 AB 的顺序表示电动势的方向。当改变下标的顺序时，电动势前面的符号（指正、负号）也应随之改变，故式（8-11）也可以写为

$$E_{AB}(T,T_0) \approx e_{AB}(T) + e_{BA}(T_0)$$

从式（8-11）可以看出，热电偶回路总的热电动势是温度 T 和 T_0 的函数差，实际使用起来很不方便。为此，在标定热电偶时，一般使温度为 T_0 的接触电动势为常数，即

$$e_{AB}(T_0) = f(T_0) = C(\text{常数})$$

则式（8-11）可以改写为

$$E_{AB}(T,T_0) = e_{AB}(T) - e_{AB}(T_0) = e_{AB}(T) - f(T_0) = f(T) - C \qquad (8\text{-}12)$$

式（8-12）表明，当热电偶回路的一个端点（冷端）保持温度不变时，热电偶回路总的热电动势 $E_{AB}(T,T_0)$ 只随另一个端点（热端）的温度的变化而变化。这样，回路总的热电动势就可以看成 T 的函数。

对于各种不同金属组成的热电偶，温度与热电动势的函数关系是不一样的。在工程应用

中,常用实验的方法得出不同热电偶的温度与热电动势的关系,并做成表格或绘成如图 8-20 所示的曲线,以供备查。图 8-20 中 E 代表镍铬—铜镍热电偶,K 代表镍铬—镍硅热电偶,S 代表铂铑 10—铂热电偶。

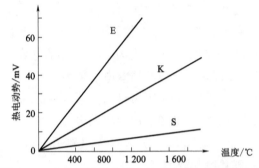

图 8-20 几种型号热电偶的热电动势与温度的关系

2. 热电偶基本性质

分析式(8-11)、式(8-12),可以总结出热电偶有以下基本性质。

(1)热电偶回路的热电动势只与组成热电偶的材料及两端接点的温度有关,与热电偶的长度、粗细、形状无关。

(2)只有用不同性质的材料才能组合成热电偶,相同材料不会产生热电动势。因为当 A、B 两种导体是同一种材料时,$\ln\left(\dfrac{N_A}{N_B}\right)=0$,所以 $E_{AB}(T, T_0)=0$。

(3)只有当热电偶两端温度不同时,不同材料组成的热电偶才能有热电动势产生。当热电偶两端温度相同时,不同材料组成的热电偶也不产生热电动势,即 $E_{AB}(T, T_0)=0$。

(4)导体材料确定后,热电动势的大小只与热电偶两端的温度有关。如果使 $E_{AB}(T, T_0)=$ 常数,则回路热电动势 $E_{AB}(T, T_0)$ 就只与温度 T 有关,而且是 T 的单值函数,这就是利用热电偶测温的基本原理。

(5)对于由几种不同材料串联组成的闭合回路,若各接点温度分别为 $T_1, T_2, \cdots, T_N$,闭合回路总的热电动势为

$$E_{AB\cdots N} = e_{AB}(T_1) + e_{BC}(T_2) + \cdots + e_{NA}(T_N) \tag{8-13}$$

3. 热电偶基本定律

1)均质导体定律

如果热电偶回路中的两个热电极材料相同,无论两接点的温度如何,热电动势均为零;反之,如果有热电动势产生。两个热电极的材料则一定是不同的。

根据这一定律,可以检验两个热电极材料的成分是否相同(称为同名极检验法),也可以检查热电极材料的均匀性。

2)中间导体定律

若在热电偶回路中接入第三种导体,只要第三种导体的两接点温度相同,则回路中总的热电动势不变。

证明:如果按如图 8-21(a)所示的方式,在导体 A、B 组成的热电偶回路中接入第三种导体 C,设导体 A 与 B 接点处的温度为 T,导体 A 与 C、导体 B 与 C 两接点处的温度相同,都是

T_0,根据式(8-13),回路中的总电动势为

$$E_{ABC}(T,T_0) = e_{AB}(T) + e_{BC}(T_0) + e_{CA}(T_0) \tag{8-14}$$

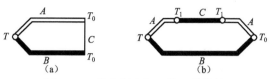

图 8-21　热电偶中加入第三种材料

如果回路中三个接点的温度都相同,即 $T = T_0$,则回路总电动势必为零,即

$$e_{AB}(T_0) + e_{BC}(T_0) + e_{CA}(T_0) = 0$$

则

$$e_{AB}(T_0) = - e_{BC}(T_0) - e_{CA}(T_0) \tag{8-15}$$

将式(8-15)代入式(8-14),可得

$$E_{ABC}(T,T_0) = e_{AB}(T) - e_{AB}(T_0) = E_{AB}(T,T_0) \tag{8-16}$$

如果按图 8-21(b)所示的方式,在导体 A、B 组成的热电偶回路中接入第三种导体 C,设导体 A 与导体 B 两个接点处的温度分别为 T、T_0,导体 A 与导体 C 的两个接点处的温度相同,都为 T_1,根据式(8-13),回路中的总电动势为

$$E_{ABC}(T,T_0) = e_{AB}(T) + e_{BA}(T_0) + e_{AC}(T_1) + e_{CA}(T_1)$$

由于 $e_{AC}(T_1) = -e_{CA}(T_1)$,所以式(8-17)可写为

$$E_{ABC}(T,T_0) = e_{AB}(T) + e_{BA}(T_0) = e_{AB}(T) - e_{AB}(T_0) = E_{AB}(T,T_0) \tag{8-17}$$

由式(8-16)、式(8-17)可知:在热电偶的任何一个位置,接入用第三种导体引入的测量仪表,只要两个接入点的温度相同,则回路的总热电动势是不变的。

热电偶的这种性质在实用上有着重要的意义,我们可以很方便地在回路中直接接入各种类型的显示仪表或调节器,也可以将热电偶的两端不焊接而直接插入液态金属中或直接焊在金属表面进行温度测量。

3) 标准电极定律

如果两种导体分别与第三种导体组成的热电偶所产生的热电动势已知,则由这两种导体组成的热电偶所产生的热电动势也就可知。

如图 8-22 所示,若导体 A、B 分别与导体 C 组成热电偶,其接点温度都是一端为 T,另一端为 T_0,如果它们所产生的热电动势为已知,即

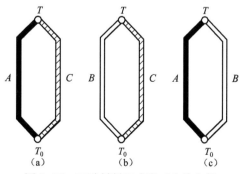

图 8-22　三种材料组成的三个热电偶

$$\begin{cases} E_{AC}(T,T_0) = e_{AC}(T) - e_{AC}(T_0) \\ E_{BC}(T,T_0) = e_{BC}(T) - e_{BC}(T_0) \end{cases} \tag{8-18}$$

式(8-18)中两式相减,可得

$$E_{AC}(T,T_0) - E_{BC}(T,T_0) = [e_{AC}(T) - e_{AC}(T_0)] - [e_{BC}(T) - e_{BC}(T_0)] \tag{8-19}$$

由热电偶基本性质(3)和基本性质(5)可知,若一个热电偶由导体 A、B、C 组成,如果回路中三个接点的温度都相同,则回路总电动势必为零,即

$$\begin{cases} e_{AC}(T) + e_{CB}(T) + e_{BA}(T) = 0 \\ e_{AC}(T_0) + e_{CB}(T_0) + e_{BA}(T_0) = 0 \end{cases} \tag{8-20}$$

将式(8-20)代入式(8-19),可得

$$E_{AC}(T,T_0) - E_{BC}(T,T_0) = e_{AB}(T) - e_{AB}(T_0) = E_{AB}(T,T_0) \tag{8-21}$$

则导体 A 与导体 B 组成的热电偶的热电动势可知,因而导体 C 通常称为标准电极。

标准电极定律是一个极为实用的定律。因为可以制作热电极的金属或合金的种类非常多,要得出这些金属(或合金,或金属与合金)之间组合而成的热电偶的热电动势,其工作量是非常巨大的。由于铂的物理、化学性质稳定,熔点高,易提纯,所以,通常选用高纯铂丝作为标准电极,只要测得各种材料与纯铂组成的热电偶的热电动势,则各种材料相互组合而成的热电偶的热电动势即可根据式(8-21)直接计算出来。

4)中间温度定律

热电偶在两接点温度分别为 T、T_0 时的热电动势等于该热电偶在接点温度分别为 T、T_n 和接点温度分别为 T_n、T_0 时的相应热电动势的代数和。

证明:

$$E_{AB}(T,T_n) + E_{AB}(T_n,T_0) = [e_{AB}(T) - e_{AB}(T_n)] + [e_{AB}(T_n) - e_{AB}(T_0)]$$
$$= e_{AB}(T) - e_{AB}(T_0) = E_{AB}(T,T_0) \tag{8-22}$$

中间温度定律为冷端温度不是 0 ℃时的热电偶制定分度表提供了依据。

因为当 $T_n = 0$ ℃时,式(8-22)可写为

$$E_{AB}(T,T_0) = E_{AB}(T,0) + E_{AB}(0,T_0) = E_{AB}(T,0) - E_{AB}(T_0,0) \tag{8-23}$$

式(8-23)说明,只要导体 A、B 组成的热电偶在冷端温度为 0 ℃时的热电动势—温度关系已知,它在冷端温度不为 0 ℃时的热电动势即可知。

中间温度定律还为补偿导线的使用提供了理论依据。由于热电偶的长度一般只有 1m 左右,在实际测量中,需要将热电偶的电动势传输到远距离的显示和控制仪表,因而必须将电极延伸。中间温度定律表明,当在原来热电偶回路中分别引入与导体 A、B 相同热电特性的导体 C、D(图 8-23),即引入所谓补偿导线时,只要它们之间连接的两点温度相同,则总回路的热电动势与两连接点温度无关,只与热电偶两端的温度有关。

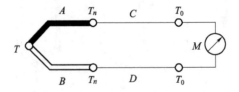

图 8-23 热电偶补偿导线接线

由于导体 A 与 C、导体 B 与 D 的热电特性相同,由热电偶的基本性质可知 $e_{AC}(T_n)=e_{BD}(T_n)=0$,则回路总电动势为

$$E = e_{AB}(T) + e_{BD}(T_n) + e_{DC}(T_0) + e_{CA}(T_n)$$
$$= e_{AB}(T) + e_{DC}(T_0) = e_{AB}(T) + e_{BA}(T_0) = E_{AB}(T, T_0) \tag{8-24}$$

式(8-24)说明,接入补偿导线后,导体 A、B 组成的热电偶的热电动势不变。

8.3.2　常用热电偶的结构

1. 普通工业用装配式热电偶

普通工业用装配式热电偶作为测量温度的变送器,通常和显示仪表、记录仪表和电子调节器配套使用。它可以直接测量各种生产过程中 $0\,℃\sim1\,800\,℃$ 范围的液体、蒸汽和气体介质以及固体的表面温度。热电偶通常由热电极、绝缘套管、保护套管和接线盒等几个主要部件组成,其常见结构如图 8-24 所示。实验室使用时,也可不装保护套管,以减小热惯性。

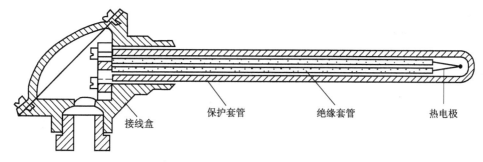

接线盒　　　保护套管　　　绝缘套管　　　热电极

图 8-24　工业用装配式热电偶结构

(1) 热电极。热电极又称偶丝,它是热电偶的基本组成部分。普通金属做成的偶丝,其直径一般为 $0.5\sim3.2\,\text{mm}$;贵重金属做成的偶丝,直径一般为 $0.3\sim0.6\,\text{mm}$。偶丝的长度则由使用情况、安装条件,特别是工作端在被测介质中插入的深度来决定,通常为 $300\sim2\,000\,\text{mm}$,常用的长度为 $350\,\text{mm}$。

(2) 绝缘套管。绝缘套管又称绝缘子,是用于热电极之间及热电极与保护套管之间进行绝缘保护的零件。其形状一般为圆形或椭圆形,中间开有两个、四个或六个孔,偶丝穿孔而过。材料为黏土质、高铝质、刚玉质等,材料的具体选用视使用的热电偶而定。在室温下,绝缘套管的绝缘电阻应在 $5\,\text{M}\Omega$ 以上。

(3) 保护套管。保护套管是用来保护热电偶感温元件免受被测介质化学腐蚀和机械损伤的装置。保护套管应具有耐高温、耐腐蚀的性能,要求导热性能好、气密性好。其材料有金属、非金属以及金属陶瓷三大类。金属材料有铝、黄铜、碳钢、不锈钢等,非金属材料有高铝质、刚玉质,使用温度都在 $1\,300\,℃$ 以上。金属陶瓷材料如氧化镁加金属钼,这种材料使用温度为 $1\,700\,℃$,且在高温下有很好的抗氧化能力。适用于钢水温度的连续测量。保护套管的形状一般为圆柱形。

(4) 接线盒。接线盒是用来固定接线座和作为连接补偿导线的装置,根据被测量温度的对象及现场环境条件,设计有普通式、防溅式、防水式和接插座式四种结构形式。普通式接线盒无盖,仅由盒体构成,其接线座用螺钉固定在盒体上。适用于环境条件良好、无腐蚀性气体

的现场。防溅式、防水式的接线盒有盖,且盖与接线盒体是由密封圈压紧密封,适用于雨水能溅到的现场或露天设备现场。接插座式接线盒结构简单,安装所占空间小,接线方便,适用于需要快速拆卸的环境。

2. 铠装热电偶的结构

铠装热电偶又称缆式热电偶,它可以做得很细(直径为 0.25~12 mm)、很长,使用时可任意弯曲。铠装热电偶的主要优点是测温端热容量小,耐高压,热响应时间快和坚固耐用。与工业用装配式热电偶一样,铠装热电偶作为测量温度的变送器,通常和显示仪表、记录仪表和电子调节器配套使用,同时也可作为装配式热电偶的感温元件。它可以直接测量各种生产过程中 0~800 ℃ 范围内的液体、蒸汽和气体介质以及固体表面的温度。

铠装热电偶的断面结构如图 8-25 所示,它是由热电偶丝、高绝缘材料氧化镁、不锈钢保护套管,经多次一体拉制而成的。铠装热电偶主要有接壳式和绝缘式两种形式,如图 8-26 所示。图 8-26(a)所示为接壳式,这种形式的热电偶其测量端与金属套管接触并焊接在一起,适用于测量温度高、压力高、腐蚀性较强的介质;图 8-26(b)所示为绝缘式,这种形式的热电偶其测量端焊接后填以绝缘材料,再与金属套管焊接,适用范围与接壳式相同,特点是偶丝与保护金属套管不接触,具有电气绝缘性能。

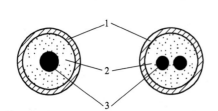

图 8-25 铠装热电偶端面结构

1—金属套管;2—绝缘材料;3—热电极

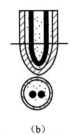

(a) (b)

图 8-26 接壳式与绝缘式热电偶端面结构

(a)接壳式;(b)绝缘式

3. 快速反应薄膜热电偶

快速反应薄膜热电偶是用真空蒸镀、溅射等方法使两种热电极材料沉积到绝缘基板上而形成的薄膜热电偶,如图 8-27 所示。其热接点极薄(0.01~0.1 μm),因此,特别适用于对壁面温度的快速测量。安装时,用黏结剂将它黏结在被测物体壁面上。目前,我国试制的该类型热电偶有铁—镍、铁—铜镍和铜—铜镍三种,尺寸为 60 mm×6 mm×0.2 mm,绝缘基板为云母、陶瓷片、玻璃及酚醛塑料纸等,测温范围小于 300 ℃,反应时间仅为几毫秒。

4. 快速消耗微型热电偶

这是一种专为测量钢水及熔融金属温度而设计的特殊热电偶,使用一次就焚化。其热电极由直径为 0.05~0.1 mm 的铂铑 10—铂铑 30(或钨铼 6—钨铼 20)等材料制成,且装在外径为 1 mm 的 U 形石英管内,构成测温的敏感元件。其外部用绝缘良好的纸管、保护管及高温绝热水泥加以保护和固定。当其插入钢水后,保护帽瞬间熔化,热电偶工作端即刻暴露于钢

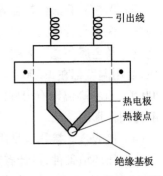

图 8-27 快速反应薄膜热电偶

水中。由于石英管和热电偶的热容量都很小,因此能很快反映出钢水的温度,反应时间一般为 4~6 s。在测量出温度后,热电偶和石英保护管都被烧坏,因此它只能一次性使用。它的优点是热惯性小,测量精度可达±5 ℃~±7 ℃。

8.3.3　热电偶材料

根据金属的热电效应原理,任意两种不同材料的导体都可以作为热电极组成热电偶,但是在实际应用中,用作热电极的材料应具备以下条件。

(1)温度测量范围广。要求在规定的温度测量范围内有较高的测量精确度,有较大的热电动势。温度与热电动势的关系是单值函数,最好是线性关系。

(2)性能稳定。要求在规定的温度测量范围内使用时热电性能稳定,均匀性和复现性好。

(3)物理、化学性能好。要求在规定的温度测量范围内有良好的化学稳定性、抗氧化性或抗还原性能。

满足上述条件的热电偶材料并不很多,我国把性能符合专业标准或国家标准并具有统一分度表的热电偶材料称为定型热电偶材料。

8.3.4　热电偶的种类

常用热电偶可分为标准热电偶和非标准热电偶两大类。标准热电偶是指国家标准规定了其热电势与温度的关系、允许误差,并有统一的标准分度表的热电偶,有与其配套的显示仪表可供选用。非标准化热电偶在使用范围或数量级上均不如标准化热电偶,一般也没有统一的分度表,主要用于某典型特殊场合的测量。

目前,工业上常用的有四种标准化热电偶,即铂铑 30—铂铑 6、铂铑 10—铂、镍铬—镍硅和镍铬—铜镍(我国通常称为镍铬—铜镍)热电偶,我国标准热电偶的技术数据见表 8-4,非标准热电偶的主要性能和特点见表 8-5。

表 8-4　标准热电偶技术参数

热电偶 名称	分度号	热电极材料		20 ℃时电阻系数 /($\Omega \cdot mm^2 \cdot m^{-1}$)	使用温度/℃		允许误差/℃			
		极性	识别		长期	短期	温度	误差	温度	误差
铂铑 10—铂	S	正	较硬	0.24	1 300	1 600	≤600	±2.4	>600	±0.4t%
		负	柔软	0.16						
铂铑 30—铂铑 s	B	正	较硬	0.245	1 600	1 800	≤600	±3	>600	±0.5%t
		负	稍软	0.215						
镍铬—镍硅	K	正	不亲磁	0.68	1 000	1 200	≤400	±4	>400	±0.75%t
		负	稍亲磁	0.25~0.33						
镍铬—铜镍	E	正	色较暗	0.68	600	800	≤400	±4	>400	±1%t
		负	银白色	0.49						
铜—铜镍	T	正	红色	0.17	200	300	−200~−40	±2%t	−40~400	±0.75%t
		负	银白色	0.49						
铁—铜镍	J	正	红	0.26	600	900	−200~−40	±0.4%t	−40~900	±0.75%t
		负	银白色	0.49						

表 8-5　非标准热电偶的主要性能和特点

名称	材料		测温范围/℃	允许误差/℃	特　点	用　途
	正极	负极				
高温热电偶	铂铑 3	铂	0~1 600	≤600 为±10 >600 为±0.5%t	热电动势较铂铑 10 大,其他一样	测钴合金熔液温度(1 501 ℃)
	铂铑 11	铂铑 1	0~1 700		在高温下抗玷污性能和力学性能好	各种高温测量
	铂铑 20	铂铑 5	0~1 700		在高温下抗氧化性能、力学性能好,化学稳定性好,50 ℃以下热电动势小,参考端可以不用温度补偿	
	铱铑 40	铂铑 20	0~1 850			
	铱铑 40	铱	300~2 200	≤1 000 为±10 >1 000 为±1.0%t	热电动势与温度线性好,适用于氧化、真空、惰性气体,热电动势小,价贵,寿命短	航空和空间技术及其他高温测量
	铱铑 60	铱				
	钨铼 3	钨铼 25	300~2 800	≤1 000 为±10 >1 000 为±1.0%t	上限温度高,热电动势比上述材料大,线性较好,适用于真空、还原性和惰性气体	钢水温度测量及其他高温测量
	钨铼 5	钨铼 20				
低温热电偶	镍铬	金铁 0.07%	-270~0	±1.0	在极低温下,灵敏度较高,稳定性好,热电极材料易复制,是较理想的低温热电偶	用于超导、宇航、受控热核反应等低温工程以及科研部门
	铜	金铁 0.07%	-270~-196			
非金属热电偶	碳	石墨	测温上限 2 400	±1.0	热电动势大,熔点高,价格低廉,但复现性和机械性能差	用于耐火材料的高温测量
	硼化锆	碳化	测温上限 2 000			
	二硅化钨	二硅化	测温上限 1 700			

8.3.5　热电偶的冷端补偿方法

从热电效应的原理可知,热电偶产生的热电动势与两端温度有关。只有将冷端的温度恒定,热电动势才是热端温度的单值函数。由于热电偶分度表是以冷端温度为 0 ℃时做出的,因此在使用时要正确反映热端的温度(被测温度),最好设法使冷端温度恒为 0 ℃。但在实际应用中,热电偶的冷端通常靠近被测对象,且受到周围环境温度的影响,其温度不是恒定不变的。为此,必须采取一些相应的措施进行补偿或修正,常用的方法有以下几种。

1. 冷端恒温法

（1）冰点槽法。将热电偶的冷端置于冰点槽内（冰水混合物），使冷端温度处于 0 ℃，如图 8-28 所示。为了避免冰水导电引起两个连接点短路，必须把连接点分别置于两个玻璃试管里，浸入同一冰点槽，使其相互绝缘，这种装置通常用于实验室或精密的温度测量。

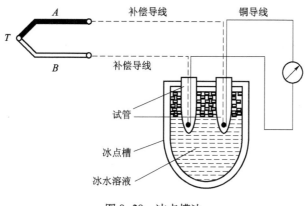

图 8-28　冰点槽法

（2）其他恒温器。将热电偶的冷端置于各种恒温器内，使之保持温度恒定，避免由于环境温度的波动而引入误差。这类恒温器可以是盛有变压器油的容器，利用变压器油的热惰性恒温，也可以是电加热的恒温器。因为这类恒温器的温度不是 0 ℃，所以最后还需要对热电偶进行冷端温度修正。

2. 补偿导线法

由于受到材料价格的限制，热电偶不可能做得很长，而要使其冷端不受测温对象的温度影响，必须使冷端远离被测温度环境。可以利用补偿导线，将热电偶的冷端延伸到温度恒定的场所（如仪表室）。根据中间温度定律，只要热电偶的两个热电极分别与两补偿导线的接点温度一致，就不会影响热电动势的输出。常用热电偶的补偿导线见表 8-6。

表 8-6　常用热电偶的补偿导线

配用热电偶分度号	补偿导线型号	补偿导线正极		补偿导线负极		补偿导线在 100 ℃的热电动势允许误差/mV	
		材料	颜色	材料	颜色	A（精密级）	B（精密级）
S	SC	铜	红	铜镍	绿	0.645±0.023	0.645±0.037
K	KC	铜	红	铜镍	蓝	4.095±0.053	4.095±0.105
K	KX	镍铬	红	镍硅	黑	4.095±0.053	4.095±0.105
E	EX	镍铬	红	铜镍	棕	6.317±0.102	6.317±0.170
J	JX	铁	红	铜镍	紫	5.268±0.081	5.268±0.135
T	TX	铜	红	铜镍	白	4.277±0.023	4.277±0.047

注：补偿导线型号头一个字母与热电偶分度号相对应；第二个字母 X 表示延伸型补偿导线，字母 C 表示补偿型补偿导线。

3. 计算修正法

若冷端温度恒定，但并非 0 ℃，要使测出的热电动势只反映热端的实际温度，则必须对温

度进行修正,修正公式为

$$E_{AB}(T,T_0) = E_{AB}(T,T_1) + E_{AB}(T_1,T_0) \qquad (8-25)$$

式中:$E_{AB}(T,T_0)$ 为热电偶热端温度为 T、冷端温度为 0 ℃时的热电动势;

$E_{AB}(T,T_1)$ 为热电偶热端温度为 T、冷端温度为 T_1 时的热电动势;

$E_{AB}(T_1,T_0)$ 为热电偶热端温度为 T_1、冷端温度为 0 ℃时的热电动势。

4. 机械调零法

若所接显示仪表是以温度来标刻度的,则可采用机械调零法。这种方法是,先测量出冷端温度 t_0℃,然后将显示仪表的机械零位调整到刻度 t_0℃处。此方法必须采取措施保证冷端温度恒定在 t_0℃。

5. 补偿电桥法

补偿电桥法是利用补偿电桥产生的电势来自动补偿热电偶因冷端温度变化而引起的热电动势的变化值,如图 8-29 所示。R_{Cu} 的电阻值随温度的升高而增大,使用时,应使电阻 R_{Cu} 与热电偶冷端靠近,使它们处于同一温度。

设计使电阻 R_{Cu} 在温度 t_p 时的电阻值 $R_{Cu}(t_p)$ 与其余三个桥臂电阻值相等,即 $R_1 = R_2 = R_3 = R_{Cu}(t_p)$,此时电桥平衡,对角线 a、b 两点电位相等,即 $U_{ab} = 0$,电桥对仪表的读数无影响。t_p 称为电桥平衡温度,通常取 $t_p = 20$ ℃。当冷端温度高于电桥平衡温度 t_p 时,热电势减小,同时 R_{Cu} 增加,电桥平衡被破坏,a 点电压高于 b 点,产生的不平衡电压 U_{ab} 与热电势同向叠加,因此,整个电路输出电压 U 不变。

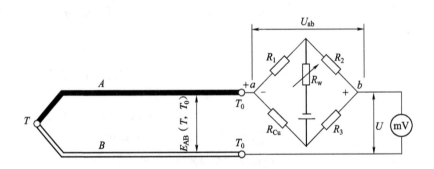

图 8-29 补偿电桥法

反之,当冷端温度低于电桥平衡温度 t_p 时,热电势增加,同时 R_{Cu} 减小,a 点电位低于 b 点,产生的不平衡电压 U_{ab} 与热电势反向叠加,因此,整个电路输出电压 U 也不变。

适当选择桥臂电阻和电流的数值,可使电桥产生的不平衡电压 U_{ab} 正好补偿由于冷端温度变化而引起的热电动势变化值,送入显示仪表的电势值 U 就不随冷端温度而变化,显示仪表即可指示出正确的温度。

采用补偿电桥法需把仪表的机械零位调整到电桥平衡温度相应刻度处。根据各种标准化热电偶的热电特性,已设计了相应的补偿电桥,并有定型产品,称为冷端温度补偿器。冷端补偿器一般用 4 V 直流供电,它可以在 0 ℃~40 ℃或-20 ℃~20 ℃的范围内起补偿作用。只要冷端温度的波动不超出此范围,电桥不平衡输出信号可以自动补偿冷端温度波动所引起的热电势的变化。

8.4　新型热电式传感器

随着半导体、计算机等高新技术的发展,近年来出现了一批新型热电式传感器,如半导体 PN 结温度传感器、光纤温度传感器、压电型温度传感器、磁热敏传感器等。

8.4.1　半导体 PN 结温度传感器

PN 结温度传感器是利用 PN 结的伏安特性与温度之间的线性关系测量温度的。PN 结的这种温度效应在一般电路设计时要尽量避免,但利用这一特性可以制成二极管和三极管温度传感器。无论硅还是锗,只要通过 PN 结的正向电流 I 恒定,则在一定的温度范围内,二极管 PN 结的正向压降 U 及三极管的基极—发射极电压 U_{ab} 与温度呈线性关系,灵敏度约为 -2 mV/℃。

把晶体管和激励电路、放大电路、恒流及补偿电路等集成在一个芯片上就构成集成温度传感器。用于温度测量时,常把基极 b 与集电极 c 短接作为一个电极,与发射极 e 构成 PN 结,如图 8-30 所示。

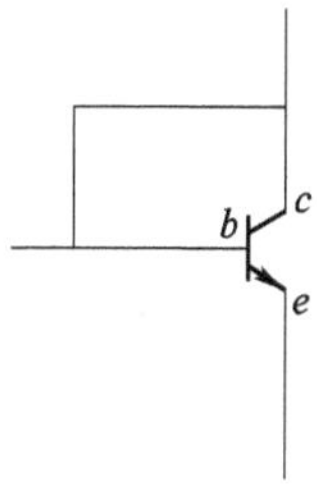

使用 PN 结温度传感器应注意以下事项。

(1) PN 结温度传感器是有极性的,有正负之分。

(2) 流过 PN 结温度传感器的电流可选用 100 μA 左右。

图 8-30　双极型晶体管温度传感器

(3) PN 结温度传感器在 0 ℃时的输出电压不是为 0 V,而是 700 mV 左右,并随着温度的升高而降低。

(4) PN 结温度传感器在常温区使用(-50 ℃ ~ 200 ℃)温度范围的选取应按实际需要确定。

(5) PN 结温度传感器的输出信号较大,每度 2 mV 左右,因此,可依据实际应用情况决定是否要加放大电路。

8.4.2　压电型温度传感器

压电型温度传感器是利用振动频率与温度的依赖关系工作的,可分为石英晶体温度传感器、压电超声温度传感器和压电表面波温度传感器。

1. 石英晶体温度传感器

石英晶体具有各向异性,通过选择适当的切割角度,则能把温度系数减小到零,反之也能使温度系数变得很大。利用温度系数很小的石英晶片做成的振子,其谐振频率在很宽的温度范围内具有很高的频率稳定性,常作为频率基准。而石英晶体温度传感器是利用大温度系数的石英晶体,两面镀上电极构成电容,连接成 LC 振荡器做成振子,其谐振频率随温度而变化。这种温度传感器的灵敏度为 1 000 Hz/℃,分辨力高达 0.001 ℃,稳定性好,并能得到频率输出信号,因此适用于数字电路中,测温范围为 -80 ℃ ~ 250 ℃。

2. 压电超声温度传感器

气体中声波传输的速度与气体的种类、压力、密度和温度有关,而压电超声温度传感器是利用压电振子产生的超声波来测温的。介质温度不同时,超声波传播的速度也不同,通过测量超声波从发射器到达接收器的时间,就可测出温度的高低。这种传感器的精度在常温时为±0.18 ℃,在430 ℃时为±0.42 ℃。在有热辐射的地方,要检测急剧变化的气温采用这种传感器非常方便。

3. 压电表面波(SAW)温度传感器

SAW温度传感器是利用SAW振荡器的振荡频率随温度变化的原理工作的。SAW振荡器由在压电基片上制成的叉指电极和反射栅组成。

SAW振荡器的频率变化与温度变化的比值称为频率—温度系数,由压电基片的材料确定,这种传感器的工作温度范围为-20 ℃~80 ℃。

8.4.3　磁热敏传感器

热敏铁氧体在居里温度界 T_c 附近发生相变,使其磁通密度 B 和磁导率 μ 发生剧变,不同铁氧体的磁导率 μ 随温度变化的关系如图8-31所示。由图可知,温度在 T_c 以下时,铁氧体的磁导率较大,可被磁铁吸住;当温度超过 T_c 时,铁氧体的磁性消失,便会自动脱离磁铁。

铁氧体的居里温度 T_c 可通过调节材料配方和烧结温度改变,误差可控制在±1 ℃。只要不出现裂纹,其磁特性不变,故可做成稳定的恒温开关。

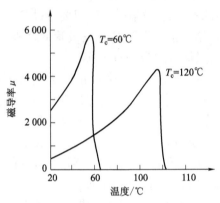

图8-31　铁氧体磁导率 μ 与温度的关系

8.4.4　数字式温度传感器 DS1820

DALLAS最新单线数字式温度传感器DS1820是世界上第一片支持"一线总线"接口的温度器。"一线总线"即用一根线连接主从器件,DS1820作为从属器件,主器件一般为微处理器。

DS18B20、DS1822"一线总线"数字式温度传感器同DS1820一样,DS18B20也支持"一线总线"接口,测量温度范围为-55 ℃~125 ℃,在-10 ℃~85 ℃范围内,精度为±0.5 ℃。DS1822的精度较差为±2 ℃。

DS18B20可以程序设定9~12位的分辨率,精度为±0.5 ℃。可选更小的封装方式,更宽的电压适用范围。分辨率设定及用户设定的报警温度存储在EEPROM(由可擦除可编程只读存储器)中,掉电后依然保存。DS1822与DS18B20软件兼容,是DS18B20的简化版本。它是省略了存储用户定义报警温度、分辨率参数的EEPROM,精度降低为±2 ℃,适用于对性能要求不高、成本控制严格的应用,是经济型产品。

继"一线总线"的早期产品后,DS1820开辟了数字式温度传感器技术的新概念。

DS18B20内部结构主要由四部分组成:64位光刻ROM、温度传感器、非挥发的温度报警触发器TH和TL、配置寄存器。其中的温度传感器可完成对温度的测量,其内部存储器包括一个高速暂存RAM和一个非易失性的EEPROM,后者存放高温度和低温度触发器TH、TL和结构寄存器。DS18B20封装形式与单片机的接口电路如图8-32和图8-33所示。

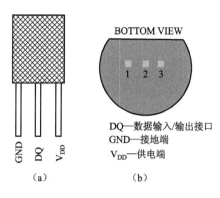

图 8-32　DS18B20 外观

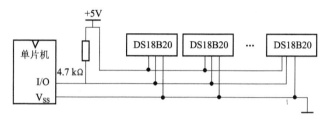

图 8-33　DS18B20 与单片机的接口电路

习　　题

8-1　热膨胀式测温方法有哪些？其各自有何优缺点？

8-2　简述热阻式测温的基本原理及分类。

8-3　什么是热电效应？热电偶的基本定律有哪些？

8-4　试比较热电偶测温与热电阻测温有什么不同（可从原理、系统组成和应用场合三方面来考虑）。

8-5　参考电极定律与中间导体定律的内在联系如何？参考电极定律的实用价值如何？

8-6　热电偶测量温度时，为什么要进行温度补偿？补偿的方法有几种？

8-7　DS1820 是什么类型传感器？测量范围有多大？

8-8　列举一种新型的热电式传感器及其应用。

第 9 章

磁电式传感器

磁电式传感器又称磁电感应式传感器,是利用电磁感应原理将被测量(如振动、位移、转速等)转换成电信号的一种传感器。它不需要辅助电源,就能把被测对象的机械量转换成易于测量的电信号,是一种有源传感器。由于它输出功率大,且性能稳定,具有一定的工作带宽(10~1 000 Hz),所以得到广泛应用。

9.1 磁电式传感器工作原理

根据电磁感应定律,当导体在稳恒均匀磁场中沿垂直磁场方向运动时,导体内产生的感应电势为

$$e = \left| \frac{\mathrm{d}\phi}{\mathrm{d}t} \right| = Bt \frac{\mathrm{d}x}{\mathrm{d}t} = Blv \tag{9-1}$$

式中:B 为稳恒均匀磁场的磁感应强度;

l 为导体有效长度;

v 为导体相对磁场的运动速度。

当一个 W 匝线圈相对静止地处于随时间变化的磁场中时,设穿过线圈的磁通为 Φ,则线圈内的感应电势 e 与磁通变化率 $\dfrac{\mathrm{d}\Phi}{\mathrm{d}t}$ 的关系为

$$e = -W \frac{\mathrm{d}\Phi}{\mathrm{d}t} \tag{9-2}$$

根据以上原理,人们设计出两种磁电式传感器,即变磁通式磁电传感器和恒磁通式磁电传感器。

变磁通式磁电传感器又称为磁阻式磁电传感器,主要用于测量旋转物体的角速度。图 9-1 所示为变磁通式磁电传感器结构。

图 9-1(a)所示为开磁路变磁通式磁电传感器:线圈、磁铁静止不动,测量齿轮安装在被测旋转体上,随被测物体一起转动。每转动一个齿,齿的凹凸引起磁路磁阻变化一次,磁通也就变化一次,线圈中产生感应电势,其变化频率等于被测转速与测量齿轮上齿数的乘积。这种传感器结构简单,但输出信号较小,且因高速轴上加装齿轮较危险而不宜测量高转速的物体。

图 9-1(b)所示为闭磁路变磁通式磁电传感器,它由装在转轴上的内齿轮和外齿轮、永久

磁铁和感应线圈组成,内外齿轮齿数相同。当转轴连接到被测转轴上时,外齿轮不动,内齿轮随被测轴而转动,内、外齿轮的相对转动使气隙磁阻产生周期性变化,从而引起磁路中磁通的变化,使线圈内产生周期性变化的感应电动势。

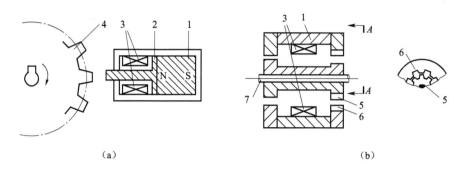

图9-1 变磁通式磁电传感器结构

(a)开磁路;(b)闭磁路

1—磁铁 2—转体 3—线圈 4—齿轮 5—内齿轮 6—外齿轮 7—转轴

恒磁通式磁路系统产生恒定的直流磁场,磁路中的工作气隙固定不变,因而气隙中磁通也是恒定不变的,其运动部件可以是线圈(动圈式)或磁铁(动铁式),动圈式[图9-2(a)]和动铁式[图9-2(b)]的工作原理是完全相同的。

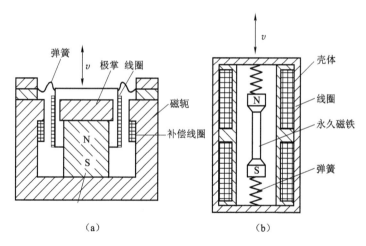

图9-2 恒磁通式磁电传感器结构原理

(a)动圈式;(b)动铁式

当壳体随被测振动体一起振动时,由于弹簧较软,运动部件质量相对较大。当振动频率足够高(远大于传感器固有频率)时,运动部件惯性很大,来不及随振动体一起振动,几乎静止不动,振动能量几乎全被弹簧吸收。永久磁铁与线圈之间的相对运动速度接近于振动体振动速度,磁铁与线圈的相对运动切割磁力线,从而产生感应电势为

$$e = - B_0 lWv \tag{9-3}$$

式中:B_0为工作气隙磁感应强度;l为每匝线圈平均长度;W为线圈在工作气隙磁场中的匝数;v为相对运动速度。

9.2 磁电式传感器基本特性

当测量电路接入磁电式传感器电路时(如图 9-3 所示),磁电式传感器的输出电流为

$$I_o = \frac{E}{R + R_f} = \frac{B_0 l W v}{R + R_f} \qquad (9-4)$$

式中:R_f 为测量电路输入电阻;R 为线圈等效电阻。

传感器的电流灵敏度为

$$S_I = \frac{I_o}{v} = \frac{B_0 l W}{R + R_f} \qquad (9-5)$$

传感器的输出电压和电压灵敏度分别为

$$U_o = I_o R_f = \frac{B_0 l W v R_f}{R + R_f} \qquad (9-6)$$

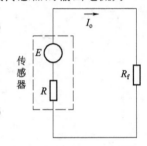

图 9-3 磁电式传感器
测量电路

$$S_U = \frac{U_o}{v} = \frac{B_0 l W R_f}{R + R_f} \qquad (9-7)$$

当传感器的工作温度发生变化或受到外界磁场干扰、受到机械振动或冲击时,其灵敏度将发生变化,从而产生测量误差,其相对误差为

$$\gamma = \frac{dS_I}{S_I} = \frac{dB}{B} + \frac{dl}{l} - \frac{dR}{R} \qquad (9-8)$$

9.2.1 非线性误差

如图 9-4 所示,当传感器线圈内有电流 I 流过时,将产生一定的交变磁通 Φ_I,此交变磁通叠加在永久磁铁所产生的工作磁通上,使恒定的气隙磁通变化。当传感器线圈相对于永久磁铁磁场的运动速度增大时,将产生较大的感应电势 e 和较大的电流 I,由此而产生的附加磁场方向与原工作磁场方向相反,减弱了工作磁场的作用,从而使得传感器的灵敏度随着被测速度的增大而降低。当线圈的运动速度与图 9-4 所示方向相反时,感应电势 e、线圈感应电流反向,所产生的附加磁场方向与工作磁场同向,从而增大了传感器的灵敏度。线圈运动速度方向不同时,传感器的灵敏度具有不同的数值,使传感器输出基波能量降低,谐波能量增加,即这种非线性特性同时伴随着传感器输出的谐波失真。传感器灵敏度越高,线圈中电流越大,非线性越严重。

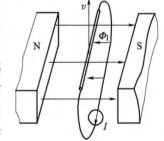

图 9-4 传感器电流的
磁场效应

9.2.2 温度误差

当温度变化时,式(9-8)中等号右边三项都不为零,对铜线而言每摄氏度变化量为 $\dfrac{dl}{l} =$

0.167×10^{-4}，$\dfrac{\mathrm{d}R}{R} = 0.43 \times 10^{-2}$，$\dfrac{\mathrm{d}B}{B}$ 每摄氏度的变化量决定于永久磁铁的磁性材料。对铝镍钴永

久磁合金，$\dfrac{\mathrm{d}R}{R} = 0.02 \times 10^{-2}$，得近似值为 $\gamma_{t} \approx \dfrac{-4.5\%}{10\ ℃}$。这一数值是很可观的，所以必须进行温度

补偿。补偿通常采用热磁分流器，热磁分流器由具有很大负温度系数的特殊磁性材料做成。它在正常工作温度下已将空气隙磁通分路掉一小部分。当温度升高时，热磁分流器的磁导率显著下降，经它分流掉的磁通占总磁通的比例比正常工作温度下显著降低，从而保持空气隙的工作磁通不随温度变化，维持传感器灵敏度为常数。

9.3 霍尔式传感器

霍尔式传感器是基于霍尔效应原理将被测量,如电流、磁场、位移、压力、压差、转速等转换成电信号输出的一种传感器。它具有结构简单、体积小、灵敏度高、频率响应宽(从直流到微波)、动态范围大、无触点、使用寿命长、可靠性高、易于微型化和集成电路化等优点;缺点是转换率较低、受温度影响大、要求转换精度较高时必须进行温度补偿。

9.3.1 霍尔效应

置于磁场中的静止载流导体，当它的电流方向与磁场方向不一致时，载流导体上平行于电流和磁场方向上的两个面之间产生电动势，这种现象称为霍尔效应，该电势称为霍尔电势。在垂直于外磁场 B 的方向上放置一块导电板，导电板通以电流 I，方向如图 9-5 所示。

导电板中的电流使金属中自由电子在电场作用下做定向运动。此时，每个电子受洛伦兹力 f_1 的作用，f_1 的大小为

$$f_1 = eBv \tag{9-9}$$

式中：e 为电子电荷；v 为电子运动平均速度；B 为磁场的磁感应强度

f_1 的方向在图 9-5 中是向内的，此时电子除了沿电流反方向做定向运动外，还在 f_1 的作用下漂移，结果使金属导电板内侧面积累电子，而外侧面积累正电荷，从而形成了附加内电场 E_H，该电场称霍尔电场，其电场强度为

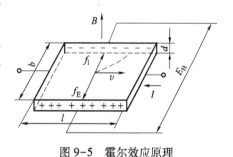

图 9-5 霍尔效应原理

$$E_H = \frac{U_H}{b} \tag{9-10}$$

式中：U_H 为电位差。

霍尔电场的出现，使定向运动的电子除了受洛伦兹力作用外，还受到霍尔电场力的作用，其力的大小为 eE_H，此力阻止电荷继续积累。随着内、外侧面积累电荷的增加，霍尔电场增大，电子受到的霍尔电场力也增大，当电子所受洛伦磁力与霍尔电场作用力大小相等、方向相反时，达到平衡状态。

若金属导电板单位体积内电子数为 n，电子定向运动平均速度为 v，则激励电流 $I = nevbd$，电场强度 $E_H = \dfrac{IB}{nebd}$，电位差 $U_H = \dfrac{IB}{neb}$，令 $R_H = \dfrac{1}{ne}$，称为霍尔系数（其大小取决于导体载流子密度），则

$$U_H = \frac{R_H IB}{d} = K_H IB \tag{9-11}$$

式中：$K_H = \dfrac{R_H}{d}$ 为霍尔片的灵敏系数。

由式(9-11)可见，霍尔电势正比于激励电流及磁感应强度，其灵敏系数与霍尔系数 R_H 成正比而与霍尔片厚度 d 成反比。因此为了提高灵敏度，霍尔元件常制成薄片形状。若要霍尔效应强，则希望有较大的霍尔系数 R_H，因此要求霍尔片材料有较大的电阻率和载流子迁移率。一般金属材料载流子迁移率很高，但电阻率很小；绝缘材料电阻率极高，但载流子迁移率极低，故只有半导体材料才适于制造霍尔片。

9.3.2　霍尔元件基本结构

霍尔元件由霍尔片、四根引线和壳体组成，如图 9-6(a)所示。霍尔片是一块矩形半导体单晶薄片，引出四根引线：1、1′两根引线加激励电压或电流，称为激励电极（控制电极）；2、2′引线为霍尔输出引线，称为霍尔电极。霍尔元件的壳体是用非导磁金属、陶瓷或环氧树脂封装的。在电路中，霍尔元件一般可用两种符号表示，如图 9-6(b)所示。

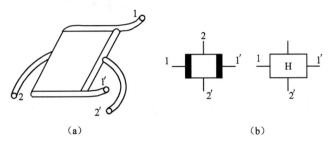

（a）　　　　　　　　　　　　　　　（b）

图 9-6　霍尔元件结构
(a)外形结构；(b)图形符号

9.3.3　霍尔元件基本特性

1. 额定激励电流和最大允许激励电流

当霍尔元件自身温升 10 ℃时所流过的激励电流称为额定激励电流，以元件允许最大温升为限制所对应的激励电流称为最大允许激励电流。因霍尔电势随激励电流增加而线性增加，所以使用中希望选用尽可能大的激励电流。改善霍尔元件的散热条件，可以使激励电流增加。

2. 输入电阻和输出电阻

激励电极间的电阻值称为输入电阻，霍尔电极输出电势对电路外部来说相当于一个电压源，其电源内阻即为输出电阻。

3. 不等位电势和不等位电阻

当霍尔元件的激励电流为 I 时,若元件所处位置磁感应强度为零,则它的霍尔电势应该为零,但实际不为零,这时测得的空载霍尔电势称为不等位电势。产生这一现象的原因:① 霍尔电极安装位置不对称或不在同一等位面上;② 半导体材料不均匀造成了电阻率不均匀或是几何尺寸不均匀;③ 激励电极接触不良造成激励电流不均匀分布等。

4. 寄生直流电势

在外加磁场为零、霍尔元件体用交流激励时,霍尔电极输出除了交流不等位电势外,还有直流电势,称为寄生直流电势。产生这一现象的原因:① 激励电极与霍尔电极接触不良,形成非欧姆接触,造成整流效果;② 两个霍尔电极大小不对称,则两个电极点的热容不同,散热状态不同而形成极间温差电势。寄生直流电势一般在 1 mV 以下,它是影响霍尔片温漂的原因之一。

5. 霍尔电势温度系数

在一定磁感应强度和激励电流下,温度每变化 1 ℃,霍尔电势变化的百分率称为霍尔电势温度系数。

9.3.4 霍尔元件不等位电势补偿

不等位电势与霍尔电势具有相同的数量级,有时甚至超过霍尔电势,要消除不等位电势是极其困难的,因而必须采用补偿的方法。

不等位电势 U_0 主要是由于制造工艺不可能保证两个霍尔电极绝对对称地焊在霍尔片的两侧,致使两电极点不能完全位于同一等位面上。此外,霍尔片电阻率不均匀或霍尔片厚薄不均匀或控制电流极接触不良将使等位面歪斜,致使两个霍尔电极不在同一等位面上而产生不等位电势,如图 9-7(a)所示。除了工艺上采取措施降低 U_0 外,还需要采用补偿电路加以补偿。一个霍尔元件有两对电极,各相邻电极之间的电阻若为 r_1、r_2、r_3、r_4,那么可以把霍尔元件等效为一个四臂电阻电桥,如图 9-7(b)所示。

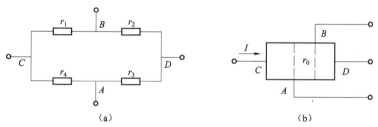

(a) (b)

图 9-7 不等位电势及霍尔元件的等效电路

(a)不等位电势;(b)霍尔元件等效电路

当霍尔电极 A 和 B 处于同一电位面时,$r_1 = r_2 = r_3 = r_4$,则电桥平衡,不等位电势 $U_0 = 0$;反之,则存在不等位电势,U_0 为电桥初始不平衡输出电压。因此,能够使电桥达到平衡的措施均可以用于补偿不等位电势。由于霍尔元件的不等位电势同时也是温度的函数,所以同时要考虑温度补偿问题。图 9-8(a)所示为不对称电路,补偿电阻 R 与等效桥臂的电阻温度系数一般都不同,因此工作温度变化后原补偿关系即遭破坏,但其电路简单,调整方便,能量损失小。图 9-8(b)所示为对称补偿电路,温度变化时补偿稳定性好,但会使霍尔元件的输入电阻减小,输入功率增大,霍尔元件输出电压降低。

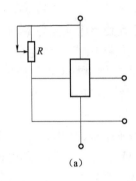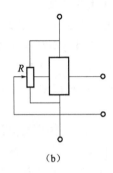

(a)　　　　　　　　　　(b)

图 9-8　电势补偿电路

(a)不对称电路;(b)对称电路

9.3.5　霍尔元件温度补偿

霍尔元件是采用半导体材料制成的,因此它们的许多参数都具有较大的温度系数。当温度变化时,霍尔元件的载流子浓度、迁移率、电阻率及霍尔系数都将发生变化,从而使霍尔元件产生温度误差。为了减小霍尔元件的温度误差,除选用温度系数小的元件或采用恒温措施外,采用恒流源供电是个有效措施,适用于减小由于输入电阻随温度变化所引起的激励电流 I 的变化的影响。

霍尔元件的灵敏系数 K_H 也是温度的函数,它随温度变化将引起霍尔电势的变化。霍尔元件的灵敏系数与温度的关系为

$$K_H = K_{H0}(I + \alpha \Delta T) \tag{9-12}$$

式中:K_{H0} 为温度 T_0 时的 K_H 值;$\Delta T = T - T_0$ 为温度变化量;α 为霍尔元件的温度系数。

大多数霍尔元件的温度系数 α 是正值,它们的霍尔电势随温度升高而增加 $\alpha \Delta T$ 倍。但是,如果同时让激励电流 I_s 相应地减小,并能保持 $K_H \cdot I_s$ 乘积不变,也就抵消了灵敏系数 K_H 增加的影响。图 9-9 所示为按此思路设计的一个恒流温度补偿电路,当霍尔元件的输入电阻随温度升高而增加时,旁路分流电阻 R_p 自动地增大分流,从而减小了霍尔元件的激励电流 I_H,达到了补偿的目的。

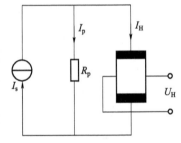

图 9-9　恒流温度补偿电路

9.3.6　霍尔传感器的应用

1. 在测量与检测旋转参数方面的应用

图 9-10 所示为以霍尔元件为核心的磁编码器的典型电路。图中霍尔元件 H 的 c、d 端就是霍尔电压的输出端。随着磁鼓上永磁体极性(N 极、S 极)的变化,c、d 端上输出电压的极性也发生变化,在输出端便输出脉冲信号。根据磁鼓上永磁体数量的多少,输出端便可得到磁鼓每旋转一周的脉冲数,从而进行旋转有关参数的测控。

2. 在电流测量传感器方面的应用

如前所述,霍尔电压 U_H 与磁感应强度 B 成正比关系。根据磁电规律知道,当导线中有

电流通过时,在导线周围必然产生感应磁场,而且磁场强度与导线中电流成正比。这种电流传感器的优点是与被测电路属于非接触测量,有优良的电气隔离性。它的结构简单,工艺性好,体积小,可以在不均匀磁场中工作,频率范围和温度范围较宽,灵敏度高而且便于处理。因此,主要应用在强电流技术领域,如电力工业、电气化铁路、电路炼钢及强电自动控制设备中。

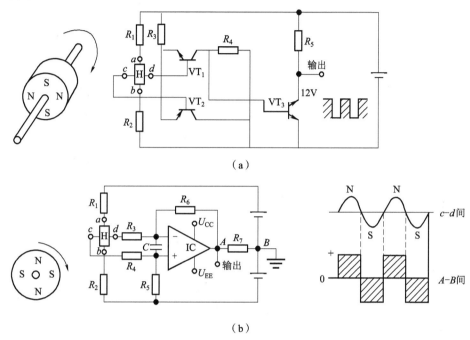

（a）

（b）

图9-10 霍尔元件磁编码器电路

（a）晶体管式霍尔元件磁编码器电路；（b）集成电路式霍尔元件磁编码器电路

电流传感器的工作原理如图9-11所示。导线中流过电流 I 时,在导线周围产生磁场,这个磁场可用软磁性材料(如纯铁、坡莫合金)制造的磁路收集,然后用霍尔元件检测出磁场的大小,再通过信号处理、定标等便可求出被测电流的大小。

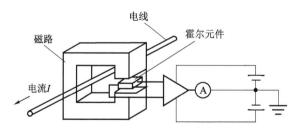

图9-11 电流传感器原理

目前,霍尔元件电流传感器测量的电流范围为0～35 000 A,被测量电流频率范围从直流到150 kHz,工作温度范围为-10 ℃～70 ℃。

3. 在直流无刷电动机中的应用

薄型直流无刷电动机是一种没有电刷机械接触的换向器。由于这种新型电动机没有换向火花、没有无线电干扰、寿命长、运行可靠、维护简便,因而在录像机、医疗仪器、记录仪及计算机中得到广泛应用。

直流无刷电动机的电路原理如图9-12所示,其结构如图9-13所示。它的转子是用径向磁化的磁钢制成,两只霍尔元件相互成90°角安装在定子上,霍尔元件的输出端口 a、b、c、d 分别接在四个绕组线圈的供给电流的功率开关晶体管上,当电动机旋转时霍尔元件起到换向器的作用。

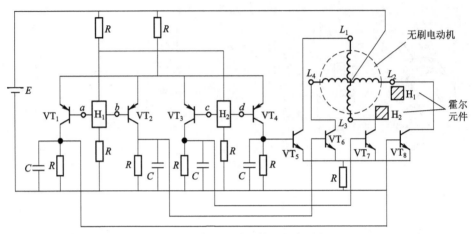

图9-12　直流无刷电动机电路原理

当转子磁铁 N 极对准霍尔元件 H_1 时,a 端有霍尔电压输出,经功率晶体管 VT_8 给线圈 L_2 供电。它的电流产生的磁场与转子磁场相互作用,使转子沿顺时针方向又转90°。这时转子磁场对准霍尔元件 H_2。它在 c 端有霍尔电压输出,经功率晶体管 VT_7 给线圈 L_3 供电。它的电流产生的磁场与转子磁场相互作用,使转子沿顺时针方向又转90°。这时转子磁铁 S 极对准霍尔元件 H_1(与上次极性相反),则霍尔元件 b 端有霍尔电压输出,功率晶体管 VT_6 给线圈 L_4 供电。它的磁场与转子相互作用,使转子旋转90°,则磁铁 S 极对准霍尔元件 H_2。这时霍尔元件 H_2 的 d 端有霍尔电压输出,经过功率晶体管 VT_5 向线圈 L_1 供电。它产生的磁场与转子磁场相互作用,使转子又顺时针旋转90°。而返回到原来的 N 极对准霍尔元件 H_1 的状态。以后又重复上述动作,定子线圈依次被供电,依次产生超前转子的跳跃式旋转磁场,电机便实现电子无刷换向并连续地旋转起来。

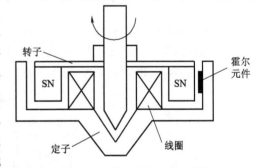

图9-13　直流无刷电动机结构

9.4　磁敏传感器

磁敏传感器是伴随着测磁仪器的进步而逐渐发展起来的,具有体积小、灵敏度高、非接触测量等特点,广泛应用于自动控制、信息传递、电磁测量、生物医学等各个领域。磁敏传感器是由磁敏电阻和磁敏二极管、三极管和磁敏 MOS 器件等磁电转换元件构成的传感器。限于篇幅,下面只介绍磁敏电阻器和磁敏二极管。

9.4.1　磁敏电阻器

1. 磁电阻效应

当一载流导体置于磁场中时,除了产生霍尔效应外,其电阻值会随磁场而变化,这种现象称为磁阻效应。磁阻效应与材料性质、几何形状有关。利用磁阻效应制成的磁敏元件称为磁敏电阻。

当温度恒定时,磁阻效应与磁场强度、电子迁移率和几何形状之间的关系为

$$\frac{\Delta\rho}{\rho_0} = K\mu^2 B\left[1 - f\left(\frac{L}{b}\right)\right] \tag{9-13}$$

式中:ρ_0 为零磁场时的电阻率;$\Delta\rho$ 为磁感应强度为 B 时电阻率的变化量;K 为比例因子;μ 为电子迁移率;B 为磁感应强度;L, b 为磁敏电阻的长(沿电流方向的尺寸)和宽;$f\left(\frac{L}{b}\right)$ 为形状效应系数。

由式(9-13)可知,磁场一定时,迁移率越高,其磁阻效应越明显,因此,磁敏电阻常选用 InSb、InAs 和 NiSb 等半导体材料;若考虑形状的影响,其长宽比越小,则磁阻效应也越明显。

2. 磁敏电阻的结构

磁敏电阻外形呈扁平状,非常薄,它是在 $0.1 \sim 0.5$ mm 的绝缘基片上蒸镀上 $20 \sim 25$ μm 的一层半导体材料制成的,也可在半导体薄片上光刻或腐蚀成型。实用的磁敏电阻制成栅格式,它由基片、电阻条和引线三个主要部分组成。基片又称为衬底,基片材料常选用陶瓷、微晶玻璃或铁氧体材料等。制造工艺中对基片材料的厚度均匀性有严格要求,其误差约 1 μm。另外,为提高磁敏电阻的灵敏度,在衬底反面要粘贴能收集磁力线的纯铁集束片。常用半导体材料 InSb 和 InAs 来制作磁敏电阻,在磁场强度不大的情况下,选用 InSb 多晶薄膜材料,也可满足要求。为了增加有效电阻,将半导体电阻层制成电阻栅格,端子用导线引出后,再用绝缘材料覆盖密封。根据几何磁阻效应原理制造的 InSb 磁敏电阻的基本结构和电阻值与磁场的特性曲线如图 9-14 所示。

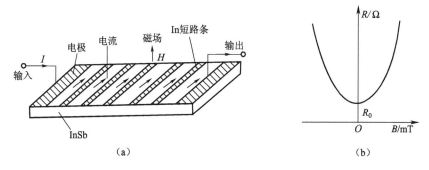

图 9-14　InSb 磁敏电阻的基本结构与磁场特性

(a)基本结构;(b)电阻与磁场特性曲线

常用的磁敏电阻有单晶型、薄膜型和共晶型三种。单晶型是将厚度为 $10 \sim 30$ μm 的 InSb 单晶片粘贴在基片上,用光刻或腐蚀方法得到几何图形,再沉积金属短路条,用合金化方法制作接触电极、焊接引线等工艺制成。为提高磁敏电阻的灵敏度,在 InSb 溶解时渗入 Ni,使之析

出具有方向性的针状 NiSb,在与电流方向成直角的方向上起到金属短路条的作用,从而得到电阻变化大的 InSb-NiSb 共晶材料磁阻元件;薄膜型是用真空蒸发或阴极溅射技术制作多晶 InSb 薄膜。

9.4.2 磁敏二极管

磁敏二极管是电特性随外部磁场的改变而显著变化的器件,实际上它是一种电阻随磁场的大小和方向均改变的结型二端器件,是利用磁阻效应进行磁电转换的。

1. 磁敏二极管的结构

磁敏二极管属于长基区二极管,是 P^+-I-N^+ 型,其结构如图 9-15 所示。其中 I 区为本征(不掺杂)的或接近本征的半导体,其长度为 L,它比载流子扩散长度大数倍,两端分别为重掺杂的 P^+、N^+ 区;如果近本征半导体是弱 N 型的话,则记为 P^+-v-N^+ 型;若是弱 P 型,则为 $P^+-\pi-N^+$ 型。

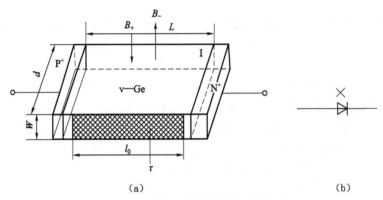

图 9-15 磁敏二极管结构及电路符号

(a)结构;(b)符号

在 v 或 π 区的一侧用扩散掺杂或喷砂的方法制成的高复合区称 r 区,与 r 区相对的另一侧面保持光滑,为底(或无)复合面。

2. 磁敏二极管的工作原理

磁敏二极管的工作原理如图 9-16 所示。当磁敏二极管未受到外界磁场作用时,外加正偏压,则有大量的空穴从 P 区通过 I 区进入 N 区,只有少量的电子和空穴在 I 区复合掉,同时也有大量电子注入 P 区,形成电流。

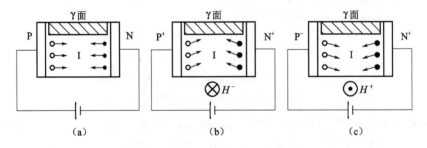

图 9-16 磁敏二极管的工作原理

当磁敏二极管受到外界磁场 H^+（正向磁场）作用时，电子和空穴受到洛伦兹力的作用而向 r 区偏转，由于 r 区的电子和空穴复合速度比光滑面 I 区快，因此，形成的电流因复合速度而减小。

当磁敏二极管受到外界磁场 H^-（负向磁场）作用时，则电子和空穴受到洛伦兹力的作用而向 I 区偏转，由于电子和空穴复合率明显变小，因此，形成的电流变大。

利用磁敏二极管在磁场强度的变化下其电流发生改变，可实现磁电转换。

3. 磁敏二极管的主要特性

（1）伏安特性。磁敏二极管所加正向偏压与二极管流过电流的关系称为伏安特性，不同磁场作用下，其伏安特性不同，如图 9-17 所示。图中 $B=0$ 表示不加磁场时的情况，B 取"+"或"-"表示磁场的方向不同。当输出电压一定、磁场为正时，随着磁场强度增加，电流减小，表示磁阻增加；磁场为负时，随着磁场强度向负方向增加，电流增加，表示磁阻减小。同一个磁场下，电流越大，输出电压变化量也越大。

（2）磁电特性。磁敏二极管输出电压的变比与外加磁场的关系称为磁电特性。磁敏二极管随外加磁场方向的变化可以产生正负输出电压的变化，在正磁场作用下电压升高，在负磁场作用下电压降低，它与电路的连接形式有关。

（3）温度特性。温度特性是指在标准测试条件下，输出电压变化量 ΔU 随温度变化的规律，如图 9-18 所示。磁敏二极管随着温度的变化，输出电压发生变化，灵敏度也随之变化。反映温度特性的好坏，可用 $U_。$ 和 ΔU 温度系数来表示。

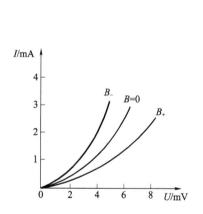

图 9-17 磁敏二极管的伏安特性

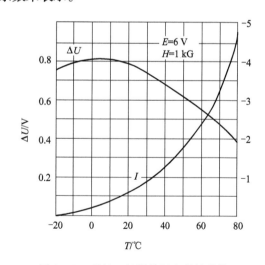

图 9-18 磁敏二极管的温度特性曲线

（4）频率特性。磁敏二极管的频率特性取决于注入载流子在本征区域内被复合和保持动态平衡的弛豫时间，因而频率特性与磁敏元件的尺寸大小有关。锗磁敏二极管 50 kHz 时的灵敏度将下降 3 dB。硅磁敏二极管的尺寸小，载流子复合时间短，因此频率特性比锗管好，上限频率可达 100 kHz。

4. 磁敏二极管的应用

磁敏二极管漏磁探伤仪是利用磁敏二极管可以检测弱磁场变化的特性而设计的，漏磁探伤仪由激励线圈、铁芯、放大器、磁敏二极管探头等部分构成。将待测物体（如钢棒 1）置于铁芯之下，并使之不断转动，在铁芯线圈激磁后，钢棒被磁化。若待测钢棒无损伤部分在铁芯之下时，铁芯和钢棒被磁化部分构成闭合磁路，激励线圈感应的磁通为 Φ，此时无泄漏磁通，磁敏二极管探头没有信号输出。若钢棒上的裂纹旋至铁芯下，裂纹处的泄漏磁通作用于探头，探头将泄漏磁场通量转换成电压信号，经放大器放大输出，根据指示仪表的示值可以得知待测棒中的缺陷。漏磁探伤仪的工作原理如图 9-19 所示。

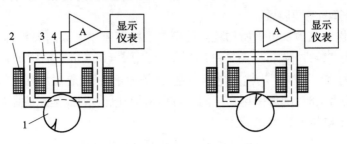

图 9-19　漏磁探伤仪的工作原理

1—待测物；2—激励线圈；3—铁芯；4—放大器；5—磁敏二极管探头

习　　题

9-1　磁电式传感器的误差及其补偿方法是什么？

9-2　简述霍尔效应及霍尔传感器的应用场合？

9-3　霍尔元件能够测量哪些物理参数？霍尔元件的不等位电势的概念是什么，温度补偿的方法有哪几种？

第 10 章

辐射式传感器

随着波动理论和量子物理的深入发展和工程应用,20 世纪中期以来,相继出现了一类利用各种波动特性(为不同频率的声波或不同波长的电磁波等)实现对被测量进行感测的传感技术。这类传感技术都是将被测量经过某种声波或电磁波的中介作用和一系列转换,最后变为电量输出来反映被测量的。从功能上讲,这与通常的传感器是相同的;但从结构上讲,它们又不像通常的传感器那样,是单个元件,而是由若干个不同作用的元件集合而成。而且,这类传感技术应用具有显著的特点:都是非接触测量。因此,在工农业生产、环境保护、国防、生物医学以及海洋和空间探测等领域得到越来越多的应用,尤其在环境恶劣、高温、高压、高速度和远距离测量与控制场合,更有其优越性。

10.1 红外辐射传感器

10.1.1 红外辐射的基本原理

红外技术发展到现在,已经为大家所熟知,这种技术已经在现代科技、国防和工农业生产等领域获得了广泛的应用。红外辐射传感系统是以红外线为介质的测量系统,按照功能可以分成五类。

(1)辐射计,用于辐射和光谱测量。

(2)搜索和跟踪系统,用于搜索和跟踪红外目标,确定其空间位置并对它的运动进行跟踪。

(3)热成像系统,可产生整个目标红外辐射的分布图像。

(4)红外测距和通信系统。

(5)混合系统,是指以上各类系统中的两个或者多个的组合。

红外辐射传感器的工作原理并不复杂,一个典型的红外辐射传感器系统由以下部分组成。

(1)待测目标。根据待测目标的红外辐射特性可进行红外系统的设定。

(2)大气衰减。待测目标的红外辐射通过地球大气层时,由于气体分子和各种气体以及各种溶胶粒的散射和吸收,将使红外源发出的红外辐射发生衰减。

(3)光学接收器。它接收目标的部分红外辐射并传输给红外辐射传感器,相当于雷达天线,常用的是物镜。

(4)辐射调制器。对来自待测目标的辐射调制成交变的辐射光,提供目标方位信息,并可滤除大面积的干扰信号,又称为调制盘和斩波器,它具有多种结构。

(5)红外探测器。红外探测器是红外系统的核心,它是利用红外辐射与物质相互作用所呈现出来的物理效应探测红外辐射的传感器,多数情况下是利用这种相互作用所呈现出来的电学效应。此类探测器可分为光子探测器和热敏探测器两大类型。

(6)探测器制冷器。由于某些探测器必须在低温下工作,所以相应的系统必须有制冷设备。经过制冷,设备可以缩短响应时间,提高探测灵敏度。

(7)信号处理系统。将探测的信号进行放大、滤波,并从这些信号中提取出信息。然后将此类信息转化成为所需要的格式,最后输送到控制设备或者显示器中。

(8)显示设备。显示设备是红外设备的终端设备,常用的显示器有示波器、显像管、红外感光材料、指示仪器和记录仪等。按照上面的流程,红外系统就可以完成相应的物理量的测量。

10.1.2 红外辐射的物理基础

红外辐射又称红外线(光),是指太阳光中波长比红外线长的那部分不可见光。任何物体,当其温度高于热力学零度(-273.15 ℃)时,都会向外辐射电磁波。物体的温度越高,辐射的能量越多。现实生活中的各种电磁波波谱很宽,可从几微米到几千米,包括 γ 射线、X 射线、紫外线、可见光、红外线直至无线电波,如图 10-1 所示。红外辐射是其中一部分,红外线的波长为 0.76~1 000 μm,相对应的频率为 $4 \times 10^4 \sim 3 \times 10^{11}$ Hz。

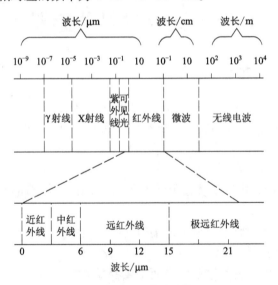

图 10-1 电磁波波谱

通常根据红外线中不同的波长范围又分为近红外线(0.76~2.5 μm)、中红外线(2.5~25 μm)和远红外线(25~1 000 μm)三个区域,红外线和所有电磁波一样,具有反射、折射、干涉、吸收等性质,它在真空(或空气)中的传播速度为 3×10^8 m/s。红外辐射在介质中传播时,会产生衰减,主要影响因素是介质的吸收和散射作用。

1. 基尔霍夫定律

物体向周围发射红外辐射能时,同时还吸收周围物体发射的红外辐射能,即

$$E_R = \alpha E_0 \tag{10-1}$$

2. 维恩位移定律

红外辐射的电磁波中包含着各种波长,其峰值辐射波长 λ_m 与物体自身的热力学温度 T 成反比,即

$$\lambda_m = 2\ 897\ /T \tag{10-2}$$

随着温度的升高,辐射最大值对应的峰值辐射波长向短波方向移动。

3. 斯忒藩—玻耳兹曼定律

物体的温度与辐射功率的关系由斯忒藩—玻耳兹曼定律给出,即物体的辐射强度 M 与其热力学温度的 4 次方成正比,即

$$M = \varepsilon \sigma T^4 \tag{10-3}$$

式中:M 为单位面积的辐射功率($W \cdot m^{-2}$);σ 为斯忒藩—玻耳兹曼常数,$\sigma = 5.67 \times 10^{-8}\ W \cdot m^{-2} \cdot K^{-4}$;$T$ 为热力学温度(K);ε 为比辐射率(非黑体辐射度/黑体辐射度),常用材料的比辐射率见表 10-1。

表 10-1 常用材料的比辐射率

材料名称	温度/℃	比辐射率 ε	材料名称	温度/℃	比辐射率 ε
抛光的铝板	100	0.05	石墨(表面粗糙)	20	0.98
阳极氧化的铝板	100	0.55	腊克(白的)	100	0.92
抛光的铜	100	0.05	腊克(无光泽黑的)	100	0.97
严重氧化的铜	20	0.78	油漆(16 色平均)	100	0.94
抛光的铁	40	0.21	沙	20	0.90
氧化的铁	100	0.69	干燥的土壤	20	0.92
抛光的钢	100	0.07	水分饱和的土壤	20	0.95
氧化的钢	200	0.79	蒸馏水	20	0.96
砖(一般红砖)	20	0.93	光滑的冰	-10	0.96
水泥面	20	0.92	雪	-10	0.85
玻璃(抛光板)	20	0.94	人的皮肤	30	0.98

研究物体热辐射的一个主要模型是黑体,黑体即为在任何温度下能够全部吸收任何波长的辐射的物体。处于热平衡下的理想黑体在热力学温度 T(K)时,均匀向四面八方辐射,在单位波长内,沿半球方向上,单位面积所辐射出的功率称为黑体辐射通量密度,记为 M_λ,其表达式为

$$M_\lambda = \frac{C_1}{\lambda^5 (e^{\frac{c_2}{\lambda T}} - 1)} \tag{10-4}$$

式中:M_λ 为波长为 λ 的黑体辐射通量密度($Wm^{-2} \cdot \mu m$);C_1 为第一辐射常量,$C_1 = 3.741\ 5 \times 10^{-16}\ W \cdot m^2$;$C_2$ 为第二辐射常量,$C_2 = 1.438\ 8 \times 10^{-2}\ m \cdot K$;$T$ 为热力学温度(K);λ 为波长(μm)。

普朗克定律揭示了不同温度下黑体辐射通量密度按波长分布的规律,如图 10-2 所示。

由图 10-2 可见,辐射的峰值点随物体的温度降低而转向波长较长的一边,温度在 2 000 K 以下的光谱曲线峰值点所对应的波长是红外线。就是说,低温或常温状态下的物体都会产生红外辐射。此性质使红外测试技术在工业、农业、军事、宇航等各领域,获得了广泛的应用。在运用红外技术时要考虑到大气对红外辐射的影响,物体的红外辐射都要在大气中进行。不同波长的红外辐射对大气有着不同的穿透程度,这是因为大气中的一些水分子如水蒸气、二氧化碳、臭氧、甲烷、一氧化碳和水均对红外辐射存在不同程度的吸收作用。在整个红外波段上,某些波长的辐射对大气有较好的透射作用。实验表明,$1 \sim 2.5~\mu m$、$3 \sim 5~\mu m$ 的红外辐射对大气有较好的透射效果。斯忒藩—玻耳兹曼定律是红外检测技术应用的理论基础。

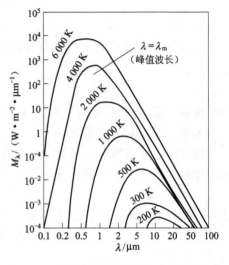

图 10-2　黑体辐射通量密度对波长的分布

10.1.3　红外探测器(传感器)

红外探测器是将辐射能转换成电能的一种传感器。按其工作原理可分为热探测器和光子探测器。

1. 热探测器

热探测器是利用红外辐射引起探测元件的温度变化,进而测定所吸收的红外辐射量。通常有热电偶型、气动型、热释电型、热敏电阻型等。

1)热电偶型

将热电偶置于环境温度下,将接点涂上黑层置于辐射中,可根据产生的热电势测量入射辐射功率的大小,这种热电偶多用半导体测量。

为了提高热电偶型探测器的探测率,通常采用热电堆型,如图 10-3 所示。其结构由数对热电偶以串联形式相接,冷端彼此靠近且被分别屏蔽起来,热端分离但相连接构成热电偶,用

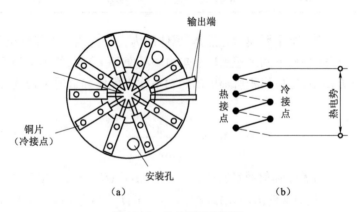

图 10-3　热电堆型探测器

来接收辐射能。热电堆可由银—铋或锰—康铜等金属材料制成块状热电堆;也可用真空镀膜和光刻技术,常用的材料有锑和铋。热电堆型探测器的探测率约为 1×10^9 cm·Hz$^{\frac{1}{2}}$·W^{-1},响应时间从数毫秒到数十毫秒。

2) 气动型

气动型探测器是利用气体吸收红外辐射后温度升高、体积增大的特性反映红外辐射的强弱。其结构原理如图 10-4 所示。红外辐射通过红外透镜 11、红外窗口 2 照射到吸收薄膜 3 上,薄膜 3 将吸收的能量传送到气室 4 内,气体温度升高,气压增大,致使柔性镜 5 膨胀。在气室的另一边,来自光源 8 的可见光通过透镜 12、栅状光阑 6、反射镜 9 透射到光电管 10 上。当柔性镜 5 因气体压力增大而移动时,光栅图像 7 与栅状光阑 6 发生相对位移,使落到光电管 10 上的光量发生变化,光电管 10 的输出信号反映了红外辐射的强弱。气动型探测器的光谱响应波段很宽,从可见光到微波,其探测率约为 1×10^{10} cm·Hz$^{\frac{1}{2}}$·W^{-1},响应时间为 15 ms,一般用于实验室内,作为其他红外器件的标定基准。

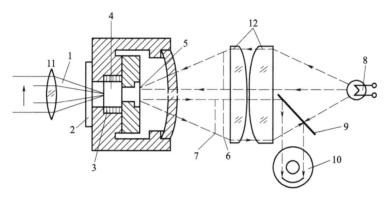

图 10-4　气动型探测器

1—红外辐射;2—红外窗口;3—吸收薄膜;4—气室;5—柔性镜;6—栅状光阑;
7—光栅图像;8—可见光源;9—反射镜;10—光电管;11—红外透镜;12—光学透镜

3) 热释电型

热释电型探测器的工作原理是基于物质的热释电效应。某些晶体(如硫酸三甘钛、铌酸锶钡、钽酸锂(LiTaO$_3$)等)是具有极化现象的铁电体,在适当外电场作用下,这种晶体可以转变为均匀极化单畴。在红外辐射下,由于温度升高,引起极化强度下降,即表面电荷减少,这相当于释放一部分电荷,这种现象称为热释电效应。通常沿某个特定方向,将热释电晶体切割为薄片,再在垂直于极化方向的两端面镀以透明电极,并用负载电阻将电极连接。在红外辐射下,负载电阻两端就有信号输出。输出信号的大小取决于晶体温度的变化,从而反映出红外辐射的强弱。通常对红外辐射进行调制,使恒定的辐射变成交变的辐射,不断引起探测器的温度变化,导致热释电产生,并输出交变信号。热释电型探测器的技术指标如下:

响应波段:1~38 μm

探测率:(3~5)×10^2 cm·Hz$^{\frac{1}{2}}$·W^{-1}

响应时间:10^{-2} s

工作温度:300 K

热释电型探测器一般用于测温仪、光谱仪及红外摄像等。

2. 光子探测器

光子探测器的工作原理是基于半导体材料的光电效应。一般有光电、光电导及光生伏打等探测器,制造光子探测器的材料有硫化铅、锑化铟、碲镉汞等。由于光子探测器是利用入射光子直接与束缚电子相互作用,所以灵敏度高、响应速度快。又因为光子能量与波长有关,所以光子探测器只对具有足够能量的光子有响应,存在着对光谱响应的选择性。光子探测器通常在低温条件下工作,因此需要制冷设备。光子探测器的性能指标如下:

响应波段:$2 \sim 4 \ \mu m$

探测率:$(0.1 \sim 5) \times 10^{10} \ cm \cdot Hz^{\frac{1}{2}} \cdot W^{-1}$

响应时间:$10^{-5} \ s$

工作温度:$70 \sim 300 \ K$

光子探测器一般用于测温仪、航空扫描仪、热像仪等。

10.1.4 红外辐射测试技术的应用

1. 辐射温度计

运用斯忒藩—玻耳兹曼定律可进行辐射温度测量。图 10-5 所示为辐射温度计的工作原理,图中被测物体的辐射线经物镜聚焦在受热板——人造黑体上,该人造黑体通常为涂黑的铂片,吸热后温度升高,该温度便被装在受热板上的热敏电阻或热电偶测到。被测物体通常是$\varepsilon < 1$的灰体,若以黑体辐射作为基准标定,则知道了被测物体的 ε 值后,就可根据 ε 的定义求出被测物体的温度。假设灰体辐射的总能量全部被黑体所吸收,则它们的总能量相等,即

$$\varepsilon \sigma T^4 = \sigma T_0^4 \tag{10-5}$$

式中:ε 为比辐射率(非黑体辐射度/黑体辐射度);T 为被测物体热力学温度(K);T_0 为黑体热力学温度(K);σ 为斯忒藩—玻耳兹曼常数,$\sigma = 5.67 \times 10^{-8} \ W \cdot m^{-2} \cdot K^{-4}$。

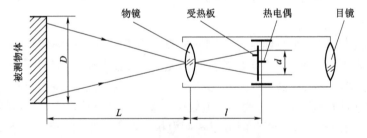

图 10-5 辐射温度计的工作原理

辐射温度计一般用于 800 ℃以上的高温测量,通常所讲的红外测温是指低温及红外光范围的测温。

2. 红外测温仪

图 10-6 所示为红外测温装置原理框图,图中被测物体的热辐射经光学系统聚焦在光栅盘上,经光栅盘调制成一定频率的光能入射到热敏电阻传感器上。热敏电阻连接在电桥的一个桥臂上。该信号经电桥转换为交流电信号输出,经放大后进行显示或记录。光栅盘是两块

扇形的光栅片,一块为定片;另一块为动片。动片受光栅调制电路控制,按一定的频率双向转动,实现开(光通过)、关(光不通过),将入射光调制成具有一定频率的辐射信号作用于光敏传感器上。这种红外测温装置的测温范围为 0 ℃~700 ℃,时间常数为 4~8 ms。

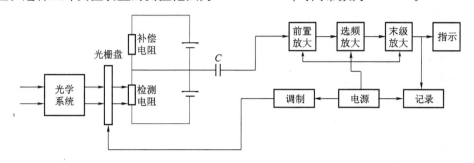

图 10-6　红外测温装置原理框图

3. 红外热像仪

红外热像仪的作用是将人的肉眼看不见的红外热图形转换成可见光进行处理和显示,这种技术称为红外热成像(Infrared Thermal Imaging,ITI)技术。现代的红外热像仪大都配备计算机系统对图像进行分析处理,并可将图像存储或打印输出。

红外热像仪分主动式和被动式两种:主动式红外热成像采用一个红外辐射源照射被测物体,然后接收被测物体反射的红外辐射图像;被动式红外热成像则利用被测物体自身的红外辐射摄取物体的热辐射图像,这种装置即为通常所称的红外热像仪。

红外热像仪的工作原理如图 10-7 所示,热像仪的光学系统将辐射线收集起来,经过滤波处理之后,将景物热图像聚焦在探测器上。光学机械扫描镜包括两个扫描镜组:一个垂直扫描,另一个水平扫描。扫描器位于光学系统和探测器之间。通过扫描器摆动实现对景物进行逐点扫描的目的,从而收集到物体温度的空间分布情况。然后由探测器将光学系统逐点扫描所依次搜集的景物温度空间分布信息,变换为按时间排列的电信号,经过信号处理之后,由显示器显示出可见图像。

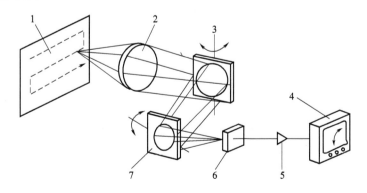

图 10-7　红外热像仪的工作原理

1—探测器在空间的投影;2—光学系统;3—水平扫描器;4—视频显示;5—信号处理;6—探测器;7—垂直扫描器

红外热像仪无须外部红外光源,使用方便,能精确地摄取反映被测物体温差信息的热图像,因而已成为红外技术的一个重要发展方向。

红外热像仪及红外热成像技术在工业上已获得广泛应用,例如,对机器工作中因温升对零部件产生热变形的检测、电子电路的热分布检测、超声速风洞中的温度检测等。热成像技术还广泛用于无损检测的探查。对不同的材料如金属、陶瓷、塑料、多层纤维板等的裂痕、气孔、异质、截面异变等缺陷均可方便地探查。在电力工业中,热像仪可用来检测电力设备,尤其是开关、电缆线等的温升现象,从而可及时发现故障进行报警。在石油、化工、冶金工业生产中,热像仪也用来进行安全监控。由于在这些工业的生产线上,许多设备的温度都要高于环境温度,利用红外热像仪便可正确地获取有关加热炉、反映塔、耐火材料、保温材料等的变化情况。同时也能提供沉积物、堵塞、热漏及管道腐蚀等方面的信息,为维修和安全生产提供条件和保障。

近年来相继出现了电子扫描、二维红外 CCD 阵列图像传感器等组成的新一代红外热像仪,在性能上大大优于光—机扫描式,采用计算机对热图像进行分析处理,提高了热图像质量。目前,新型红外热像仪构成一幅图像需要不到 30 ms,图像处理后的温度分辨率可达 0.02 ℃。

10.2　超声波传感器

超声波传感器是将声信号转换成电信号的声电转换装置,又称为超声波换能器或超声波套头,它是利用超声波产生、传播及接收的物理特性工作的。超声波传感器已经应用于超声清洗、超声加工、超声检测、超声医疗等多个方面。

10.2.1　超声波检测的物理基础

机械振动在弹性介质中的传播称为机械波,也称为声波或弹性波。按照频率的高低,声波可分为次声波($f<20$ Hz)、可闻声波(20 Hz$\leqslant f\leqslant 20$ kHz)、超声波(2 GHz$>f>20$ kHz)和特超声波($f>2$ GHz),如图 10-8 所示。超声波的优点是频率高(最高可达 10^9 Hz),因而波长短,方向性好,能够聚集成射线定向传播。超声波的传播速度与介质密度和弹性特性有关。

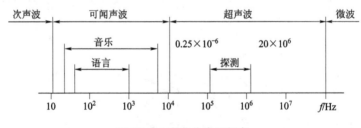

图 10-8　声波分类及频率

超声波在介质中可产生以下三种形式的振荡波:质点振动方向垂直于传播方向的波称为横波;质点振动方向与传播方向一致的波称为纵波;表面波的质点振动方向介于纵波和横波之间,是沿表面传播的波。横波只能在固体中传播,而纵波能在固体、液体和气体中传播。表面波随深度的增加其衰减很快。

当超声波从一种介质入射到另一种介质时,由于在两个介质中的传播速度不同,在介质的分界面上会产生反射、折射和波形转换等现象。

1. 超声波的反射和折射

由物理学可知,超声波的反射和折射遵循反射定律和折射定律。

2. 超声波的衰减

超声波在介质中传播时,随着传播距离的增加,能量逐渐衰减,其衰减程度与超声波的散射、吸收等因素有关。

在表面波情况下,距声源 x 处的声压 p 和声强 I 按指数函数衰减,即

$$p = p_0 e^{-\alpha x} \tag{10-6}$$

$$I = I_0 e^{-2\alpha x} \tag{10-7}$$

式中:p_0、I_0 为距声源 $x=0$ 处的声压和声强;α 为衰减系数(Np/cm)。

不同介质的衰减系数不同,介质对超声波的吸收程度与超声波的频率、介质密度都有很大关系。气体的介质密度很小,超声波在其中传播时衰减很快,尤其频率较高时衰减速度更快。超声波在液体、固体中衰减很小,特别是在不透光的固体中,超声波能穿透几十米的长度,故超声波检测主要用于固体和液体介质。

3. 超声波的波形转换

当超声波以某一个角度入射到第二个介质(固体)界面上时,除了纵波的反射、折射以外,还会发生横波的反射和折射,如图 10-9 所示。在一定条件下还会产生表面波,图 10-9 中,L 为入射波,L_1 为反射纵波,L_2 为折射纵波,S_1 为反射横波,S_2 为折射横波。这几种波形均符合集合光学中的反射定律,即

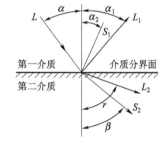

图 10-9　超声波波形转换

$$\frac{c_L}{\sin\alpha} = \frac{c_{L_1}}{\sin\alpha_1} = \frac{c_{S_1}}{\sin\alpha_2} = \frac{c_{L_2}}{\sin\gamma} = \frac{c_{S_2}}{\sin\beta} \tag{10-8}$$

式中:α 为入射角;α_1、α_1 为纵波及横波的反射角;γ、β 为纵波及横波的折射角;c_L、c_{L_1}、c_{L_2} 为入射介质、反射介质和折射介质的纵波速度;c_{S_1}、c_{S_2} 为反射介质和折射介质的横波速度。

如果介质为液体或气体,则仅有纵波。在固体中,纵波、横波和表面波三者的声速有一定关系,通常可认为横波声速约为纵波声速的 $\dfrac{1}{2}$,表面波声速约为横波声速的 90%。

10.2.2　超声波探头

超声波探头按其结构可分为直探头、斜探头、双探头和液浸探头等;按其工作原理又可分为压电式、磁致伸缩式、电磁式等,其中压电式在实际应用中最为广泛。

图 10-10 所示为几种压电式超声波探头(传感器)的结构,其核心部分为压电晶片,阻尼块用于吸收压电晶片背面的超声脉冲能量,防止杂乱反射波产生,提高分辨率。

发射超声波是利用逆压电效应,在压电晶片上施加交变电压,使其产生电致伸缩振动而发射超声波。根据共振原理,当外加交变电压的频率等于晶片的固有频率时就产生共振,此时发射的超声波最强。压电式超声波探头可以产生高达几十千赫到几十兆赫的高频超声波。

超声波的接收是利用正压电效应进行工作,当超声波作用到压电晶片上时相当于施加一个作用力,压电晶片的表面产生交变电荷,此电荷经放大器(电压或电荷放大器)转换成电压信号进行显示。

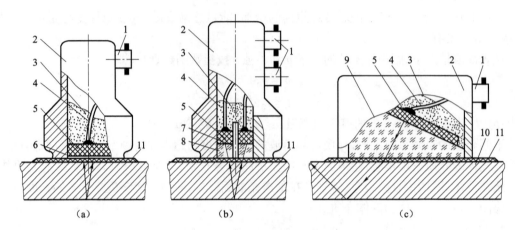

图 10-10　压电式超声波探头结构

（a）单晶直探头；（b）双晶直探头；（c）斜探头

1—接插件；2—外壳；3—阻尼块；4—引线；5—压电晶片；6—保护膜；

7—隔离层；8—延迟块；9—有机玻璃斜楔块；10—试件；11—耦合剂

单晶直探头中超声波发射和接收均是利用同一块压电晶片，但处于分时工作状态（由电路控制）；双晶直探头的两个晶片分别用于发射和接收超声波检测精度，比单晶直探头高，控制电路也比较简单；斜探头用于横波检测。

在超声检测时，若探头与被测物体之间有空气间隙，则超声波在空气界面上全部反射，而不能进入被测物体。因此必须使用耦合剂使超声波能顺利地入射到被测物体中，耦合剂的厚度应尽量薄一些，以减小耦合损耗。

磁致式超声波传感器的结构如图 10-11 所示，主要由铁磁材料和线圈组成。超声波传感器的发射原理：把铁磁材料置于交变磁场中，使它产生机械尺寸的交替变化即机械振动，从而产生出超声波，如图 10-11（a）所示。超声波传感器的接收原理：当超声波作用在磁致伸缩材料上时，引起材料伸缩，从而导致它的内部磁场（导磁特性）发生改变。根据电磁感应，磁致伸缩材料上的线圈里便获得感应电势。此电势送到测量电路，最后记录或显示出来，如图 10-11（b）所示。

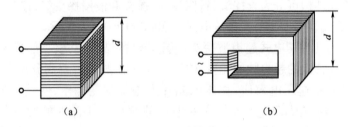

图 10-11　磁致式超声波传感器的结构

10.2.3　超声波传感器的应用

超声波传感器的应用十分广泛，例如，超声波探伤、测厚、测距、物位检测、流量检测、检漏以及医学诊断(超声波 CT)等。

1. 超声波探伤

超声波探伤是利用超声波在物理介质(如被检测材料或结构)中传播时,通过被检测材料或结构内部存在的缺陷处,超声波就会产生折射、反射、散射或剧烈衰减等,通过分析这些特性,就可以建立缺陷与超声波的强度、相位、频率、传播时间、衰减特性等之间的关系,因此通常需要根据被检测对象选择相应的超声波检测方法。

超声波探伤是目前金属、复合材料和焊接结构中应用的最为重要、最为广泛的无损检测方法,可检测出复合材料结构中的分层、托粘、气孔、裂缝、冲击损伤和焊接结构中的未焊透、夹杂、裂纹、气孔等缺陷定性定量准确。

2. 超声波测厚

超声波传感器(或称超声波探头)测厚的工作原理如图 10-12 所示,主控制器控制发射电路,按一定频率发射出脉冲信号。此信号经过放大后,一方面加于示波器上;另一方面激励探头发出超声波,至试件底面反射回来。再由同一个探头接收,接收到的超声波信号经放大后与标记发生器发出的定时脉冲信号同时输入示波器,在示波器荧光屏上可以直接观察到发射脉冲和接收脉冲信号。根据横坐标轴上的标记信号,可以测量出从发射到接收的时间间隔 t,则试件厚度为

$$h = \frac{ct}{2} \tag{10-9}$$

式中:c 为超声波的传播速度。

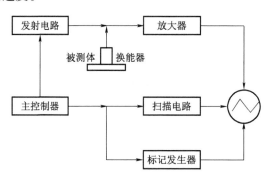

图 10-12　超声波传感器测厚的工作原理

3. 超声波测距

超声波测距的工作原理如图 10-13 所示,主要包括超声波发射、超声波接收、振荡器、接收器、定时电路、控制电路等部分。首先由发射器向被测物体发射超声脉冲,超声波发射器发射超声波以后,发射器关闭,同时打开超声波接收器检测回声信号。定时电路用于测量在空气中超声波的传播时间,它从发射超声波时开始计时,直到接收器检测到超声波为止,超声波传播时间的 $\frac{1}{2}$ 与声波在介质中的传播速度的乘积就是被测物体与传感器之间的距离。图 10-14 所示为采用集成电路制成的数字式超声波测距仪,超声波模块 RS-2410 内有发送与接收电路,以及相应的定时控制电路等,KD-300 为数字显示电路。这种超声波测距仪体积和质量小,可以测量的最大距离为 600 cm,最小距离为 2 cm。

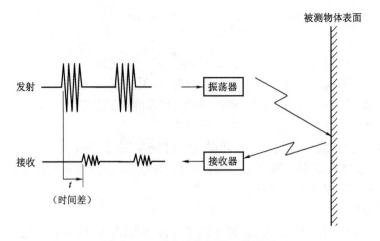

图 10-13　超声波测距的工作原理

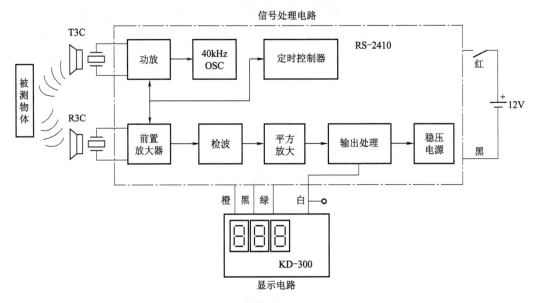

图 10-14　数字式超声波测距仪

10.3　核辐射传感器

　　核辐射传感器的工作原理是基于核辐射与物质的相互作用,利用辐射粒子的电离作用、穿透能力、物体吸收、散射和反射等物理特性制成的传感器。

10.3.1　核辐射及其物理特性

1. 核辐射源——放射性同位素

　　在核辐射传感器中,常采用 α、β、γ 和 X 射线的核辐射源,产生这些射线的物质通常是放射性同位素。在没有外力作用时,放射性同位素会自动发生衰变,衰变中释放出上述射线,其衰减规律可表示为

$$a = a_0 e^{-\lambda t} \tag{10-10}$$

式中：a_0、a 为初始和经过时间 t s 后的原子核数；λ 为衰变常数，不同的放射性同位素具有不同的 λ 值。

常用的放射性同位素有 20 余种，核辐射检测中，要求用半衰期比较长的同位素，如碳[14]、铁[55]、钴[57]、铱[192]等，还要求放射出来的射线有一定的辐射强度。

2. 核辐射

放射性同位素衰变过程中，放射出具有一定能量和较高速度的粒子束或射线，这种现象称为核辐射。放射性同位素在衰变过程中能放射出四种射线，即 α 射线、β 射线、γ 射线和 X 射线。α、β 射线分别是带正、负电荷的高速 α 粒子和 β 粒子流；γ 射线不带电，是从原子核内发射出来的中性光子流；X 射线是原子核外的内层电子被激发射出来的电磁波能量。

通常以核辐射强度，即单位时间内发生衰变的次数表示放射性的强弱，核辐射强度以指数规律随时间衰减，即

$$J = J_0 e^{-\lambda t} \tag{10-11}$$

式中：J、J_0 为 t、t_0 时刻的辐射强度；λ 为衰变常数。

辐射强度单位用居里（Ci）表示，1Ci 等于辐射源 1 s 内发生 3.7×10^{10} 次核衰变。在核辐射检测中，常用 mCi（毫居里）或 μCi（微居里）作为计量单位。

3. 核辐射与物质的相互作用

1）电离作用

当具有一定能量的带电粒子穿透物质时，就会产生电离作用，在其经过的路程上形成许多离子对。电离作用是带电粒子和物质之间相互作用的主要形式。

α 粒子由于能量、质量和电荷大，电离作用最强，但射程（带电粒子在物质中穿行时在能量耗尽前所经过的直线距离）较短。β 粒子由于质量小，电离能力比同样能量的 α 粒子要弱，由于 β 粒子易于散射，因而其行程是弯弯曲曲的。γ 粒子几乎没有直接的电离作用。

2）核辐射的吸收、散射和反射

α、β 和 γ 射线穿透物质时，由于电磁场作用原子中的电子会产生共振，振动的电子形成向四面八方散射的电磁波。在其穿透过程中，一部分粒子能量被物质吸收而衰减；另一部分粒子被散射掉。粒子或射线的能量将按指数函数衰减，即

$$J = J_0 e^{-a_m \rho h} \tag{10-12}$$

式中：J、J_0 为射线穿透前后的辐射强度；h 为穿透物质的厚度；ρ 为物质的密度；a_m 为物质的质量吸收系数。

α、β 和 γ 三种射线中，γ 射线穿透能力最强，穿透厚度比 α、β 射线要大得多；β 射线次之；α 射线穿透能力最弱。

β 射线的散射作用最突出，当 β 射线穿透物质时容易改变其运动方向而产生散射现象，当产生反向散射时即形成反射，反射的大小取决于散射物质的性质和厚度。β 射线的散射随物质的原子序数增大而加大，当原子序数增大到极限情况时，投射到反射物质上的粒子几乎全部反射回来。反射的大小与反射物质厚度的关系为

$$J_h = J_m (1 - e^{-\mu_h h}) \tag{10-13}$$

式中：J_h 为反射物质厚度为 h 时，射线被反射的强度；J_m 为当 $h \to \infty$ 时的反射强度，它与原子

序数无关;μ_h 为辐射能量的常数。

由式(10-12)、式(10-13)可知,当可知 J_0、a_m、J_m、μ_h 时,只要测得 J 或 J_h,即可求出穿透厚度 h。

10.3.2 核辐射传感器

常用的核辐射传感器由电离室、气体放电计数管、闪烁计数器和 PN 结半导体探测等组成。

1. 电离室

用于测量核辐射强度的电离室结构如图 10-15 所示。在电离室两侧的相互绝缘的电极上,施加极化电压,在两平行极板间形成电场。在粒子或射线作用下,两极板间的气体被电离成正、负离子。带电粒子在电场的作用下运动形成电流,并在外接电阻 R 上形成压降,测量此压降就可得到核辐射强度。

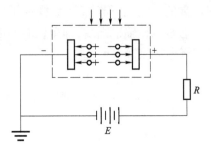

图 10-15 电离室结构

电离室常用于探测 α、β 粒子,它具有精度高、性能稳定、寿命长、结构简单坚固等优点,但是输出电流很小。

γ 射线的电离室同 α、β 射线的电离室不同,由于 γ 射线不能直接产生电离,因而只能利用它的反射电子和增加室内气压来提高 γ 光子与物质作用的有效性,因此,γ 射线和电离室必须密闭。

2. 气体放电计数管(盖格计数管)

气体放电计数管的结构如图 10-16(a)所示。计数管的阴极为金属筒或管壳内壁涂有导电层的玻璃圆筒,计数管中心有一根金属丝并与管子绝缘,它是计数管的阳极,在两极间加上适当电压。计数管内充有氩、氮等惰性气体,当核辐射进入计数管后,管内气体产生电离。负离子在外电场的作用下向阳极运动时,由于碰撞气体分子产生次级电子,次级电子又碰撞气体分子,产生新的次级电子,这样次级电子急剧倍增,发生"雪崩"现象使阳极放电。放电后,由于"雪崩"产生的电子都被中和,阳极积聚正离子,这些正离子称为"正离子鞘"。正离子的增加使阳极附近电场降低,直至不再产生离子增殖,原始电离的放大过程停止。在外电场的任用下,正离子鞘向阴极移动,在串联电阻 R 上产生脉冲电压,其大小正比于正离子鞘的总电荷。由于正离子鞘到达阴极时得到一定的动能,能从阴极打击出次级电子。由于此时阳极附近的电场已恢复,又一次产生次级电子和正离子鞘,于是又一次产生脉冲电压,周而复始,便产生连续计数。

盖格计数管的特性曲线如图 10-16(b)所示。图中,I_1、I_2 为入射的核辐射强度,$I_1>I_2$。显然,在外电压 U 相同的情况下,入射的核辐射强度越强,盖格计数管内产生的脉冲越多。盖格计数管常用于探测 γ 射线和 β 粒子的辐射强度。

3. 闪烁计数管

闪烁计数管由闪烁晶体管和光电倍增管组成,如图 10-17 所示。闪烁晶体管是一种受激发光物质,有气体、流体和固体三种,分为有机和无机两类。当核辐射照射在闪烁晶体上时,便激发出微弱的闪光,闪光透过闪烁晶体辐射到光电倍增管的阴极上经过 N 级倍增后,在倍增管的阳极上形成脉冲电流,经输出处理电路,得到与核辐射有关的电信号,可用仪表记录和显示。

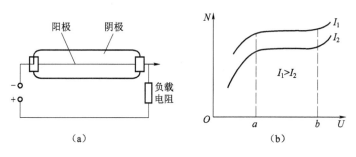

图 10-16　盖格计数管结构及其特性曲线

（a）计数管结构；（b）特性曲线

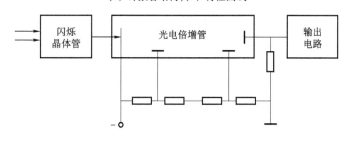

图 10-17　闪烁计数管

10.3.3　核辐射传感器的应用

核辐射传感器除了用于测量核辐射强度之外,还可以用于测量物质的密度、质量、厚度、流量、物位、温度分析气体成分,探测物体内部缺陷,鉴别各种粒子以及应用于医学方面等。

1. 核辐射测厚仪

透射式核辐射测厚仪的工作原理如图 10-18 所示。它利用射线可以穿透物质的能力进行工作,其特点是放射源和核辐射探测器分别置于被测物体两侧,射线穿过被测物体后被核辐射探测器接收。对于一定的放射源和一定的材料,射线透射前的核辐射强度 J_0、物质的密度 ρ 和物质的质量吸收系数 a_m 一定,由探测器发射出射线后的核辐射强度 J,根据式（10-12）即可求出被测物体的厚度。放射源常用 γ 射线,也可采用 β 射线,射线从铅制容器内以一定的立体角度发射出来。透射式 γ 射线测厚仪的探测器常采用盖格计数管或 PN 结半导体探测器,β 射线测厚仪的探测器常采用电离室。

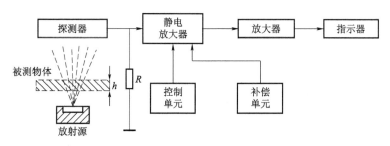

图 10-18　透射式核辐射测厚仪的工作原理

2. 核子秤

核子秤是根据低能 γ 射线透过物料时被物料吸收而衰减的规律工作的,记录射线通过物体后的强度计算出物体的多少。它包括源部件(放射源和防护铅罐)、A 型支架、γ 射线探测器、前置放大器、速度传感器及微机和电源系统等六部分,如图 10-19 所示。被测物体从 A 型支架中间穿过。核子秤所用的 γ 源为铯^{137},活度为 3.7×10^9 B(100 mCi),射线能量为 0.66 MeV,半衰期为 30 年。核子秤的 γ 射线探测器采用长电离室,以提高核子秤的精度和长期稳定性。

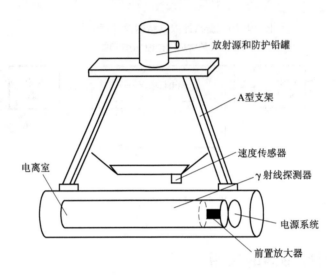

图 10-19 核子秤结构示意图

核子秤利用 γ 射线与物质相互作用原理,放射源发射出的 γ 射线照射到物体上,其中一部分被物体吸收,一部分穿过物体射到 γ 射线探测器上,物体越多,被吸收的 γ 射线就越多,由于放射源发出的 γ 射线数量为常数,γ 射线探测器接收到的 γ 射线也就越少。因此 γ 射线探测器接收的射线量可以反映物体的多少。

核子秤集核技术、电子技术、计算机技术于一体,是用于对运输皮带及固定形状管道内的物体(固态或液态)进行在线连续称量的非接触称重仪器,能在高粉尘、强腐蚀、高湿度、剧烈震动等恶劣条件下使用,可广泛用于发电厂、港口、矿山、冶金、水泥、化工、煤炭、造纸、粮食等许多行业。

习　题

10-1　试设计一个红外控制的电扇开关自动控制电路,并阐述其工作原理。

10-2　超声波在介质中有哪些传播特性?

10-3　利用超声波测厚的基本原理是什么? 试设计一个超声波流量检测仪。

10-4　放射性同位素的辐射强度与哪些因素有关?

10-5　试用核辐射原理设计一个物体探伤仪,并说明其工作原理。

10-6　若需要监测轧钢过程中薄板的宽度,则应当选用哪些传感器? 说明其工作原理。

第 11 章

光纤传感器

光纤传感器(Fiber Optic Sensor,FOS)是 20 世纪 70 年代中期发展起来的一种基于光导纤维的新型传感器,具有抗电磁干扰能力强、灵敏度高、耐腐蚀性强、可挠曲、体积小、结构简单以及与光纤传输线路相容等优点。光纤传感器应用于位移、振动、转动、压力、弯曲、应变、速度、加速度、电流、磁场、电压、湿度、温度、声场、流量、浓度、pH 值等 70 多个物理量的测量,具有十分广泛的应用潜力和发展前景。

11.1 光纤的结构和传光原理

11.1.1 光纤的结构

光纤是可以传递光信号的纤维波导或光导纤维的简称,由纯石英经复杂工艺拉制而成,其结构如图 11-1 所示,它是由折射率 n_1 较大(光密介质)的纤芯和折射率 n_2 较小(光疏介质)的包层构成的双层同心圆柱结构。纤芯由高度透明的材料制成,是光波的主要传输通道;包层可用玻璃或塑料制成,包层外面常有塑料或橡胶的外套,外套保护纤芯和包层并使光纤具有一定的机械强度。

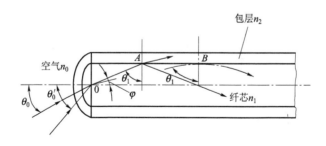

图 11-1　光纤的结构

11.1.2 光纤传光原理

光的全反射现象是研究光纤波导原理的基础。根据几何光学原理,当光线以较小的入射角 θ_1 由光密介质 1 射向光疏介质 2($n_1 > n_2$)时(图 11-2),一部分入射光将以折射角 θ_2 折射入介质 2,其余部分仍以 θ_1 反射回介质 1。

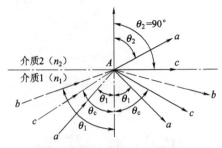

图 11-2 光在两介质界面上的折射和反射

依据光折射和反射的斯涅尔(Snell)定律,有

$$n_1\sin\theta_1 = n_2\sin\theta_2 \tag{11-1}$$

式中:θ_1 角逐渐增大,透射入介质 2 的折射光也逐渐折向界面,直至沿界面传播($\theta_2 = 90°$)。对应于 $\theta_2 = 90°$ 时的入射角 θ_1 称为临界角 θ_c。

由式(11-1)可得

$$\sin\theta_c = \frac{n_2}{n_1} \tag{11-2}$$

由式(11-1)和式(11-2)可见,当 $\theta_1 > \theta_c$ 时,光线将不再折射入介质 2,而在介质(纤芯)内产生连续向前的全反射,直至由终端面射出,这就是光纤导光的工作基础。由图 11-1 和斯涅尔定律可导出光线由折射率为 n_0 的外界介质(空气 $n_0 = 1$)射入纤芯时实现全反射的临界角(始端最大入射角),即

$$\sin\theta_c = \frac{1}{n_0}\sqrt{n_1^2 - n_2^2} = NA \tag{11-3}$$

式中:NA 为"数值孔径",它是光纤的一个重要参数,表示光纤的集光能力,NA 越大,光纤的集光能力越强。

11.2 光的调制技术

光的调制过程就是将一个携带信息的信号叠加到载波光波上,完成这一过程的器件称为调制器。在光纤传感器中,光的解调过程通常是将载波光携带的信号转换成光的强度变化,然后由光电探测器进行检测。

11.2.1 光的强度调制

光的强度调制(简称光强调制)技术是光纤传感技术中用得最广泛的一种调制技术,基本原理是利用外界信号(被测量)改变光纤中光的强度,再通过测量输出光强的变化实现对外界信号的测量。一般情况下,光强调制技术可以分为功能型光强调制和非功能型光强调制。

功能型光强调制(Functional Fiber,FF 型)的调制区位于光纤内,外界信号通过直接改变光纤的某些传输特征参量对光波实施调制,光纤同时具有"传"和"感"两种功能(图 11-3)。与光源耦合的发射光纤同与光探测器耦合的接收光纤为一根连续光纤,称为传感光纤,故功能型光纤传感器也称为全光纤型光纤传感器或传感型光纤传感器。

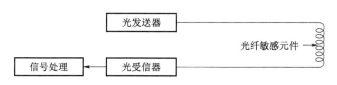

图 11-3　功能型光强调制原理

功能型光纤传感器的优点是结构紧凑、灵敏度高;缺点是需要使用特殊光纤,成本高。

非功能型光强调制(Non Functional Fiber,NFF 型)的调制区在光纤之外,外界信号通过外加调制装置对进入光纤中的光波实施调制,发射光纤与接收光纤仅起传输光波的作用,称为传光光纤(图 11-4)。传光光纤不具有连续性,故非功能型光纤传感器也称为传光型光纤传感器或外调制型光纤传感器。

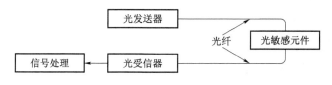

图 11-4　非功能型光强调制原理

非功能型光纤传感器的优点是不需要特殊光纤及其他特殊技术,比较容易实现,成本低;缺点是灵敏度较低。因此目前普遍应用的大都是非功能型光纤传感器。

11.2.2　光的相位调制

相位调制型光纤传感器的基本原理是利用被测对象对敏感元件的作用,使敏感元件的折射率或传播系数发生变化导致光的相位变化;然后用干涉仪把相位变化变换为振幅变化,从而还原所检测的物理量。因此,相位调制与干涉测量技术并用,构成相位调制的干涉型光纤传感器。

麦克尔逊(Michelson)干涉型光纤传感器的工作原理:光源(激光器)发出的光经耦合器后分成两路,一路经参考臂(光纤)到达反射镜 M_1,经 M_1 反射后的光反向传输再经光纤耦合器到达光探测器,这束光称为参考光;另一路经传感臂到反射镜 M_2,被 M_2 反射的光沿传感臂反向传输经耦合器传输至光探测器,这束光称为信号光。传感臂放置在被测场,被测量的变化将引起传感光纤的长度发生变化,则光在光纤内部传输时的相位随之变化。当参考光与信号光相遇时将发生干涉,干涉光的相位是被测量的函数,即干涉后光束的相位受被测量的调制,通过光探测器输出的信号经解调可得到被测量(图 11-5)。

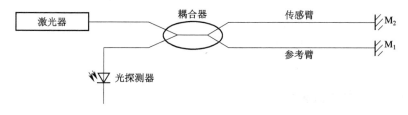

图 11-5　麦克尔逊干涉型光纤传感器的工作原理

麦克尔逊干涉型光纤传感器中的干涉光属于两光束干涉。若两束反射光的幅度分别为 A_1 和 A_2，这两束反射光的相位差为 $\Delta\phi$，则光电探测器接收到的光强的数学表达式为

$$I_{\text{det}} = A_1^2 + A_2^2 + 2A_1A_2\cos(\Delta\phi) \tag{11-4}$$

由于 $\phi = knL$，则

$$\frac{\Delta\phi}{\phi} = \frac{\Delta L}{L} + \frac{\Delta n}{n} + \frac{\Delta k}{k} \approx \frac{\Delta L}{L} \tag{11-5}$$

因此，如果 ΔL 随被测量变化，则光电探测器输出的电信号将随被测量的变化而变化。这种传感器有两个特点：一是信号光纤与参考光纤在同一环境中，受环境的影响小；二是光的发出与接收在同一侧，属单端操作。使用时可放在被测物体的内部形成智能结构，也可放在被测体的外部，长期预留。

11.2.3　光的波长调制

外界信号(被测量)通过一定的方式改变光纤中传输光的波长，测量波长的变化即可检测到被测量，这种调制方式称为光的波长调制。光的波长调制的方法主要有选频法和滤波法，常用的有 F—P 干涉式滤光、里奥特偏振双折射滤光及光纤光栅滤光等。

光的波长调制技术主要用于医学、化学等领域。例如，对人体血气的分析，pH 值的检测，指示剂溶液浓度的化学分析，磷光和荧光现象分析等。

11.2.4　光的偏振态调制

光的偏振态调制是指外界信号(被测量)通过一定的方式使光纤中光波的偏振面发生规律性偏转(旋光)或产生双折射，从而导致光的偏振特性变化，通过检测光偏振态的变化即可测量出外界被测量。光的偏振调制可以分为功能型偏振调制和非功能型偏振调制。

功能型偏振调制主要利用光纤的磁致旋光效应、弹光效应等物理效应实现被测量对光纤中光的偏振态的调制。磁致旋光效应是指某些物质在外磁场作用下，能使通过它的平面偏振光的偏振方向发生旋转。存在磁致旋光效应的物质称为法拉第材料，因为偏振面旋转角与光通过法拉第材料的长度和外加磁场强度成正比关系，可以通过改变法拉第材料的长度或外加磁场强度对光纤中的光偏振态进行调制。

非功能型偏振调制是利用某些透明介质本身的自然旋光特性对光纤中的偏振态实现调制，包括透射式和反射式两种。

11.3　光纤传感器的应用

光纤传感器的发展与光纤通信技术的发展密切相关，光纤通信的许多基础技术和元器件，如光纤、耦合器、连接器、接收器等都应用到了光纤传感器中，这为光纤传感器的发展创造了条件。

11.3.1　光纤位移传感器

利用光导纤维可以制成微小光纤位移传感器，如图 11-6(a)所示，光从光源发射经光缆照

射到被测物表面,再被反射回接收光缆,最后由光敏元件接收。这两股光缆在接近被测物体之前汇合成 Y 形,汇合后的光纤端面被仔细磨平抛光,这是一种传光型光纤位移传感器。

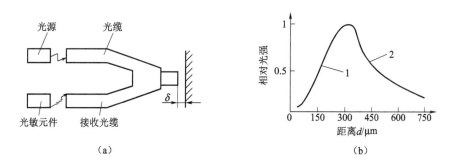

图 11-6 光纤位移传感器结构和相对光纤与距离的关系

若被测物体紧贴在端面上,发射光纤中的光不能反射到接收光纤中去,则光敏元件接收的光强为零,这是 $d=0$ 的状态;若被测物体很远,则发射光经反射后只有少部分传到光敏元件,因此接收的光强很小。只有在某个距离上接收的光强才最大。接收的相对光强与距离 d 的关系如图 11-6(b) 所示,峰值以左边的线段 1 具有良好的线性,可用来检测位移。所用光缆中的光纤可达数百根,可测几百微米的小位移。

11.3.2 光纤温度传感器

光纤温度传感器也称为光纤温度计,图 11-7 所示为利用双金属热变形的遮光式光纤温度计。当温度升高时,双金属片 2 的变形量增大,带动遮光板 1 在垂直方向产生位移,从而使输出光强发生变化。这种形式的光纤温度计能测量 10 ℃~50 ℃ 的温度,检测精度约 0.5 ℃;它的缺点是输出光强受壳体振动的影响,且响应时间较长,一般需几分钟。

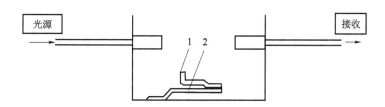

图 11-7 双金属热变形的遮光式光纤温度计
1—遮光板;2—双金属片

11.3.3 光纤液位传感器

光纤液位传感器的结构如图 11-8 所示,将光纤 1 的端部抛光成 45° 的圆锥面,当光纤 1 处于空气中时,入射光大部分能在端部满足全反射条件而进入光纤。当传感器接触液体时,由于液体的折射率比空气大,使一部分光不能满足全反射条件而折射到液体中,返回光纤的光强就减小。利用 X 形耦合器 2 即可构成具有两个探头的液位报警传感器。同样,若在不同的高度安装多个探头,则能连续监视液位的变化。

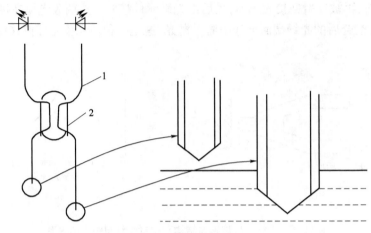

图 11-8　光纤液位传感器的结构
1—光纤；2—耦合器

　　上述探头在接触液面时能快速响应，但在探头离开液体时，由于有液滴附着在探头上，故不能立即响应。为了克服这个缺点，可将探头的结构做一些改变，将光纤端部的尖顶略微磨平并镀上反射膜。这样，即使有液体附着在顶部也不影响输出。进一步的改进是在顶部镀反射膜外粘上一凸出物，将附着的液体导引向凸出物的下端。这样，可以保证探头在离开液位时也能快速地响应。

习　　题

11-1　与普通传感器相比，光纤传感器有何特点？

11-2　按照光受被测量调制形式的不同，光纤传感器可以分为哪些类型？

11-3　某光纤纤芯折射率 $n_1 = 1.52$，包层折射率 $n_2 = 1.49$。

试求：（1）光纤浸在水中（$n_0 = 1.33$），光从水中入射到光纤输入端面的最大接收角；

（2）光纤放置在空气中的数值孔径。

第 12 章

数字式传感器

数字式传感器是一种能把被测模拟量直接转换为数字量输出的装置,与模拟式传感器相比,数字式传感器具有如下特点:① 测量精度和分辨率高;② 抗干扰能力强,稳定性好;③ 易于微机接口,便于信号处理和实现自动化测量;④ 安装方便,易于维护。

按照输出信号的形式,常用的数字式传感器可分为四类:① 脉冲输出式数字传感器,如光栅数字式传感器、感应同步器、增量编码器等;② 编码输出式数字传感器,如绝对编码器等;③ 频率输出式数字传感器;④ 集成数字传感器。

本章将介绍精密位移测量中广泛应用的光栅数字式传感器、感应同步器、光电编码器和容栅传感器等几种数字式传感器的应用特点、结构、工作原理和信号调理电路等。

12.1　光栅数字式传感器

光栅是由很多等节距的透光缝隙和不透光的刻线均匀相间排列构成的光电元件。按照工作原理,光栅可分为物理光栅和计量光栅。物理光栅基于光栅的衍射现象,常用于光谱分析和光波长等测量;计量光栅是利用光栅的莫尔条纹现象进行测量的元件,常用于位移的精密测量。

根据应用需要,计量光栅又分为透射光栅和反射光栅;而且根据用途不同,可制成用于测量线位移的长光栅和测量角位移的圆光栅。透射光栅是在透明光学玻璃上均匀刻制出平行等间距的条纹形成的;反射光栅则是在不透光的金属载体上刻制出等间距的条纹所形成。本节主要讨论透射式计量光栅。

12.1.1　光栅的结构类型

1. 长光栅尺

如图 12-1 和图 12-2 所示,a 为刻线(不透光)宽度,b 为缝隙(透光)宽度,$W=a+b$ 为光栅的栅距,一般 $a=b$,也可做成 $a:b=1.1:0.9$。常用的透射光栅的刻线密度一般为 10 条/mm、25 条/mm、50 条/mm、100 条/mm 和 250 条/mm,刻线的密度由测量精度决定。

2. 圆光栅

刻画在玻璃盘上的光栅称为圆光栅,也称为光栅盘,用来测量角度或角位移。

根据栅线刻画的方向圆光栅可分为两种:一种是径向光栅,其栅线的延长线全部通过光栅盘的圆心;另一种是切向光栅,其全部栅线与一个和光栅盘同心的直径只有零点几毫米或几毫米的小圆相切。

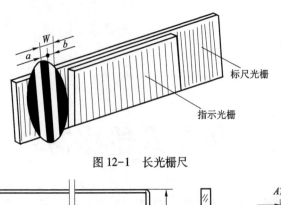

图 12-1　长光栅尺

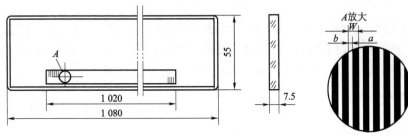

图 12-2　透射光栅

若按光线的走向,圆光栅只有透射光栅。

12.1.2　光栅传感器的工作原理

光栅数字式传感器通常由光源(聚光镜)、计量光栅、光电器件以及测量电路等部分组成,如图 12-3 所示。计量光栅由标尺光栅(主光栅)和指示光栅组成,因此计量光栅又称为光栅副,它决定了整个系统的测量精度。一般主光栅和指示光栅的刻线密度相同,但主光栅要比指示光栅长得多。测量时主光栅与被测物体连在一起,并随其运动,指示光栅固定不动,因此主光栅的有效长度决定了传感器的测量范围。

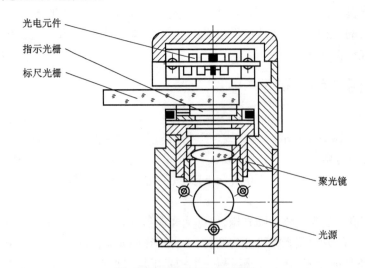

图 12-3　光栅数字式传感器

1. 莫尔条纹

将主光栅与指示光栅重叠放置,两者之间保持很小的间隙,并使两块光栅的刻线之间有一个微小的夹角 θ,如图 12-4 所示。当有光源照射时,由于挡光效应(对刻线密度不大于 50 条/mm 的光栅)或光的衍射作用(对刻线密度不小于 100 条/mm 的光栅),与光栅刻线大致垂直的方向上形成明暗相间的条纹。在两光栅的刻线重合处,光从缝隙透过,形成亮带;在两光栅刻线错开的地方,形成暗带;这些明暗相间的条纹称为莫尔条纹。

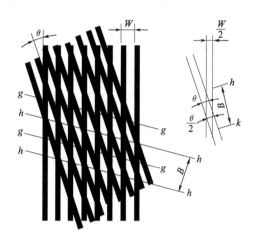

图 12-4 莫尔条纹

莫尔条纹的间距 B 与栅距 W、两光栅刻线的夹角 θ(单位为 rad)之间的关系为

$$B = \frac{W}{2\sin\dfrac{\theta}{2}} \approx \frac{W}{\theta} = KW \tag{12-1}$$

其中

$$K = \frac{1}{\theta} \tag{12-2}$$

式中:K 为放大倍数。

当指示光栅不动,主光栅的刻线与指示光栅刻线之间始终保持夹角 θ,而使主光栅沿刻线的垂直方向做相对移动时,莫尔条纹将沿光栅刻线方向移动;光栅反向移动,莫尔条纹也反向移动。主光栅每移动一个栅距 W,莫尔条纹也相应移动一个间距 B。

当两个光栅刻线夹角 θ 较小时,由式(12-1)可知,W 一定时,θ 越小,则 B 越大,相当于把栅距 W 放大了 $\dfrac{1}{\theta}$ 倍。例如,对 50 条/mm 的光栅,$W=0.02$ mm,若取 $\theta = 0.1°$,则莫尔条纹间距 $B=110\ 459$ mm,放大倍数 $K=573$,相当于将栅距放大了 573 倍。因此,莫尔条纹的放大倍数相当大,可以实现高灵敏度的位移测量。

莫尔条纹是由光栅的许多刻线共同形成的,对刻线误差具有平均效应,能在很大程度上消除由于刻线误差所引起的局部和短周期误差影响,可以达到比光栅本身刻线精度更高的测量精度。因此,计量光栅特别适合于小位移、高精度位移测量。

当两个光栅的相对移动方向不变时,改变 θ 的方向,则莫尔条纹的移动方向改变。另外,由

于光栅刻线夹角 θ 可以调节,因此可以根据需要改变 θ 的大小调节莫尔条纹的间距,这给实际应用带来了很大方便。

2. 光电转换

主光栅和指示光栅的相对位移产生了莫尔条纹,为了测量莫尔条纹的位移,必须通过光电元件(如硅光电池等)将光信号转换成电信号。

在光栅的适当位置放置光元件,当两个光栅做相对移动时,光电元件上的光强随莫尔条纹移动,光强变化为正弦曲线,如图 12-5 所示。在位置 a,两个光栅刻线重叠,透过的光强最大,光电元件输出的电信号也最大;在位置 c 由于光被遮去 $\frac{1}{2}$,光强减小;位置 d 的光被完全遮去而成全黑,光强最小;若光栅继续移动,透射到光电元件上的光强又逐渐增大。光电元件上的光强变化近似于正弦曲线,光栅移动一个栅距 W,光强变化一个周期。

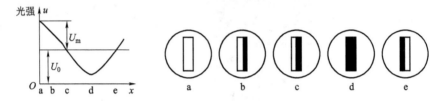

图 12-5   光栅位移与光强输出信号的关系

光电元件的输出电压为

$$U = U_o + U_m \sin\left(2\pi + \frac{2\pi x}{W}\right) \tag{12-3}$$

式中:U_o 为输出信号中的直流分量;U_m 为输出信号中的交流分量幅值;x 为两个光栅的相对位移。

式(12-3)表明了光电元件的输出与光栅相对位移 x 的关系。通过整形电路,将正弦信号转变成方波脉冲信号,则每经过一个周期输出一个方波脉冲,这样脉冲总数 N 就与光栅移动的栅距数相对应,因此光栅的位移为

$$X = NW \tag{12-4}$$

12.1.3   数字转换原理

1. 辨向原理及辨向电路

光栅的位移变成莫尔条纹的移动后,经光电转换后就变成电信号输出。但在一点观察时,无论主光栅向左或向右移动,莫尔条纹均做明暗交替变化。若只有一条莫尔条纹的信号,则只能用于计数,无法辨别光栅的移动方向。为了能辨别方向(简称辨向),需要提供另一路莫尔条纹信号,并使两个信号的相位差为 $\frac{\pi}{2}$。通常采用在相隔 $\frac{1}{4}$ 条纹间距 $\left(\frac{B}{4}\right)$ 的位置上安放两个光电元件实现,辨向原理如图 12-6 所示。

通过在相隔 $\frac{1}{4}$ 莫尔条纹间距 $B\left(\frac{B}{4}\right)$ 位置上的两个光电元件,获得相位差为 90° 的两个信号,然后送到如图 12-7 所示的辨向电路进行处理。

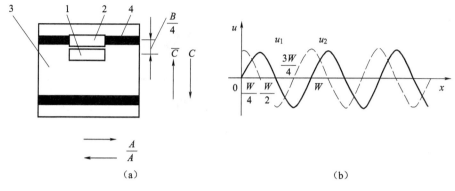

（a）　　　　　　　　　　　　　　　（b）

图 12-6　辨向原理

1,2—光电元件;3,4—光栅

A—光栅移动方向;B—莫尔条纹移动方向

u_1—元件 1 对应的输出;u_2—元件 2 对应的输出

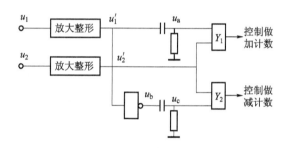

图 12-7　辨向电路

假设当主光栅向右移动时,莫尔条纹向下移动,两个光电元件分别输出电压信号 u_1 和 u_2,经过放大、整形,得到两个相位差为 90° 的方波信号 u_1' 和 u_2'。u_1' 经过微分电路后和 u_2' 相"与"得到正向移动的加计数脉冲;反之,在光栅向左移动时,输出减计数脉冲。

2. 电子细分

光栅数字式传感器的测量分辨率等于一个栅距。但是,在精密检测中常常需要测量比栅距更小的位移量,由于目前光栅刻线工艺技术有限,一般是采用在选取合适的光栅栅距的基础上,对栅距细分用以提高"分辨"能力。

细分的方法有多种:如 4 倍频细分、电桥细分、锁相细分、调制信号细分、软件细分等。下面介绍常用的 4 倍频细分方法。

4 倍频细分又称位置细分。在上述两个光电元件的基础上再增加两个光电元件,每两个光电元件间隔 $\frac{1}{4}$ 条纹间距,即可实现 4 倍频细分;或将辨向原理中相隔 $\frac{B}{4}$ 的两个光电元件的输出信号反相,得到四个依次相位差为 $\frac{\pi}{2}$ 的信号,即在一个栅距内得到四个计数脉冲信号,也能实现 4 倍频细分。

4 倍频细分的优点是电路简单,对莫尔条纹信号的波形无严格要求;其缺点是细分数不高。

采用电桥细分、调制信号细分、锁相细分等可有效提高细分数,有关细分电路请参阅其他资料。

12.2 感应同步器

感应同步器是应用电磁感应原理把位移量转换成数字量的传感器。它由两个平面印制电路绕组构成,类似于变压器的一次和二次绕组,故又称为平面变压器。按照测量位移对象的不同,感应同步器可分为用于测量直线位移的直线式感应同步器和用于测量角位移的旋转式感应同步器。前者由定尺和滑尺组成;后者由转子和定子组成。

12.2.1 感应同步器的基本结构

1. 直线式感应同步器

直线式感应同步器由定尺和滑尺两部分组成,长尺为定尺,短尺为滑尺,如图 12-8 所示。感应同步器的定尺安装在固定部件上(如机床的台座),而滑尺则与运动部件或定位装置(如机床刀架)一起沿定尺移动。定尺和滑尺的材料、结构和制造工艺相同,都是由基板、绝缘黏结剂、平面绕组和屏蔽层等部分组成。

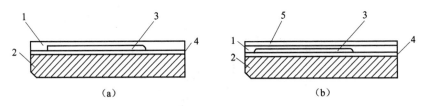

图 12-8 感应同步器定尺和滑尺的横截面结构

(a) 定尺;(b) 滑尺

1—耐腐蚀绝缘涂层;2—基板;3—平面绕组;4—绝缘黏结剂;5—屏蔽层

定尺和滑尺上的绕组均为矩形绕组,定尺绕组为单相连续绕组,节距为 $W_2 = 2(a_2 + b_2)$。滑尺上分布有两组间断绕组,两相绕组相差 90° 相位角,分别称为正弦绕组和余弦绕组。如图 12-9 所示,两相绕组节距相同,均为 $W_1 = 2(a_1 + b_1)$,且两相绕组中心线距应为 $l_1 = \left(\dfrac{n}{2} + \dfrac{1}{4}\right) W_2$,其中 n 为正整数。

通常,定尺的节距为 2 mm,而滑尺的节距 W_1 与 W_2 相等,绕组的导片宽度按 $a = n \cdot W/v$ 选取,其中 v 为谐波次数,n 为正整数。

2. 旋转式感应同步器

旋转式感应同步器由定子和转子组成,形状呈圆片形,如图 12-10 所示。旋转式感应同步器定子和转子绕组的制造工艺与直线式感应同步器相同,定子相当于直线式感应同步器的滑尺,转子相当于定尺。目前,旋转式感应同步器按直径可分为 50 mm,76 mm,178 mm,302 mm 四种。极数(径向绕组导体数)有 360、720 和 1 080 等多种。一般情况下,在极数相同时,旋转式感应同步器的直径越大,其精度越高。由于旋转式感应同步器的转子是绕转轴旋转,所以必须注意其引出线,通常是通过耦合变压器,将转子的一次绕组感应的电信号经空气间隙耦合到定子二次绕组上输出,或者采用导电环直接耦合输出。

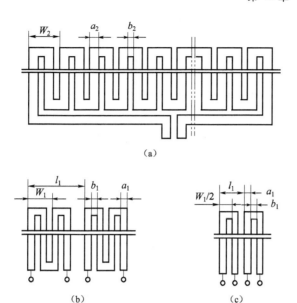

图 12-9　直线式感应器的绕组结构

（a）定尺绕组；（b）W 形滑尺绕组；（c）U 形滑尺绕组

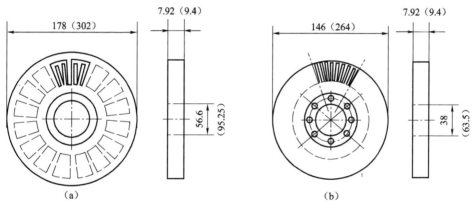

图 12-10　旋转式感应同步器外形

（a）定子；（b）转子

12.2.2　感应同步器的工作原理

旋转式感应同步器和直线式感应同步器的工作原理基本相同，都是利用电磁感应原理工作。感应同步器的工作原理如图 12-11 所示。

在图 12-11 中，当滑尺绕组上的正弦绕组和余弦绕组均用正弦电压激磁时，将产生同频率的交变磁通；它与定尺绕组耦合，在定尺绕组上将产生同频率的感应电势。感应电势的大小除了与耦合长度、激磁频率、激磁电流和两绕组的间隙有关外，还与两绕组的相对位置有关。若正弦绕组上的电压为零，

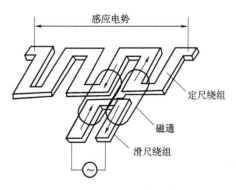

图 12-11　感应同步器的工作原理

只在滑尺的余弦绕组上施加正弦激磁电压,感应同步器定尺绕组的两绕组相对位置与感应电势的关系如图 12-12 所示。其中,当滑尺处于 A 点时,余弦绕组 C 和定尺绕组位置相差 $\frac{1}{4}$ 节距 $\left(\frac{B}{4}\right)$,即在定尺绕组内产生的感应电势之和为零。随着滑尺的移动,感应电势逐渐增大,当滑尺的余弦绕组 C 和定尺绕组位置重合时 $\left(\frac{1}{4}\text{节距处,即}\frac{B}{4}\right)$,耦合磁通最大,感应电势也达到最大值。滑尺继续右移,定尺绕组的感应电势逐渐减小,直至移动到 C 点时 $\left(\frac{1}{2}\text{节距处,即}\frac{B}{2}\right)$,又回到与初始位置完全相同的耦合状态,感应电势变为零。若滑尺再继续右移,定尺绕组的感应电势又开始增大,但电流方向改变。到 D 点时 $\left(\frac{3}{4}\text{节距处,即}\frac{3B}{4}\right)$,定尺中感应电势达到负的最大绝对值。在移动到整节距(E 点)时,两绕组的耦合状态又回到初始位置,定尺感应电势又为零。定尺上的感应电势随滑尺相对定尺的移动呈现周期性变化[图 12-12(b)中的曲线 1]。同理,如果在滑尺正弦绕组上单独施加余弦激磁电压,则定尺的感应电势如图 12-12(b)中的曲线 2 所示。

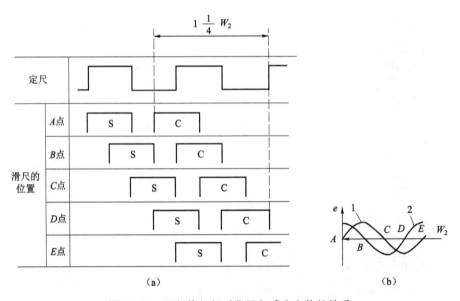

图 12-12　两相绕组相对位置与感应电势的关系
(a)两相绕组位置;(b)感应电势曲线
1—由余弦绕组 C 激磁的感应电势曲线;2—由正弦绕组 S 激磁的感应电势曲线

由以上分析可知,定尺的感应电势随滑尺的相对移动呈周期性变化;定尺的感应电势是感应同步器相对位置的正弦函数。假设在滑尺的正弦或余弦绕组上单独加的正弦激磁电压为

$$u_i = U_i \sin\omega t \tag{12-5}$$

则正弦或余弦绕组在定尺上相应产生的感应电势分别为

$$e_s = K\omega U_s \cos\omega t \cos\theta \quad \text{或} \quad e_s = -K\omega U_s \cos\omega t \cos\theta \tag{12-6}$$

$$e_c = K\omega U_c \sin\omega t \cos\theta \quad \text{或} \quad e_c = -K\omega U_c \sin\omega t \cos\theta \tag{12-7}$$

式中：K 为电磁耦合系数；θ 为与位移 x 等值的电角度，$\theta = \dfrac{2\pi x}{W_2}$。

式(12-6)和式(12-7)中的符号"+"、"-"表示滑尺移动的方向，由此可见，定尺的感应电势取决于滑尺的相对位移，故可通过感应电势测量位移。

对于不同的感应同步器，若滑尺绕组激磁，其输出信号的处理方式有鉴相法、鉴幅法和脉冲调宽法三种。

1. 鉴相法

鉴相法就是根据感应电势的相位测量位移。在感应同步器滑尺的正弦绕组和余弦绕组上分别施加频率和幅值相同但相位相差 90° 的正弦激磁电压，即 $u_s = U_m \sin\omega t$ 和 $u_c = -U_m \cos\omega t$。

根据式(12-6)，当正弦绕组单独激磁时，感应电势为

$$e_s = K\omega U_m \cos\omega t \cos\theta \tag{12-8}$$

同理，当余弦绕组单独激磁时，感应电势为

$$e_c = K\omega U_m \sin\omega t \sin\theta \tag{12-9}$$

正弦绕组与余弦绕组同时激磁时，总感应电势为

$$e = e_c + e_s = K\omega U_m \sin\omega t \sin\theta + K\omega U_m \cos\omega t \cos\theta = K\omega U_m \cos(\omega t - \theta)$$

$$= K\omega U_m \cos\left(\omega t - \frac{2\pi x}{W_2}\right) \tag{12-10}$$

式(12-10)是鉴相法的理论依据。由此可知，定尺的感应电势 e 与余弦绕组激磁电压 U_c 的相位差 $\dot{\theta}$ 正比于定尺与滑尺的相对位移 x，故可通过感应电势 e 的相位测量机械位移。

2. 鉴幅法

鉴幅法就是根据感应电势的幅值测量位移量的信号处理方式。在滑尺的正弦绕组和余弦绕组上分别施加频率和相位相同但幅值不同的正弦激励电压，即 $u_s = U_m \sin\phi \sin\omega t$ 和 $u_c = -U_m \cos\phi \sin\omega t$，式中 U_m 为激磁电压幅值，ϕ 为激励电压的相位角。于是定尺绕组输出的总感应电势为

$$e = e_s + e_c = k\omega U_m \sin\phi \sin\omega t \cos\theta - k\omega U_m \cos\phi \sin\omega t \sin\theta$$

$$= k\omega U_m \sin(\phi - \theta) \sin\omega t \tag{12-11}$$

式中：$k\omega U_m \sin(\phi-\theta)$ 为感应电势的幅值；θ 为位移相位角，$\theta = \dfrac{2\pi}{W} x$。

式(12-11)是鉴幅法的理论依据，由式(12-11)可知，感应电势的幅值为 $K\omega U_m \sin(\phi-\theta)$，调整激磁电压的相位角 ϕ 值，使 $\phi = \dfrac{2\pi x}{W_2}$，则定尺绕组上输出的总感应电势为零。激磁电压的中值反映了感应同步器定尺与滑尺的相对位置。

3. 脉冲调宽法

脉冲调宽法是在滑尺的正弦绕组和余弦绕组上分别加周期性方波电压，则感应电势为

$$e = \frac{2K\omega U_m}{\pi} \sin\omega t \left[\sin\theta \sin\left(\frac{\pi}{2} - \phi\right) - \cos\theta \sin\phi \right] = \frac{2K\omega U_m}{\pi} \sin\omega t \sin(\theta - \phi) \tag{12-12}$$

当用感应同步器测量位移时，与鉴幅法类似，可以调整激磁脉冲宽度 ϕ 值，用 ϕ 跟踪 θ。

当用感应同步器定位时,则可用 ϕ 表征定位距离,作为位置指令,使滑尺移动改变 θ,直到 $\theta=\phi$,即 $e=0$ 时停止移动,以达到定位的目的。

12.2.3 感应同步器的应用

感应同步器的应用非常广泛,可用于大量程的线位移和角位移的静态和动态测量。直线式感应同步器已经广泛应用于大型精密坐标镗床、坐标铣床及其他数控机床的定位、数控和数字显示器,圆盘式感应同步器常用于雷达天线定位跟踪、导弹制导、精密机床或测量仪器设备的分度装置等。

感应同步器具有以下特点。

(1)感应同步器基于电磁感应原理,感应电势仅取决于磁通量的变化率,几乎不受环境因素(温度、油污、尘埃等)的影响。

(2)感应同步器的输出信号是由滑尺与定尺之间的相对位移产生的,不经过任何机械传动机构,因而测量精度和分辨率较高。

(3)感应同步器的滑尺与定尺之间的相对位移是非接触式,因而使用寿命长,工作可靠,抗干扰能力强,非常适合于恶劣的工作环境,便于维护。

(4)直线式感应同步器的测量范围,可以根据需要将若干个定尺接长使用,长度可达 20 m。目前国产行程几米到十几米的大、中型数控机床的位置检测大都采用感应同步器。

与光栅传感器相比,感应同步器抗干扰能力强,对环境要求低,机械结构简单,接长方便。目前,标准型直线式感应同步器定尺的长度为 250 mm,当测量长度超过 150 mm 时,需要用多块定尺接长使用。这就使得测量误差变大,一般在测长时误差为 $\dfrac{\pm 1 \ \mu m}{250 \ mm}$,在测角时误差为±0.5″。

12.3 光电编码器

编码器以其高精度、高分辨率和高可靠性而广泛应用于各种位移测量。编码器按结构形式分为直线式光电编码器和旋转式光电编码器,其中旋转式光电编码器是用于测量角位移的最有效和最直接的数字式传感,它可将角位移转换成增量脉冲或二进制编码,因此旋转式光电编码器有两种类型:增量式光电编码器(脉冲盘式编码器)和绝对式光电编码器(码盘式编码器)。增量式光电编码器的输出是一系列脉冲,需要附加数字电路才可得到数字编码;绝对式光电编码器可直接输出数字编码,便于与计算机连接。

12.3.1 增量式光电编码器

增量式光电编码器又称脉冲光电编码器,它是将位移转换成周期性变化的电信号,再把这个电信号转变成计数脉冲,用脉冲的个数表示位移的大小。其结构简单,一般只有三个码道,不能直接产生几位编码输出。

在增量式光电编码器码盘的最外圈的码道上均匀分布着相当数量的透光与不透光的扇形区,用于产生计数脉冲的增量码道 S_1。扇形区的多少决定了编码器的分辨率,扇形区越多,分辨率越高。例如,一个每转 3 000 脉冲的增量式光电编码器,其码盘的增量码道上共有 3 000

个透光和不透光的扇形区。中间码道上有与外圈码道相同数目的扇形区,但错开了$\frac{1}{2}$个扇形区,作为辨向码道 S_2。码盘旋转时,增量码道与辨向码道的输出波形如图 12-13 所示。这种辨向方法与光栅的辨向原理相同。第三圈码道 Z 上只有一条透光的狭缝,它作为码盘的基准位置所产生的脉冲信号将给计数系统提供一个初始的清零信号。

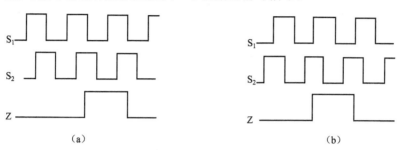

图 12-13　增量式光电编码器的输出波形

(a) 码盘正转时;(b) 码盘反转时

增量式光电编码器制造简单,可按需要设置零位。但是,测量结果与中间过程有关,抗振、抗干扰能力弱,测量速度受限制。

12.3.2　绝对式光电编码器

绝对式光电编码器的码盘通常是一块光学玻璃,玻璃上采用腐蚀工艺刻有透光和不透光的码形,其中黑的区域为不透光区,用"0"表示;白的区域为透光区,用"1"表示,因此,在任意角度都有对应的二进制编码。如图 12-14 所示,码盘分成四个码道,每一条码道对应一个光电元件,并沿码盘的径向排列。当码盘处于不同角度时,各光电元件根据受光与否输出相应的电平信号,由此产生绝对位置的二进制编码。

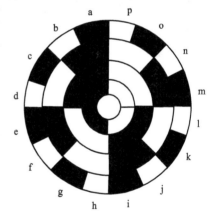

图 12-14　4 位二进制码盘

由图 12-14 可看出,码盘的码道数就是该码盘的数码位数,且高位在内,低位在外。绝对式光电编码器的分辨率取决于二进制编码的位数,即码道的个数。若码盘的码道数为 n,则所能分辨的最小角度为

$$\alpha = \frac{360°}{2^n} \qquad (12\text{-}13)$$

其分辨率的表达式为

$$分辨率 = \frac{1}{2^n} \qquad (12\text{-}14)$$

显然,位数 n 越大,所能分辨的最小角度 α 越小,测量精度越高。目前,可以制作 18 个码道的绝对式编码器,分辨角度为 $\alpha = \frac{360°}{2^{18}} \approx 0.001\ 4°$。

目前,光电编码器大多采用格雷码盘,输出信号可用硬件或软件进行二进制转换。4 位二

进制码与循环码之间的关系,见表 12-1。光源采用发光二极管,光敏元件为硅光电池或光电晶体管,光敏元件的输出信号经放大及整形电路得到具有足够高的电平与接近理想方波的信号。为了尽可能地减少干扰噪声,通常放大及整形电路都装在编码器的壳体内。此外,光敏元件及电路的滞后特性,使输出波形由于一定时间的滞后限制了最大使用转速。

表 12-1　4 位二进制码与循环码之间的关系

十进制数	标准二进制码	格雷码	十进制数	标准二进制码	格雷码
0	0000	0000	8	1000	1100
1	0001	0001	9	1001	1101
2	0010	0011	10	1010	1111
3	0011	0010	11	1011	1110
4	0100	0110	12	1100	1010
5	0101	0111	13	1101	1011
6	0110	0101	14	1110	1001
7	0111	0100	15	1111	1000

　　绝对式光电编码器的优点是非接触,允许高速旋转,即使静止或关闭后再打开,也能得到角向位置信息。但是它的结构较为复杂、造价较高,光源寿命短,而且信号引出线随着分辨率的提高而增加。

12.3.3　光电编码器的应用

　　光电编码器除直接用于测量相对角位移外,也可以在某些场合用于线位移的测量,这样需要利用一套机械装置把线位移转换成角位移,还可以通过测量脉冲频率或周期的方法测量转速。常用的两种数字测速原理如图 12-15 所示。

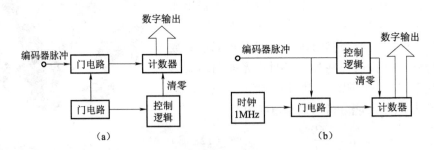

图 12-15　用编码器测量平均转度和瞬时转度的原理
(a) 测量平均转度;(b) 测量瞬时转度

　　图 12-15(a)所示为根据给定时间间隔内编码器所产生的脉冲数测量平均转速。若编码器每转产生 N 个脉冲,在 T 时间间隔内共测得 m_1 个脉冲,脉冲频率 $f = m_1/T$,则转速为

$$n = \frac{60f}{N} = \frac{60m_1}{NT} \quad (r/\min) \qquad (12\text{-}15)$$

这种测量转速方法的分辨率随被测速度而变化,其测量精度取决于计数时间间隔,因此适

合于转速较快的场合。例如,一个编码器每转产生 360 个脉冲,当转速为 60 r/min,若计数时间间隔为 1 s,则分辨率达 $\dfrac{1}{360}$;若转速为 6 000 r/min,则分辨率可达 $\dfrac{1}{36\ 000}$。若计数时间间隔取值太小,以至于在计数时间间隔内得到的脉冲较少,则会引起测量精度降低。

图 12-15(b)所示为用编码器所产生的相邻两个脉冲之间的时间确定瞬时转速。计数器的计数脉冲来自时钟,通常时钟的频率较高;而计数器的选通信号是编码器输出脉冲。若编码器每转产生 N 个脉冲,脉冲的频率为 f(其周期为 T),时钟的频率为 f_c(其周期为 T_c),测出编码器输出的两个相邻脉冲上升沿(或下降沿)之间所填充的标准时钟数为 m_2,则转速为

$$n = \frac{60f}{N} = \frac{60}{TN} = \frac{60}{(m_2 T_c)N} = \frac{60f_c}{Nm_2} \tag{12-16}$$

这种测速方法适合于转速较慢的场合。例如,一个编码器每转产生 100 个脉冲,时钟频率为 1 MHz,当转速为 100 r/min 时码盘每个脉冲周期为 0.006 s,可得到 6 000 个时钟脉冲的计数,即分辨率为 $\dfrac{1}{6\ 000}$;若转速为 6 000 r/min,则分辨率降至 1%,可见,转速较高时分辨率低。若时钟频率太低,以至于在计数时间间隔内得到的脉冲太少,则会导致测量精度降低。

12.4　容栅传感器

容栅传感器是一种基于变面积工作原理、可测量大位移的电容式数字传感器,与其他数字式位移传感器,如光栅、感应同步器等相比,具有如下突出优点:体积小、结构简单;分辨率和准确度高;测量速度快;功耗小、成本低;对使用环境要求不高等,因此广泛应用于数显卡尺、千分表、测长仪、高度仪和坐标测量机等数显测量系统中。

根据结构形式,容栅传感器可分为直线形、圆形和圆筒形容栅传感器三类。其中直线形和圆筒形容栅传感器用于直线位移的测量,圆形容栅传感器用于角位移的测量。图 12-16 所示为直线形容栅传感器的结构及其等效电路。

容栅传感器由动尺和定尺组成,两者保持很小的间隙。如图 12-16(a)所示,动尺上有多个发射电极 A、B、C、D、E、F、G、H 和一个长条形接收电极 J;在图 12-16(b)中,定尺包含多个相互绝缘的反射电极 R 和一个屏蔽电极 S。一组发射电极的长度为一个节距 W,一个反射电极对应于一组发射电极,如图 12-16(c)所示。其发射极和反射极均做成大小和形状不同的栅状电容极板,可有效地提高灵敏度和测量精度。

图 12-16 中,48 个发射极分为 6 组,则每组各有 8 个发射电极,每隔 8 个将相同字母的发射电极连在一起,组成一个激励相,在其上施加幅值、频率、相位都相同的激励信号,且相邻电极上激励信号的相位差是 $45°\left(\dfrac{360°}{8}\right)$。例如,序号为 A 的发射电极上激励信号的相位为 0°,则序号为 B 的发射电极上激励信号的相位为 45°,依此类推,序号为 H 的发射电极上激励信号的相位为 315°。

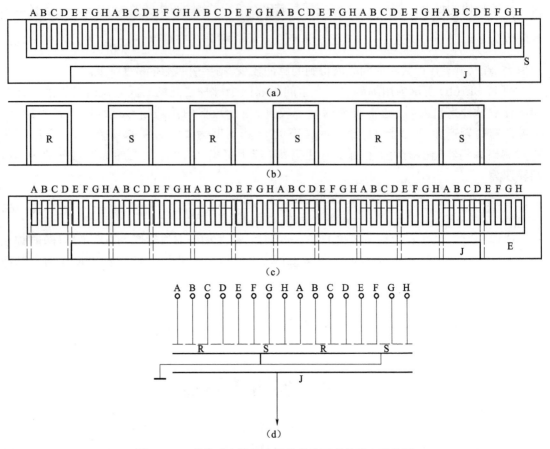

图 12-16　直线形容栅传感器的结构及其等效电路简图

(a) 动尺;(b) 定尺;(c) 动尺和定尺的组装;(d) 等效电路

因此,容栅传感器可看成由多个可变电容器组成。当动尺相对定尺移动时,发射电极与反射电极间的相对面积发生变化,导致反射电极上的电荷量产生变化,通过电容耦合和电荷传递,则接收电极上输出的电荷信号为

$$Q = Q_m \sin(\omega t - \theta) \tag{12-17}$$

式中:Q_m 为激励信号的幅值;θ 为由位移 x 引起的相位角,$\theta = \dfrac{2\pi}{W}x$,$W$ 为发射电极的节距;ω 为激励信号的频率。

由此可见,接收电极上的电荷量幅值为常数,其相位角 θ 随位移呈周期性变化。通过数字鉴相电路,即可由相位变化测出位移量。

习　　题

12-1　数字传感器主要有哪些?

12-2　什么叫莫尔条纹? 莫尔条纹有哪些重要特性? 试简要说明。

12-3　一黑白长光栅,副、主光栅和指示光栅的光栅常数均为 10 μm,两者栅线之间保持

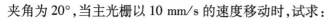

夹角为 20°,当主光栅以 10 mm/s 的速度移动时,试求:

（1）莫尔条纹的斜率;

（2）莫尔条纹的移动速度。

12-4　试简述光电编码器的工作原理及用途。

12-5　试简述感应同步器的工作原理,它有哪些特点?

12-6　试简述容栅传感器的工作原理,应用于哪些场合?

第 13 章

现代测试技术

13.1 概　　述

随着计算机技术、微电子和集成电路技术、传感器技术和软件技术的飞速发展和相互结合,测试技术领域发生了巨大的变化,现代测试仪器已经逐渐融信号获取、信号调理、数据采集、分析处理、计算控制、结果评定和输出表述为一体,现代测试系统日趋小型化、自动化、高精度、高稳定性、高可靠性。另外,测试系统的研制投入也越来越大,研制周期越来越短。

13.1.1　现代测试系统的基本概念

现代测试系统通常指具有自动化、智能化、可编程化等功能的测试系统,主要有智能仪器、计算机仪器和虚拟仪器三大类。智能仪器和计算机仪器的区别在于它们所用的微机是否与仪器测量部分融合在一起,智能仪器采用专门设计的微处理器(CPU)、存储器、接口芯片组成;计算机仪器采用现成的个人计算器(PC)配以一定的硬件及仪器测量部分组合而成;虚拟仪器与智能仪器和计算机仪器的最大区别在于它将测试仪器软件化成模块化,这些软件化和模块化的仪器具有特定的功能(如滤波器、频谱仪),与计算机结合构成虚拟仪器。

1. 智能仪器

智能仪器是指新一代的测量仪器。这类仪器仪表中包括 CPU、单片机或体积很小的微型机,有时也称为内含 CPU 的仪器或基于微机的仪器。因为功能丰富又很灵巧,常简称为智能仪器。图 13-1 所示为某公司设计生产的烟气检测智能仪器。

智能仪器主要具有以下特点。

(1) 具有自动校准的功能。

(2) 具有强大的数据处理能力。

(3) 具有量程自动切换的功能。

(4) 具有操作面板和显示器。

(5) 具有修正误差的能力。

(6) 有简单的报警功能。

图 13-1　某型号烟气检测仪

智能仪器的结构一般包含以下两个方面。

（1）在物理结构上，测量仪器、CPU 及其支持部件是整个测试电路的一个组成部分，但是，从计算机的观点来看，测试电路与键盘、GPIB（General Purpose Interface Bus）接口、显示器等部件一样，仅是计算机的一种外围设备。

（2）软件是智能仪器的灵魂。智能仪器的管理程序也称监控程序，其功能分析、接收、执行来自键盘或接口的命令，完成测试和数据处理等任务。软件存储于程序存储器（ROM）或可擦除可编程只读存储器（EPROM）中。

2. 计算机仪器

把具有测试功能的硬件模块，做成一个 IO 仪器卡，插入或者嵌入通用的 PC 总线扩展槽中，再配置相应的测试软件，是计算机完成测量仪器的功能，构成一个以 PC 为基础的仪器，称为计算机仪器，也称为 PC 基仪器或者个人仪器。

计算机仪器一般由四部分组成：

① 微机或 CPU，是整个系统的核心；② 被控制的测量仪器或设备，称为可程控仪器；③ 接口；④ 软件。

图 13-2 所示为某企业生产的圆度测量仪，是典型的计算机仪器。

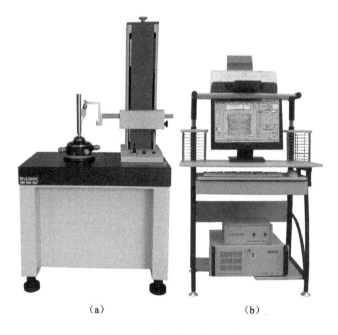

（a）　　　　　　　　　　（b）

图 13-2　某型号圆度测量仪

3. 虚拟仪器

虚拟仪器是计算机技术同仪器技术深层次结合产生的全新概念的仪器，是对传统仪器概念的重大突破，是仪器领域内的一次革命。虚拟仪器是以计算机和测试模块硬件为基础，以计算机软件为核心所构成的，并且在计算机显示屏上虚拟仪器面板，仪器功能均由用户通过软件定义的仪器。

图 13-3 所示为基于虚拟仪器技术开发的动态频率选择测试系统。

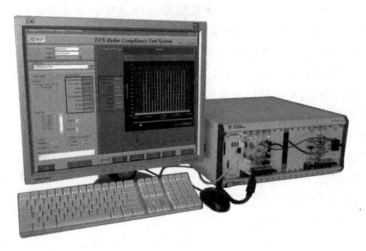

图 13-3　动态频率选择测试系统

13.1.2　现代测试系统的基本组成

现代测控系统的基本结构根据硬件平台结构可分为以下两种基本类型。

（1）以单片机（或专用芯片）为核心组成的单片机系统。其特点是易做成便携式，结构如图 13-4 所示。

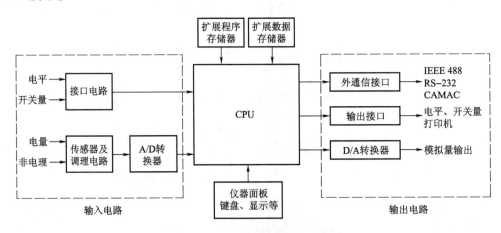

图 13-4　现代测控系统单片机结构

图 13-4 中输入通道中待测的电量、非电量信号经过传感器及调理电路，输入 A/D 转换器。由 A/D 转换器将其转换为数字信号，再送入 CPU 进行分析处理。此外，输入通道中通常还会包含电平信号和开关量，它们经相应的接口电路（通常包括电平转换、隔离等功能单元）送入 CPU。

输出通道包括如 IEEE 488，RS-232 等通信接口，以及 D/A 转换器等。其中 D/A 转换器将 CPU 发出的数字信号转换为模拟信号，用于外部设备的控制。

CPU 包含输入键盘和输出显示、打印机接口等，一般较复杂的系统还需要扩展 ROM 和扩展数据存储器(RAM)。当系统较小时,最好选用带有程序、RAM 的 CPU,甚至带有 A/D 转换器和 D/A 转换器的芯片以便简化硬件系统设计。

(2) 以 PC 为核心的应用扩展测量仪器构建的测试系统,其结构如图 13-5 所示。

这种结构属于虚拟仪器的结构形式,它充分利用了计算机的软、硬件技术,用不同的测量仪器和不同的应用软件就可以实现不同的测量功能。

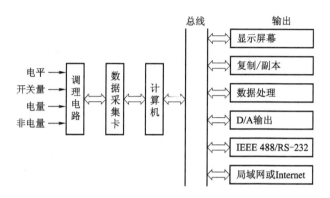

图 13-5　应用扩展型测量仪器结构

13.1.3　现代测试系统的特点

现代测试系统与传统测试系统相比,具有以下特点。

(1) 经济性。网络中的虚拟设备具有无磨损、无破坏,可反复使用,尤其是一些价格昂贵、损耗大的仪器设备。更重要的是,还可以利用 Internet 实现远程虚拟测控,对那些没有相应实验条件的学生进行开放式的远程专业实验创造了条件,实现有限资源的大量应用。

(2) 网络化。在 Internet 上进行实验具有全新的实验模式,实验者不受时间、空间上的制约,可随时、随地进入虚拟实验室网站,选择相应的实验,进行虚拟实验操作。

(3) 针对性。在 Internet 上进行实验,可以将实验现象、实验结果重点突出。利用计算机的模拟功能、动画效果能够实现缓慢过程的快速化或快速过程的缓慢化。

(4) 智能化。由于微电子技术、计算机技术和传感器技术的飞速发展,给自动检测技术的发展提供了十分有利的条件,应运而生的自动检测设备也广泛地应用于武器装备系统的研制、生产、储供和维修的各环节之中。它是由多种测试仪器、设备或系统综合而成的有机整体,并能够在最少依赖于操作人员干预的情况下,通过计算机的控制自动完成对被测对象的功能行为或特征参数的分析、评估其性能状态,并对引起其工作异常的故障进行隔离等综合性的诊断测试过程。由于自动检测设备在技术上的不断发展,目前正在形成模块化、系列化、通用化、自动化和智能化、标准化的发展方向。

13.2　智能仪器

智能仪器的出现,有效地扩大了传统仪器的应用范围。智能仪器凭借其体积小、功能强、功耗低等优势,迅速地在家用电器、科研单位和工业企业中得到了广泛的应用。

13.2.1　智能仪器的工作原理

智能仪器的硬件基本结构如图 13-6 所示。传感器拾取被测参量的信息并转换成电信号，经滤波去除干扰后送入多路模拟开关；由单片机逐路选通模拟开关将各输入通道的信号逐一送入程控增益放大器，放大后的信号经 A/D 转换器转换成相应的脉冲信号后送入单片机中；单片机根据仪器所设定的初值进行相应的数据运算和处理（如非线性校正等）；运算的结果被转换为相应的数据进行显示和打印；同时单片机把运算结果与存储于芯片内 FlashROM（闪速存储器）或 EEPROM（电可擦除可编程只读存储器）内的设定参数进行运算比较后，根据运算结果和控制要求，输出相应的控制信号（如报警装置触发、继电器触点等）。此外，智能仪器还可以与 PC 组成分布式测控系统，由单片机作为下位机采集各种测量信号与数据，通过串行通信将信息传输给上位机——PC，由 PC 进行全局管理。

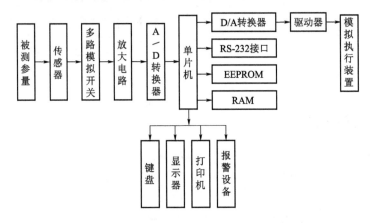

图 13-6　智能仪器的硬件基本结构

13.2.2　智能仪器的功能特点

随着微电子技术的不断发展，集成了 CPU、存储器、定时器/计数器、并行和串行接口、前置放大器甚至 A/D 与 D/A 转换器等电路在一块芯片上的集成电路芯片（单片机）出现了。以单片机为主体，将计算机技术与测量控制技术结合在一起，又组成了所谓的"智能化测量控制系统"，也就是智能仪器。与传统仪器仪表相比，智能仪器具有以下功能特点。

（1）操作自动化。仪器的整个测量过程如键盘扫描、量程选择、开关启动闭合、数据的采集、传输与处理以及显示打印等都用单片机或微控制器控制操作，实现测量过程的全部自动化。

（2）具有自测功能，包括自动调零、自动故障与状态检验、自动校准、自诊断及量程自动转换等。智能仪表能自动检测出故障的部位甚至故障的原因，这种自测试可以在仪器启动时运行，同时也可在仪器工作中运行，极大地方便了仪器的维护。

（3）具有数据处理功能。这是智能仪器的主要优点之一。智能仪器由于采用了单片机或微控制器，使许多原来用硬件逻辑难以解决或根本无法解决的问题，现在可以用软件非常灵活地加以解决。例如，传统的数字万用表只能测量电阻、交/直流电压、电流等，而智能型的数字万用表不仅能进行上述测量，而且还具有对测量结果进行零点平移、取平均值、求极值、统计分析等复杂的数据处理功能,不仅使用户从繁重的数据处理中解放出来,也有效地提高了仪器的测量精度。

（4）具有友好的人—机对话能力。智能仪器使用键盘代替传统仪器中的切换开关,操作人员只需通过键盘输入命令,就能实现某种测量功能。与此同时,智能仪器还通过显示屏将仪器的运行情况、工作状态以及对测量数据的处理结果及时告诉操作人员,使仪器的操作更加方便直观。

（5）具有可程控操作能力。一般智能仪器都配有 GPIB、RS-232C、RS-485 等标准的通信接口,可以很方便地与 PC 和其他仪器一起组成用户所需要的多种功能的自动测量系统,来完成更复杂的测试任务。

13.3　计算机仪器

计算机仪器充分利用了 PC 的资源,原来智能仪器所需要的电源、机箱、面板、键盘与显示器以及嵌入的计算机(CPU、存储器等),都使用了 PC 的资源,构成了一个外形完全与通用微机一样的测量仪器。相对于独立式的智能仪器来说,大大降低了成本,缩短了研制周期。

1982 年推出的计算机仪器,是将仪器卡直接插入 PC 的插槽内,这是计算机仪器的一种最简单、最基本的构成形式,但是由于 PC 内插卡数目有限,机箱内干扰大,电源功率和散热指标难以满足重载仪器的要求。此外,由于 PC 总线不是专门为仪器系统设计的,机内各仪器卡之间无法直接通信,也无实现触发、同步及模拟信号传输等仪器专用功能。因此,这种卡式计算机仪器的性能不是很高的。

为了克服卡式仪器的缺点,1984 年开始推出了置于 PC 外的独立仪器机箱和电源的外置式计算机仪器系统。计算机仪器系统以其突出的优点显示了它强大的生命力,然而各生产厂家自行定义的仪器总线无统一标准,不同厂商的机箱、仪器模块等产品之间兼容性很差,用户在组建计算机仪器系统时,不同厂家生产的仪器插卡难以集成在一起,妨碍了计算机仪器的发展。随着测试软件的发展,计算机仪器系统的发展进入了虚拟仪器系统的阶段。

13.4　虚拟测试仪器技术

13.4.1　虚拟仪器含义及其特点

虚拟仪器的起源可以追溯到 20 世纪 70 年代,那时计算机测控系统在国防、航天等领域已经有了相当的发展。PC 出现以后,仪器级的计算机化成为可能,虚拟仪器在计算机的显示屏上虚拟传统仪器面板,并尽可能多地将原来由硬件电路完成的信号调理和信号处理功能,用计算机程序来完成。这种硬件功能的软件化,是虚拟仪器的一大特征。操作人员在计算机显示屏上用鼠标和键盘控制虚拟仪器程序的运行,就像操作真实的仪器一样,从而完成测量和分析任务。

与传统仪器相比,虚拟仪器最大的特点是其功能由软件定义,可以由用户根据应用需要进行调整,用户选择不同的应用软件就可以形成不同的虚拟仪器。而传统仪器的功能是由厂商事先定义好的,其功能用户无法变更。当虚拟仪器用户需要改变仪器功能或需要构造新的仪器时,可以由用户自己改变应用软件来实现,而不必重新购买新的仪器。虚拟仪器和传统仪器的关系如图 13-7 所示。

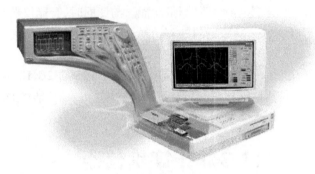

图 13-7　传统仪器与虚拟仪器的关系

13.4.2　虚拟仪器的组成

虚拟仪器主要由传感器、信号采集与控制板卡、信号分析软件和显示软件几部分组成,如图 13-8 所示。

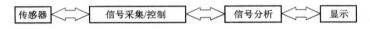

图 13-8　虚拟仪器组成

1. 硬件功能模块

根据虚拟仪器所采用的信号测量硬件模块的不同,虚拟仪器可以分为下面几类。

1) PC-DAQ 数据采集卡

通常,利用计算机扩展槽和外部接口,将信号测量硬件设计为计算机插卡或外部设备,直接插接在计算机上,再配上相应的应用软件,组成计算机虚拟仪器测试系统,这是目前应用得最为广泛的一种计算机虚拟仪器组成形式。按计算机总线的类型和接口形式,这类卡可分为 ISA 卡、EISA 卡、VESA 卡、PCI 卡、PCMCIA 卡、并口卡、串口卡和 USB 口卡等。按板卡的功能则可以分为 A/D 卡、D/A 卡、数字 I/O 卡、信号调理卡、图像采集卡、运动控制卡等。

2) GPIB 总线仪器

GPIB 是测量仪器与计算机通信的一个标准。通过 GPIB 接口总线,可以把具备 GPIB 总线接口的测量仪器与计算机连接起来,组成计算机虚拟仪器测试系统。GPIB 总线接口有 24 线(IEEE 488 标准)和 25 线(IEC 625 标准)两种形式,其中以 IEEE 488 的 24 线 GPIB 总线接口应用最多。在我国的国家标准中确定采用 24 线的电缆及相应的插头插座,其接口的总线定义和机电特性如图 13-9 所示。

GPIB 总线测试仪器通过 GPIB 接口和 GPIB 电缆与计算机相连,形成计算机测试仪器,如图 13-10 所示。与 DAQ 卡不同,GPIB 仪器是独立的设备,能单独使用。GPIB 设备可以串接在一起使用,但系统中 GPIB 电缆的总长度不应超过 20m,过长的传输距离会使信噪比下降,对数据的传输质量有影响。

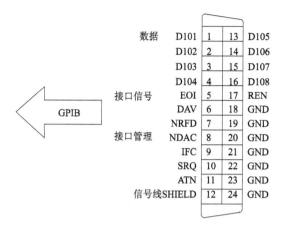

图 13-9　24 线电缆接口的定义和机电特性

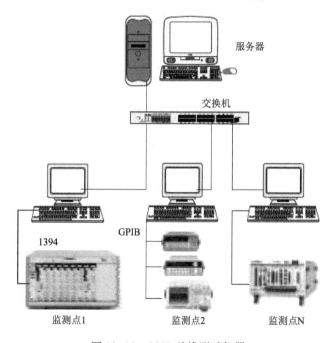

图 13-10　GPIB 总线测试仪器

3）VXI 总线模块

VXI 总线模块（图 13-11）是另一种新型的基于板卡式相对独立的模块化仪器。从物理结构看，一个 VXI 总线系统由一个能为嵌入模块提供安装环境与背板连接的主机箱和插接的 VXI 板卡组成。与 GPIB 仪器一样，该总线模块需要通过 VXI 总线的硬件接口才能与计算机相连。

4）RS-232 串行接口仪器

很多仪器带有 RS-232 串行接口，通过连接电缆将仪器与计算机相连就可以构成计算机虚拟仪

图 13-11　VXI 总线模块外观

器测试系统,实现用计算机对仪器进行控制。

5)现场总线模块

现场总线仪器是一种用于恶劣环境条件下的、抗干扰能力很强的总线仪器模块。与上述的其他硬件功能模块相类似,在计算机中安装了现场总线接口卡后,通过现场总线专用连接电缆,就可以构成计算机虚拟仪器测试系统,实现用计算机对现场总线仪器进行控制。

2. 驱动程序

任何一种硬件功能模块,要与计算机进行通信,都需要在计算机中安装该硬件功能模块的驱动程序(就如同在计算机中安装声卡、显示卡和网卡一样),仪器硬件驱动程序使用户不必了解详细的硬件控制原理和了解 GPIB、VXI、DAQ、RS-232 等通信协议就可以实现对特定仪器硬件的使用、控制与通信。驱动程序通常由硬件功能模块的生产商提供随硬件功能模块一起提供。

3. 应用软件

"软件即仪器",应用软件是虚拟仪器的核心。一般虚拟仪器硬件功能模块生产商会提供虚拟示波器、数字万用表、逻辑分析仪等常用虚拟仪器应用程序。对用户的特殊应用需求,则可以利用 LabVIEW、Agilent VEE 等虚拟仪器开发软件平台来开发。

13.4.3　虚拟仪器典型单元模块

虚拟仪器的核心是软件,其软件模块主要由硬件板卡驱动、信号分析和仪器表头显示三类软件模块组成。

硬件板卡驱动模块通常由硬件板卡制造商提供,直接在其提供的 DLL 或 ActiveX 基础上开发就可以了。目前,PC-DAQ 数据采集卡、GPIB 总线仪器卡、RS-232 串行接口仪器卡、FieldBus 现场总线模块卡等许多仪器板卡的驱动程序接口都已标准化,为减小因硬件设备驱动程序不兼容而带来的问题,国际上成立了可互换虚拟仪器驱动程序设计协会(Interchangeable Virtual Instrument),并制定了相应软件接口标准。

信号分析模块的功能主要是完成各种数学运算,在工程测试中常用的信号分析模块如下:

(1)信号的时域波形分析和参数计算;

(2)信号的相关分析;

(3)信号的概率密度分析;

(4)信号的频谱分析;

(5)传递函数分析;

(6)信号滤波分析;

(7)三维谱阵分析。

目前,LabVIEW、MATLAB 等软件包中都提供了这些信号处理模块,另外在网上也能找到这些模块的 Basic 和 C 语言的源代码,编程实现也不困难。

LabVIEW、HP VEE 等虚拟仪器开发平台提供了大量的这类软件模块供选择,设计虚拟仪器程序时直接选用就可以了。但这些开发平台很昂贵,一般只在专业场合使用。

13.4.4　虚拟仪器开发系统

目前,市场上常用的虚拟仪器的应用软件开发平台有很多种,但常用的是 LabVIEW、Labwindows/CVI、Agilent VEE 等,下面对用得最多的 LabVIEW 进行简单介绍。

　　LabVIEW 是为 C、C++、Visual Basic、Delphi 等编程语言不熟悉的测试领域的工作者开发的,它采用可视化的编程方式,设计者只需要将虚拟仪器所需的显示窗口、按钮、数学运算方法等控件从 LabVIEW 工具箱内用鼠标拖到面板上,布置好布局,然后在程序框图窗口将这些控件、工具按设计的虚拟仪器所需要的逻辑关系,用连线工具连接起来即可。用 LabVIEW 开发的某型号测微仪辅助测量系统的前面板和程序框图,如图 13-12 所示。

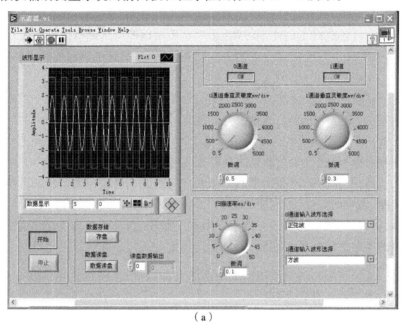

(a)

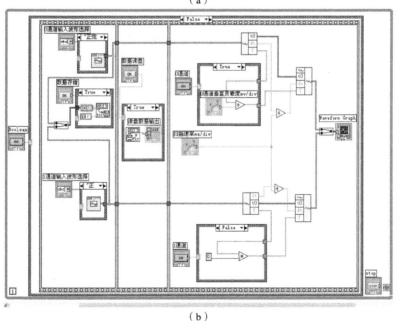

(b)

图 13-12　某型号测微仪辅助测量系统的前面板和程序框图

(a) 前面板;(b) 程序框图

13. 4. 5 虚拟仪器的应用

虚拟仪器技术的优势在于可由用户定义自己的专用仪器系统,且功能灵活,很容易构建,所以应用面极为广泛。尤其在科研、开发、测量、检测、计量、测控等领域更是不可多得的好工具。虚拟仪器技术先进,十分符合国际上流行的"硬件软件化"的发展趋势,因而常称为"软件仪器"。虚拟仪器功能强大,可实现示波器、逻辑分析仪、频谱仪、信号发生器等多种普通仪器的全部功能,配以专用探头和软件还可检测特定系统的参数;虚拟仪器操作灵活,完全图形化界面,风格简约,符合传统设备的使用习惯,用户不经培训即可迅速掌握操作规程;虚拟仪器集成方便,不但可以和高速数据采集设备构成自动测量系统,而且可以和控制设备构成自动控制系统。

在仪器计量系统方面,示波器、频谱仪、信号发生器、逻辑分析仪、电压电流表是科研机关、企业研发实验室、大专院所的必备测量设备。随着计算机技术在测绘系统中的广泛应用,传统的测量仪器设备由于缺乏相应的计算机接口,因而配合数据采集及数据处理十分困难。而且,传统仪器体积相对庞大,进行多种数据测量时很不方便。经常会见到硬件工程师的工作台上堆砌着纷乱的仪器,交错的线缆和繁多的待测元件。然而在集成的虚拟测量系统中,所见到的却是整洁的桌面,条理的操作,不但使测量人员从复杂的仪器堆中解放出来,而且还可实现自动测量、自动记录、自动数据处理。其方便之极固不必多言,而设备成本的大幅降低却不可不提。一套完整的实验测量设备少则几万元,多则几十万元。在同等的性能条件下,相应的虚拟仪器价格要低$\frac{1}{2}$甚至更多。虚拟仪器强大的功能和价格优势,使得它在仪器计量领域中具有强大的生命力和十分广阔的前景。

在专用测量系统方面,虚拟仪器的发展空间更为广阔。环顾当今社会,信息技术的迅猛发展,各行各业无不转向智能化、自动化、集成化。无所不在的计算机应用为虚拟仪器的推广打下了良好的基础。虚拟仪器的概念就是用专用的软硬件配合计算机实现专有设备的功能,并使其自动化、智能化。因此,虚拟仪器适合于一切需要计算机辅助进行数据存储、数据处理及数据传输的计量场合。测量与处理、结果与分析相互脱节的状况将大为改观。使得数据的拾取、存储、处理和分析一条龙操作,既有条不紊又迅捷快速。因此,目前常见的计量系统,只要技术上可行,都可用虚拟仪器代替,可见虚拟仪器的应用空间是非常宽广的。

习　　题

13-1　简述现代测试系统各组成部分的主要功能及技术要求。

13-2　简述智能仪器、计算机仪器和虚拟仪器的特点以及三者之间的关系。

参 考 文 献

[1] 严普强,黄长艺. 机械工程测试技术基础[M]. 2 版. 北京:机械工业出版社,2005.

[2] 徐科军. 传感器与检测技术[M]. 3 版. 北京:电子工业出版社,2011.

[3] 王伯雄. 测试技术基础[M]. 北京:清华大学出版社,2004.

[4] 江征风. 测试技术基础[M]. 2 版. 北京:北京大学出版社,2010.

[5] 贾伯年. 传感器技术[M]. 3 版. 南京:东南大学出版社,2007.

[6] 严钟豪,谭祖根. 非电量电测技术[M]. 北京:机械工业出版社,2004.

[7] 黄长艺,卢文祥,熊诗波. 机械工程测量与实验技术[M]. 北京:机械工业出版社,2000.

[8] 樊尚春,周浩敏. 信号与测试技术[M]. 北京:北京航空航天大学出版社,2002.

[9] 余新波,胡新宇,赵勇. 传感器与自动检测技术[M]. 北京:高等教育出版社,2004.

[10] 赵庆海. 测试技术与工程应用[M]. 北京:化学工业出版社,2005.

[11] 刘习军,贾启芬. 工程振动理论与测试技术[M]. 北京:高等教育出版社,2004.

[12] 秦树人,等. 机械工程测试原理与技术[M]. 重庆:重庆大学出版社,2002.

[13] 王仲生,万小朋. 无损检测诊断现场实用技术[M]. 北京:机械工业出版社,2002.

[14] 史习智,等. 信号处理与软计算[M]. 北京:高等教育出版社,2003.

[15] 孙传友,孙晓斌. 感测技术基础[M]. 北京:电子工业出版社,2001.

[16] 张发启,等. 现代测试技术及应用[M]. 西安:西安电子科技大学出版社,2005.

[17] 贾民平,张洪廷. 测试技术[M]. 北京:高等教育出版社,2001.

[18] 周浩敏,王睿. 测试信号处理技术[M]. 北京:北京航空航天大学出版社,2003.

[19] 詹慧琴,古军,袁亮. 虚拟仪器设计[M]. 北京:高等教育出版社,2008.

[20] 唐文彦. 传感器[M]. 4 版. 北京:机械工业出版社,2011.

[21] 理华,徐春广,肖定国,等. 滚动轴承声发射检测技术[J]. 轴承,2002(5).